Kosten-Nutzen-Analyse

Einführung und Fallstudien

Von

Prof. Dr. Georg Westermann

Unter Mitarbeit von
**Sabine Finger, Sandra Giereth, Stefanie Hoffmann,
Malte Kähler, Veronika Kölle, Martin Popall,
Dewi Reimers, Jessica Richter, Karsten Rückriem,
Ida Schulz, Sandro Sicorello, Henry Thurisch
und Sebastian Wendt**

ERICH SCHMIDT VERLAG

Bibliografische Information der Deutschen Nationalbibliothek
Die Deutsche Nationalbibliothek verzeichnet diese Publikation in der Deutschen
Nationalbibliografie; detaillierte bibliografische Daten sind im Internet über
http://dnb.d-nb.de abrufbar.

Weitere Informationen zu diesem Titel finden Sie im Internet unter
ESV.info/978 3 503 13814 2

ISBN 978 3 503 13814 2

Dieses Papier erfüllt die Frankfurter Forderungen
der Deutschen Nationalbibliothek und der Gesellschaft für das Buch
bezüglich der Alterungsbeständigkeit und entspricht sowohl den
strengen Bestimmungen der US Norm Ansi/Niso Z 39.48-1992
als auch der ISO Norm 9706.

Satz: Lektorats- und Schreibservice Himmel, Geisenheim
Druck: Difo-Druck, Bamberg

Vorwort

Was darf es kosten, ein menschliches Leben zu retten? Ist ökologisch erzeugter Strom aus Windkraftwerken den Verbrauch natürlicher Ressourcen in einem unberührten Waldgebiet wert? Wiegen vermiedene Gesundheitsschäden durch ein neues Gesetz die ökonomischen Einbußen auf? Diese und ähnlich gelagerte Fragen stellen sich politischen und wirtschaftlichen Entscheidungsträgern immer wieder. Damit solche Entscheidungen nicht aus dem Bauch heraus getroffen werden, bieten die Wirtschaftswissenschaften Analyseverfahren an, die letztendlich der Maximierung der gesamtgesellschaftlichen Wohlfahrt dienen. Hierzu zählen unter anderem die Kosten-Nutzen-Analyse, die Nutzwertanalyse und ähnliche Instrumente.

Das vorliegende Buch ist zum einen ein Ergebnis vieler Jahre Vorlesungen zur Thematik der Kosten-Nutzen-Analyse. Im einführenden Teil des ersten Kapitels finden sich sowohl für Akademiker als auch für Praktiker die wichtigsten Eigenschaften und Prozessschritte dieses weit verbreiteten Instruments zur rationalen politischen Entscheidungsvorbereitung. Im Gegensatz zu vielen existierenden Publikationen will dieses Buch nicht tief in die wohlfahrtstheoretischen Hintergründe der Kosten-Nutzen-Analyse eindringen. Vielmehr wird – neben den Hinweisen auf die vertiefende, theorieorientierte Literatur – dargestellt und erläutert, wie derartige Studien Schritt für Schritt in der Praxis erarbeitet werden können.

Weil man durch „Selber-Machen" am effektivsten lernen kann, haben darüber hinaus Studierende des Masterstudiengangs „Business Consulting" der Hochschule Harz in Wernigerode – als zukünftige Berater und Ersteller solcher Gutachten – für eine ganze Reihe typischer Anwendungssituationen ausführliche Fallstudien konzipiert. Diese „Stories" sollen es dem Leser des Buches erleichtern, die schrittweise Erstellung von Kosten-Nutzen-Analysen am konkreten Beispiel nachzuvollziehen, aber auch deren Schwachstellen zu erkennen. Die Studierenden weisen nach der Gestaltung der Fallstudien schon einiges an Expertise auf. Sie und ich wünschen uns, dass auch die Leser des Buches bei der Bearbeitung der sechs Fallstudien profund in die wichtigsten Fragestellungen der Kosten-Nutzen-Analyse eindringen und dieses Instrument zukünftig in der Praxis noch professioneller einsetzen werden.

Wernigerode im Juni 2012   Prof. Dr. Georg Westermann

Inhaltsverzeichnis

Kapitel 1
Kurzeinführung in die Kosten-Nutzen-Analyse

1. Kurzeinführung in die Kosten-Nutzen-Analyse

Das vorliegende Lehr- und Übungsbuch beinhaltet in den nachfolgenden Kapiteln insgesamt sechs verschiedene Fallstudien zu ausgesprochen komplexen Entscheidungssituationen. Diese Komplexität lässt sich vor allem daran erkennen, dass die Entscheidungsträger stets nicht nur ein einziges Ziel anstreben, sondern von einem multidimensionalen Zielsystem geleitet werden. Dies führt in der Folge zu einer Vielzahl von unterschiedlichen Wirkungen einzelner Handlungsalternativen auf die diversen zu berücksichtigenden Ziele, die alle in die Entscheidungsfindung einbezogen werden müssen. Die Komplexität steigt noch dadurch, dass auch solche positiven wie negativen Resultate kalkuliert werden, die außerhalb der eigentlichen Sphäre der Entscheidungsträger liegen und sich auf diese selbst gar nicht auswirken. Solche Wirkungen auf andere Individuen oder Organisationen werden gewöhnlich als Externalitäten oder externe Effekte bezeichnet.[1] Hinzu kommt, dass die Konsequenzen von Handlungen sehr häufig über einen langen Zeitraum hinweg beurteilt werden müssen und dadurch die Unsicherheit über deren Eintreten und quantitative oder qualitative Entwicklung steigt. Darüber hinaus kann die ökonomische Wertigkeit der in den Fallstudien zu beurteilenden Alternativen zumeist als sehr hoch eingestuft werden.[2]

Für solche komplexen Entscheidungssituationen stellt die Kosten-Nutzen-Analyse (KNA) ein häufig eingesetztes Instrument dar.[3] Besonders Entscheidungsträger im Bereich des öffentlichen Sektors müssen sich häufig mit solchen Abwägungen beschäftigen. Daher schreibt das öffentliche Haushaltsrecht[4] für den Bund, die Länder und Gemeinden „ ... die Durchführung von Kosten-Nutzen-Abwägungen bei allen öffentlichen Maßnahmen ... vor, bei Projekten mit erheblicher finanzieller Bedeutung ist auch eine volkswirtschaftliche Betrachtung in Form von Kosten-Nutzen-Analysen oder Nutzwertanalysen vorgesehen."[5] Die Kosten-Nutzen-Analyse kann dabei als Methodenmix bezeichnet werden, der sich auf wohlfahrtsökonomische Modelle genauso stützt, wie auf finanz- oder betriebswirtschaftliche Annahmen und Verfahren. Mit anderen Worten stellt die KNA den Versuch dar, alle positiven (Nutzen)

---

[1] Vgl. hierzu z. B. Brent (2006), S. 145 ff., Mishan/Quah (2007) oder Boadway/ Wildasin (1984).

[2] Vgl. zur Thematik komplexer Entscheidungssituationen z. B. Reichard (1987), S. 332.

[3] Im deutschsprachigen Raum befassen sich vor allem Hanusch (2011) und Mühlenkamp (1994) mit der KNA. In der englischsprachigen Literatur sei beispielsweise auf Mishan/Quah (2007) oder Brent (2006) hingewiesen.

[4] §7 Abs. 2 Bundeshaushaltsordnung (BHO) (Bund); §6 Abs. 2 Haushaltsgrundsätzegesetz (Länder); §10 Abs. 2 Gemeindehaushaltsverordnung (Gemeinden).

[5] Dehnhardt et al. (2008), S. 46.

und negativen (Kosten) Wirkungen der zu evaluierenden Handlungsalternativen zunächst auf den dem Sachverhalt jeweils angemessenen Skalen zu quantifizieren und diese Effekte anschließend in Geldeinheiten auszudrücken. Aus diesen monetarisierten, diskontierten und anschließend aufsummierten Wirkungen soll schließlich ein gesamtgesellschaftliches, ökonomisch fundiertes Wohlfahrtskriterium stehen, das freilich über den engen Horizont der privatwirtschaftlichen Kalkulationen hinausgeht.

Mit dem expliziten Verweis auf die oben angeführten Lehr- und Handbücher zur Kosten-Nutzen-Analyse[6] und weil dieses Buch eine Fallstudiensammlung zum Einüben des Verfahrens darstellt, soll in diesem einführenden Kapitel ganz bewusst ein Weg beschritten werden, der rasch den Einsatz für praktische Entscheidungssituationen ermöglicht. Dazu wird auf eine umfassende Beschreibung und Diskussion des wohlfahrtstheoretischen Unterbaus der Kosten-Nutzen-Analyse zu Gunsten der anwendungsorientierten Darstellung des Analyseprozesses weitgehend verzichtet. Wenn einzelne theoretische Annahmen oder Ansätze zum Verständnis des einen oder anderen Prozessschrittes notwendig sind, dann werden sie an der entsprechenden Passage entweder direkt erläutert oder mit Hinweisen auf die einschlägigen Literaturstellen versehen. Im Folgenden sollen im Abschnitt 1.1 zunächst einige grundsätzliche Eckpunkte oder Merkmale der Kosten-Nutzen-Analyse vorgestellt werden. Diese bilden sozusagen den Rahmen, in welchem sich das Verfahren bewegt. Anschließend erfolgt in Abschnitt 1.2 die Darstellung des Gesamtprozesses einer Kosten-Nutzen-Analyse. Dabei wird zunächst ein Überblick über eine ideale Abfolge der einzelnen Prozessschritte gegeben. Einzelne dieser Schritte, welche entweder essentiell oder besonders komplex erscheinen, sollen danach separat erläutert werden. Inhalt des Kapitels 1.3 ist ein weiteres, der Kosten-Nutzen-Analyse verwandtes Verfahren, welches ebenfalls in komplexen Entscheidungssituationen zum Einsatz kommen kann – die Nutzwertanalyse. Diese wird hier mit aufgenommen, weil sie durchaus eine alternative Methode darstellen kann und daher zumeist auch in den Lehrbüchern zur Kosten-Nutzen-Analyse beschrieben wird. Darüber hinaus beschäftigt sich auch eine der Fallstudien mit diesem Verfahren. Ein kurzes Beispiel in Kapitel 1.4 demonstriert den Umgang mit den nachfolgenden, ausführlichen Fallstudien.

---

[6] Im deutschsprachigen Raum befassen sich vor allem Hanusch (2011) und Mühlenkamp (1994) mit der KNA. In der englischsprachigen Literatur sei beispielsweise auf Mishan/Quah (2007) oder Brent (2006) hingewiesen.

1.1 Eckpfeiler – Grundsätzliche Merkmale einer traditionellen Kosten-Nutzen-Analyse

Als Eckpfeiler einer traditionellen Kosten-Nutzen-Analyse sollen nachfolgend alle die Annahmen und Festlegungen bezeichnet werden, die den theoretischen Rahmen für die praktische Bearbeitung einer solchen Studie bilden. Eine ganze Reihe dieser Eckpfeiler könnten grundsätzlich auch anders aussehen. Dies zeigen beispielsweise die möglichen Erweiterungen der traditionellen Kosten-Nutzen-Analyse zur erweiterten Kosten-Nutzen-Analyse, wie Sie Hanusch (2011, S. 4 ff.) aufführt. Solche Modifikationen – unter anderem die explizite Einbeziehung von Verteilungswirkungen – werden dabei für das vorliegende Buch nicht berücksichtigt. Abbildung 1.1 zeigt die nachfolgend beschriebenen Eckpfeiler einer Kosten-Nutzen-Analyse im Überblick.

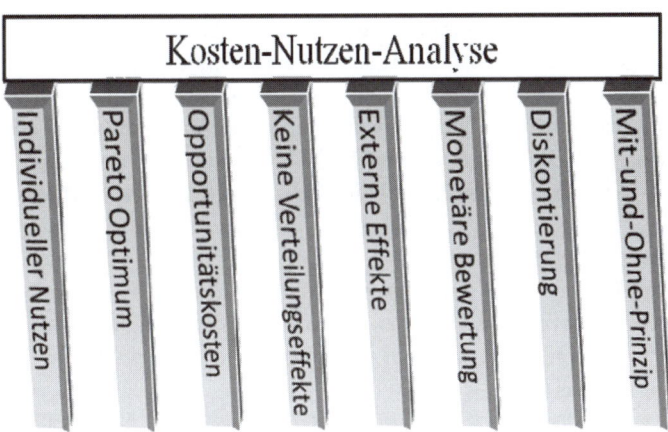

Abb. 1.1: Eckpfeiler einer Kosten-Nutzen-Analyse[7]

a) Die Kosten-Nutzen-Analyse bewertet mögliche Handlungsalternativen stets nach ihren Auswirkungen auf die einzelnen betroffenen Individuen einer Volkswirtschaft, die auch als Haushalte oder Konsumenten bezeichnet werden können. Die positiven und negativen individuellen Veränderungen der durch eine Alternative betroffenen Konsumentennutzen oder -kosten werden prinzipiell einzeln erfasst und dann über die gesamte Volkswirtschaft aggregiert. Ein eigenständiger, den Individuen übergeordneter Adressat von Kosten oder Nutzen wird nicht betrachtet. Wirkungen, die auf Zwischenstufen auftreten und zum Beispiel die Produktionskosten der Unternehmen berühren, werden nur deshalb berücksichtigt, weil sie unter den Bedingungen des vollkommenen

---

[7] Quelle: Eigene Darstellung.

Wettbewerbs von diesen in gleicher Höhe an die einzelnen Haushalte weitergegeben werden. Insofern stellen sie eine „Abkürzung" bei der Berechnung der finalen Wirkung auf die Individuen dar.

b) Grundsätzlich werden die unterschiedlichen Handlungsalternativen in einer Kosten-Nutzen-Analyse unter dem Gesichtspunkt der Pareto Optimalität[8] betrachtet. Dies bedeutet, dass eine Situation immer dann als optimal gilt, wenn kein betroffenes Individuum besser gestellt werden kann, ohne dass ein anderes betroffenes Individuum eine Verschlechterung hinnehmen muss. Streng genommen bedeutet dies, dass nur solche Handlungsalternativen in einer Kosten-Nutzen-Analyse betrachtet werden dürften, die bei mindestens einem Individuum zu einer Erhöhung des Nutzens führen und gleichzeitig keinen anderen Konsumenten schlechter stellen. Da diese Forderung in der Realität sehr schnell dazu führen würde, dass kaum noch Handlungsalternativen zur Verfügung stünden, wurde bereits durch Kaldor (1939) und Hicks (1939) das so genannte Kaldor-Hicks-Kriterium entwickelt. Dabei sind dann alle diejenigen Alternativen vorteilhaft, bei denen die Gewinner eines solchen Vorhabens nach vollständiger Entschädigung der Verlierer noch einen Nutzenüberschuss aufweisen. An dieser Stelle wird deutlich, dass es zur Berechnung der Kompensationsmöglichkeiten eines kardinal skalierten Mediums bedarf. Üblicherweise werden daher die anfallenden Nutzen und Kosten in Geldeinheiten umgerechnet.

c) Die Durchführung einer spezifischen Alternative führt im Normalfall dazu, dass Produktionsfaktoren zur Realisierung dieser Maßnahme eingesetzt werden müssen. Diese Ressourcen könnten auch an anderer Stelle der Volkswirtschaft eingesetzt werden. Dann würden sie an dieser anderen Stelle unter Umständen ebenfalls zur Steigerung des Nutzens von Individuen beitragen. Als Kosten einer Handlungsalternative werden daher prinzipiell nicht die tatsächlichen Zahlungen erfasst, wie zum Beispiel die Investitionskosten beim Kauf eines Grundstücks oder die Lohnkosten für Arbeitnehmer. Hier kommt stattdessen das so genannte Opportunitätskostenprinzip zur Anwendung. Eingesetzte Mittel werden mit dem Nutzen bewertet, den sie an anderer Stelle – also bei der besten möglichen alternativen Verwendung – bewirkt hätten. Die Kosten für diese Mittel entsprechen daher dem entgangenen Nutzen bei dieser alternativen Verwendung. Ein Beispiel dafür ist der Ansatz bereits im Eigentum vorhandener Bodenflächen für ein Projekt mit dem Wert, den sie bei alternativer Verwendung (z. B. Verkauf, Vermietung) erzielt hätten und nicht mit dem Buchwert oder gar ohne Kosten. Darüber hinaus bewirkt die Anwendung des Opportunitätskostenprinzips beispielsweise auch, dass der Einsatz

---

[8] Vgl. hierzu zum Beispiel Brümmerhoff (2007) oder Sen (1970).

von aktuell nicht beschäftigten Arbeitskräften ohne Kostenansatz in eine Analyse eingeht. Unter der Annahme vollkommener Märkte gibt es für diese Ressource zum Zeitpunkt der Entscheidung tatsächlich keine alternative Verwendung und damit auch keine Opportunitätskosten.

d) Das Ziel der KNA kann im Grunde als Maximierung des Gesamtnutzens einer Volkswirtschaft definiert werden. Es soll also diejenige Handlungsalternative identifiziert werden, welche nach Abzug aller Kosten zum größten Nutzenzuwachs für die Gesellschaft führt. Die Wirkungen einer Alternative auf die Verteilung der Nutzen und Kosten auf die Individuen der Gesellschaft kann dabei selbstverständlich höchst unterschiedlich ausfallen. Im Extremfall könnte eine Maßnahme dazu führen, dass ein einziges Individuum einen enormen Nutzenzuwachs verzeichnet, während alle anderen mit den Kosten belastet würden. So werden zum Beispiel durch den Bau einer Umgehungsstraße zumeist einige Individuen zu Lasten anderer Haushalte bevorzugt werden. Solche Umverteilungswirkungen können durchaus auch zwischen ganzen Regionen (z. B. Infrastrukturprojekte, Tourismusprojekte) oder gar Generationen (z. B. Umweltschäden, Kraftwerksbau, Kredittilgung) entstehen. Dennoch werden derartige Effekte im Rahmen der traditionellen Kosten-Nutzen-Analyse als „pekuniäre Effekte" bezeichnet und im Gegensatz zu den „realen Effekten" nicht berücksichtigt. Dies mag zunächst nicht gerechtfertigt erscheinen. Hanusch (2011, S. 5) argumentiert jedoch, zu Gunsten der traditionellen Kosten-Nutzen-Analyse, „... die von ihr vorgefundene Distribution von Einkommen und Vermögen sei von der Gesellschaft bewusst in ihrer jetzigen Form gestaltet." Insofern kann ein Entscheidungsträger durchaus über die Entscheidung für eine Handlungsalternative hinaus, weitergehende, distributive Maßnahmen für eine als „gerechter" empfundene Verteilung von Nutzen und Kosten in Erwägung ziehen – Gegenstand der Betrachtungen einer traditionellen Kosten-Nutzen-Analyse ist dies jedoch nicht. Sie identifiziert lediglich die Alternative mit dem insgesamt größten Nutzenzuwachs.

e) Die KNA bezieht alle Wirkungen einer Handlungsalternative auf die gesamte Volkswirtschaft in die Kalkulation mit ein. Dies gilt insbesondere auch für so genannte externe Effekte. Von einem externen Effekt oder einer Externalität kann man immer dann sprechen, wenn die Handlung eines Wirtschaftssubjekts den Nutzen oder die Kosten (oder auch die Produktionsmöglichkeiten) anderer Wirtschaftssubjekte verändert.[9] Dabei lässt sich häufig beobachten, dass externe Effekte zunächst von den Entscheidungsträgern deshalb nicht berücksichtigt werden, weil diese Auswirkungen ja per Definition nicht in der von ihnen zu verantwortenden Sphäre anfallen. Beispielsweise

---

[9]   Vgl. hierzu Boadway/Wildasin (1984).

stellt die Abwärme eines Kraftwerks, die zu einer Erwärmung des zur Kühlung eingesetzten Flusswassers und zum Absterben einiger Fischarten führt, einen negativen, externen Effekt dar, der von einem Kraftwerksbetreiber zunächst (d.h. ohne gesetzlichen Zwang) nicht berücksichtigt werden würde. Auf der anderen Seite kann der Bau einer neuen Autobahntrasse durchaus zu einer unbeabsichtigten Verlagerung von Verkehrsströmen führen, die in einer anderen Region zu bedeutenden Verbesserungen der Umweltqualität führt. Auch primär unbeabsichtigte, externe Effekte sind in einer Kosten-Nutzen-Analyse daher ebenso anzusetzen wie beabsichtigte, interne Effekte.[10]

f) In einer KNA werden – als Konsequenz der Anwendung des Kaldor-Hicks-Kriteriums – nur diejenigen Projektwirkungen rechnerisch verarbeitet, die monetär bewertbar sind. Derartige Wirkungen bezeichnet man als tangible Effekte.[11] Die übrigen Projekteffekte werden als intangible Effekte bezeichnet und sind dadurch charakterisiert, dass man sie nur in Form qualitativer Angaben beschreiben kann. Beispielsweise könnten die Auswirkungen eines Brückenbaus in einer ansonsten unberührten Landschaft zwar durchaus zu (vermutlich negativen) Auswirkungen auf das Landschaftsbild führen. Die Bewertung dieser Veränderung in Geldeinheiten dürfte sich jedoch als so aufwändig und schwierig erweisen, dass man hier von einem intangiblen Effekt sprechen kann. Allerdings zeigt das Beispiel auch sehr deutlich, dass die Klassifizierung in tangible und intangible Wirkungen auch vom Aufwand abhängt, den man bei der Durchführung einer Kosten-Nutzen-Analyse betreibt. Es wäre prinzipiell durchaus möglich, zum Beispiel alle betroffenen Individuen nach den Geldbeträgen zu befragen, die sie zur Erhaltung des ursprünglichen Landschaftsbilds zu bezahlen bereit wären. Generell gilt also, dass mit steigendem Aufwand und Budget immer weniger Kosten oder Nutzen als intangibel gelten können. Auch die intangiblen Effekte sind in die Darstellung der Ergebnisse einer KNA aufzunehmen. Das bedeutet, dass man diese Wirkungen so präzise wie möglich „unter dem Bilanzstrich" – also neben dem zahlenmäßigen Ergebnis – auszuweisen hat. Intangible Effekte gehen damit also nicht in das eigentliche Beurteilungskriterium ein, können aber vor allem bei sehr „engen" Entscheidungen zwischen verschiedenen Alternativen – oder wenn sie trotz der Intangibilität sehr drastische Wirkungen zeigen – die politischen Entscheidungsträger beeinflussen.

g) Die KNA bezieht die über mehrere Zeitperioden anfallenden Nutzen und Kosten eines Projektes immer auf einen bestimmten Zeitpunkt. Dies ist

---

[10] Vgl. zur Einbeziehung externer Effekte in Effizienzüberlegungen im öffentlichen Sektor auch Westermann (2004).

[11] Vgl. hierzu z. B. Hanusch (2011), S. 9 f.

normalerweise der Entscheidungszeitpunkt vor Projektbeginn oder der Projektendzeitpunkt. Dabei bedient sie sich des Instrumentariums der dynamischen Investitionsrechnung.[12] Das bedeutet, dass Nutzen oder Kosten immer weniger wert sind, je weiter sie vom Entscheidungszeitpunkt entfernt anfallen. Dies wird dadurch erreicht, dass diese – bereits monetarisierten Effekte – mit einer so genannten Diskontierungsrate abgezinst werden. Die hierbei im Detail auftretenden Probleme werden weiter unten im Abschnitt 1.2 noch behandelt. An dieser Stelle soll jedoch darauf hingewiesen werden, dass die unreflektierte Übernahme des Diskontierens aus dem privatwirtschaftlichen Bereich durchaus nicht unkritisch zu bewerten ist.[13] Während Geldbeträge, die ein Unternehmen erst später erhält, zu einem tatsächlichen Zinsverlust führen, könnten die oft „künstlich" in Geldeinheiten umgerechneten Kosten oder Nutzen realistisch gesehen nie verzinslich angelegt werden. Daher stellt sich hier die Frage, warum zum Beispiel der naturschützerische Effekt eines Naturparks tatsächlich zehn Jahre nach seiner Einrichtung deutlich weniger Wert für die Bevölkerung haben sollte. Noch drastischer stellt sich diese Fragestellung zum Beispiel bei den Abriss- und Entsorgungskosten eines von den Wirkungen her generationenübergreifenden Projekts der Erstellung und Inbetriebnahme eines Kernkraftwerks dar. Hier würde eine konsequente Diskontierung der sehr spät anfallenden Kosten zu einer extremen Belastung späterer Generation führen, die sich im Zahlenwerk jedoch nicht wiederspiegelt.

h) Hanusch (2011, S. 6) führt als weiteres konstitutives Merkmal einer Kosten-Nutzen-Analyse die Berücksichtigung des Mit-und-Ohne-Prinzips anstatt eines Vorher-Nachher-Vergleichs an. Bei der Erstellung einer solchen Analyse muss man sich auf die Erfassung derjenigen Effekte beschränken, die ausschließlich durch die zu evaluierende Maßnahme verursacht werden. Effekte, die auch ohne diese auftreten würden sind daher nicht anzusetzen. So ist beispielsweise die Pflege von Waldwegen immer dann nicht den Kosten eines Naturparks zuzurechnen, wenn diese auch ohne die Einrichtung eines solchen (z. B. durch eine bereits bestehende gesetzliche Verpflichtung der Waldeigentümer) anfallen würden. Auf der anderen Seite würde dann in der Konsequenz auch der Erholungsnutzen durch den Gebrauch dieser Waldwege nicht dem Konto des Naturparks zugeschlagen.

Nach diesen eher grundsätzlichen Überlegungen soll nun im nachfolgenden Abschnitt die Durchführung einer KNA aus prozessualer Sichtweise in zehn Teilschritten dargestellt werden.

---

[12]   Vgl. hierzu z. B. Perridon/Steiner/Rathgeber (2009).

[13]   In Hampicke (1988), S. 35 ff. werden die theoretisch fundierten Argumente gegen die Diskontierung übersichtlich dargestellt.

1.2 Der Gesamtprozess und die Teilschritte einer Kosten-Nutzen-Analyse

In diesem Abschnitt wird zunächst ein Überblick darüber gegeben, aus welchen Teilschritten sich der Prozess der Erstellung einer Kosten-Nutzen-Analyse zusammensetzt (1.2.1). Anschließend werden einige besonders wichtige oder komplexe Schritte im Detail erläutert (1.2.2).

1.2.1 Der Gesamtprozess einer Kosten-Nutzen-Analyse im Überblick

Bereits an dieser Stelle sei betont, dass die hier vorgeschlagene Reihenfolge der Prozessschritte lediglich einen idealtypischen Ablauf darstellt. Bei der Bearbeitung einer konkreten Kosten-Nutzen-Analyse werden erfahrungsgemäß immer wieder einige Schritte simultan oder in anderer Reihenfolge ablaufen. Darüber hinaus können für bestimmte Teile einer solchen Studie auch Feedbackschleifen, also eine erneute Durchführung, notwendig werden. Die nachfolgende Abbildung 1.2 stellt den typischen Ablauf des Prozesses zur Erstellung einer Kosten-Nutzen-Analyse dar.

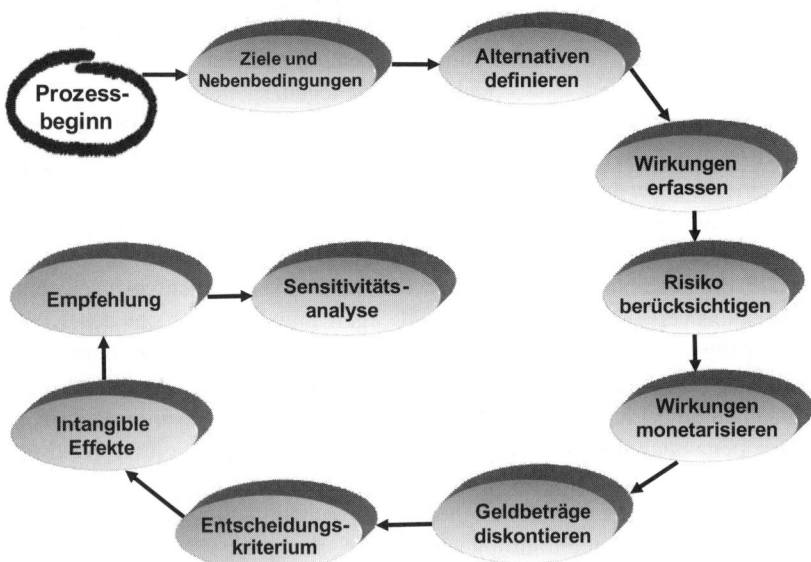

Abb. 1.2: Prozessdarstellung einer Kosten-Nutzen-Analyse[14]

---

[14] Quelle: Eigene Darstellung.

Wie die Abbildung 1.2 zeigt, kann der Prozess zur Durchführung einer Kosten-Nutzen-Analyse prinzipiell in folgende zehn Teilschritte[15] unterteilt werden.

a) Zunächst müssen die Ziele bestimmt werden, die der Entscheidungsträger mit der zu treffenden Entscheidung und damit auch mit der zu erstellenden Analyse verfolgt. In diesem Zusammenhang wird für den Ersteller der Analyse normalerweise deutlich, ob es beispielsweise um eine Entscheidung zwischen zwei oder mehreren vorgegebenen Alternativen geht oder ob grundsätzlich alle denkbaren, noch nicht bestimmten Varianten auf ihre Vorteilhaftigkeit hin geprüft werden sollen. In dem einen oder anderen Fall soll eine Kosten-Nutzen-Analyse auch im Nachhinein der Überprüfung einer bereits getroffenen Entscheidung dienen. An dieser Stelle muss der Entscheidungsträger auch angeben, ob Nebenbedingungen existieren, welche die Handlungsalternativen auf jeden Fall einhalten müssen. Hier werden häufig Obergrenzen für Budgets festgelegt oder bestimmte politische Vorgaben gesetzt, wie zum Beispiel „Sicherheit von Menschenleben".

b) Im zweiten Schritt geht es zunächst um die Formulierung von möglichen, zu bewertenden Alternativen. Dabei kommt es immer wieder vor, dass der Entscheidungsträger bereits einen enumerativen, also abschließenden Katalog von Alternativen bereit stellt, die analysiert werden müssen. Solche Vorgaben sollte der Ersteller einer Studie zu Beginn explizit nennen und darauf hinweisen, dass über die genannten Alternativen hinaus existierende Varianten gemäß Auftrag nicht untersucht werden. Sind die zu bewertenden Projekte nicht abschließend vorgegeben, so können gegebenenfalls Experten des spezifischen Fachgebiets hinzugezogen werden, um die verschiedenen Alternativen zu identifizieren. Mit Hilfe dieser Spezialisten können im Sinne einer rationalen Vorauswahl auch alle nicht sinnvollen oder gegen die Nebenbedingungen verstoßenden Varianten aussortiert werden. Wichtig ist es jedoch, stets die so genannte Null-Alternative bewertend zu berücksichtigen, die darin besteht, den Status-Quo beizubehalten – also nichts zu verändern.

c) An dieser Stelle der Analyse muss zunächst die Entscheidung darüber fallen, welche Effekte überhaupt angesetzt werden sollen. Insbesondere ist darauf zu achten, dass in einer traditionellen Kosten-Nutzen-Analyse keine reinen Verteilungswirkungen (siehe oben) in die Kalkulationen einfließen. Auf

---

[15] In der einschlägigen Literatur finden sich auch andere Einteilungen. So empfiehlt Hanusch (2011) beispielsweise ein Vorgehen in sieben Schritten, während sich in den Erläuterungen des Bundesministers der Finanzen zur Durchführung von Nutzen-Kosten-Untersuchungen im Rundschreiben vom 21.05.73 (abgedruckt bei Schmidt (1996), S. 202 ff.) elf Teilschritte finden.

diese Problematik soll im Abschnitt 1.2.2 noch ausführlich eingegangen werden.

Anschließend müssen für alle zu betrachtenden Alternativen die jeweils entstehenden Wirkungen definiert und erfasst werden. Dies kann durchaus in der Messung der Veränderung von physikalischen Größen, monetären Strömen, Wahrscheinlichkeiten oder auch in rein qualitativen Aussagen bestehen. So bietet es sich beispielsweise an, als Effekte für die verschiedenen Varianten einer Umgehungsstraße unter anderem die Anzahl der von Straßenlärm betroffenen Bürger, die Stärke der Lärmentwicklung in Dezibel, die Kosten für Straßenbau und -unterhalt sowie die Zeitersparnis in Stunden pro Jahr zu definieren und anschließend zu messen. An dieser Stelle fällt auch die Entscheidung über den Zeitraum, über den die Wirkungen der verschiedenen Alternativen erfasst werden sollen. Dabei ist besonderes Augenmerk darauf zu legen, dass alle entscheidungsrelevanten Kosten und Nutzen auch im Betrachtungszeitraum enthalten sind. So wäre es beispielsweise nicht sinnvoll, die unterschiedlichen Kosten für die Renaturierung einer Mülldeponie nur deshalb nicht bei der Evaluation unterschiedlicher Standorte zu berücksichtigen, weil der Betrachtungszeitraum zu kurz gewählt wurde.

d) Auch wenn alle zu berücksichtigenden Effekte definiert, skaliert und gemessen sind, bedeutet dies natürlich noch nicht, dass sie überhaupt oder gar stets in der erwarteten Höhe eintreten. Daher besteht der nächste logische Schritt darin, die Wahrscheinlichkeiten für das Eintreten der einzelnen Wirkungen und ihrer Ausprägung in das Kalkül der Kosten-Nutzen-Analyse einzubeziehen. Hier kann man für den Entscheidungsträger prinzipiell drei verschiedene Situationen unterscheiden. Die angenehmste Möglichkeit besteht darin, dass alle Informationen und auch die Verarbeitungskapazität vorhanden sind, um eine Projektwirkung mit Sicherheit vorhersagen zu können. In diesem Fall sind keine weiteren Kalkulationen notwendig. Liegen jedoch lediglich Wahrscheinlichkeiten für das Eintreten und die Höhe von Effekten vor (Entscheidung unter Risiko), dann ist es üblich, so genannte Erwartungswerte zu berechnen. Besitzt der Entscheidungsträger keine Informationen über derartige Wahrscheinlichkeiten, so spricht man von einer Entscheidung unter Unsicherheit, für die verschiedene Entscheidungsregeln zu Einsatz kommen können.[16] In Abschnitt 1.2.2 findet sich noch eine detaillierte Darstellung der Vorgehensweisen für die beiden letztgenannten Entscheidungssituationen.

---

[16] Für eine ausführliche Beschäftigung mit der Theorie der betrieblichen Entscheidungen sei z. B. Kahle (1998) empfohlen. Ein Überblick findet sich bei Jung (2010), S.184 ff.

e) Da die Kosten-Nutzen-Analyse auf den Ausweis einer eindimensionalen Kennzahl zum Vergleich der Vorteilhaftigkeit von Alternativen abzielt, werden an dieser Stelle alle anzusetzenden Kosten und Nutzen, welche zuvor mengenmäßig erfasst wurden soweit möglich in Geldeinheiten bewertet. Wirkungen, bei denen dies nicht möglich ist, werden als intangible Effekte unter dem Strich ausgewiesen. Wie bereits weiter oben beschrieben, hängt der Grad der Umrechenbarkeit der Effekte von alternativen Handlungen in Geldeinheiten auch immer von dem dafür betriebenen Aufwand ab. Die Monetarisierung stellt jedoch bei der Kosten-Nutzen-Analyse die Grundlage für die weitere Vorgehensweise dar, indem sie eine einheitliche, kardinale Skala liefert, welche die Aggregation von Nutzen oder Kostenwirkungen erlaubt. Die wichtigsten, der dabei zum Einsatz kommenden Bewertungsverfahren werden unter 1.2.2 noch näher erläutert. An dieser Stelle sei jedoch darauf hingewiesen, dass durchaus auch andere zur Aggregation geeignete Skalen – neben der Umrechnung in Geldgrößen – denkbar wären. Die unter 1.3 ebenfalls kurz dargestellte Nutzwertanalyse stellt mit den ihr eigenen Nutzwerten ein gängiges Beispiel dafür dar.

f) Sind schließlich alle bei den Alternativen anfallenden Kosten und Nutzen in Form von Geldströmen erfasst, so werden diese in den meisten Fällen über einen längeren Zeitraum zu unterschiedlichen Zeitpunkten anfallen. In der betrieblichen Investitionsrechnung ist es schließlich üblich, davon auszugehen, dass Ein- oder Auszahlungen immer dann mehr wert sind, wenn sie näher am Zeitpunkt einer Entscheidung liegen – mithin früher anfallen.[17] Übertragen auf die Kosten-Nutzen-Analyse spricht Hanusch (2011) davon, die Projektwirkungen „in temporaler Hinsicht zu homogenisieren"[18]. Dies erfolgt durch die so genannte Diskontierung mit einem geeigneten Zinssatz, der auch Diskontierungsrate genannt wird. Dadurch werden alle Projektwirkungen so bewertet, als wären sie zum gleichen Zeitpunkt angefallen. Man spricht bei den dabei berechneten Größen auch von den Gegenwartswerten oder Barwerten von Nutzen oder Kosten. Einige kritische Anmerkungen zu dieser Vorgehensweise bei den eher „künstlich" monetarisierten Nutzen und Kosten erfolgten bereits in Kapitel 1.1. Im Anschnitt 1.2.2 soll die Herangehensweise sowohl an die Bestimmung einer adäquaten Diskontierungsrate als auch der Rechenweg bei der Diskontierung näher beschrieben werden.

g) Erst wenn alle anfallenden, tangiblen Wirkungen in monetäre Größen umgerechnet und gegebenenfalls zeitlich homogenisiert wurden, kann ein Kriterium berechnet werden, welches eindeutig eine Entscheidung für oder gegen die jeweils vorhandenen Alternativen ermöglicht. Die Kosten-Nutzen-Analyse

---

[17]   Siehe hierzu zum Beispiel Perridon/Steiner/Rathgeber (2009).

[18]   Hanusch (2011), S. 101 ff.

arbeitet in der Praxis vor allem mit zwei unterschiedlichen Kennzahlen, welche aus der betrieblichen Investitionsrechnung[19] hinreichend bekannt sind. Zum einen kann der so genannte Nettogegenwartswert oder Kapitalwert als Differenz aller positiven Nutzengegenwartswerte und aller negativen Kostengegenwartswerte berechnet werden. Darüber hinaus kann man die Summe aller Nutzengegenwartswerte auch durch die Summe aller Kostengegenwartswerte teilen und erhält auf diese Weise für jede Alternative eine Art Rendite, die anschließend einen Vergleich und eine Entscheidung ermöglicht.[20] In Abschnitt 1.2.2 erfolgt eine ausführliche Darstellung der Vorteilhaftigkeit der beiden Kriterien für unterschiedliche Entscheidungen sowie ein kurzer Überblick über die Art der Berechnung.

h) Bevor das Ergebnis der Kosten-Nutzen-Analyse in Form einer Empfehlung für den Entscheidungsträger festgeschrieben werden kann, muss die Darstellung der intangiblen Effekte – also aller nicht in Geldeinheiten umgerechneten Wirkungen der Handlungsalternativen – erfolgen. Je nachdem, welcher Aufwand im Rahmen des für die Analyse zur Verfügung stehenden Budgets betrieben werden konnte, sind einige Projektwirkungen nicht monetarisiert und daher auch nicht in die unter g) beschriebenen Entscheidungskriterien integriert worden. Selbstverständlich können solche intangiblen Effekte aber die Entscheidung noch in die eine oder andere Richtung beeinflussen. Dies kann besonders dann der Fall sein, wenn die Ergebnisse der monetären Kriterien sehr dicht zusammen liegen oder die intangiblen Auswirkungen gravierend erscheinen. Daher sollten die intangiblen Wirkungen in jeder Kosten-Nutzen-Analyse so konkret wie möglich ausgewiesen werden, bevor eine Empfehlung erfolgt.

i) Nach der Darstellung der monetären Entscheidungskriterien und der intangiblen Wirkungen hängt die Empfehlung für den Entscheidungsträger stets von der Aufgabenstellung der jeweiligen konkreten Kosten-Nutzen-Analyse (siehe dazu auch Punkt a) dieses Abschnitts) ab. Geht es beispielsweise darum, aus mehreren Alternativen die vorteilhafteste auszuwählen, dann müssen die unterschiedlich hohen Werte der Entscheidungskriterien in eine Rangordnung gebracht werden. Besteht auf der anderen Seite die Entscheidung darin, sich für oder gegen die Durchführung einer bestimmten Maßnahme auszusprechen, so erfolgt die Empfehlung entsprechend eines Vergleichs der Kriterien für diese beiden Alternativen.

---

[19] Siehe zum Beispiel Perridon/Steiner/Rathgeber (2009), S. 52 ff.

[20] Das in der betrieblichen Investitionsrechnung auch verwendete Kriterium des internen Zinsfuß kann im Rahmen der Kosten-Nutzen-Analyse nur sehr begrenzt eingesetzt werden (Hanusch (2011), S. 118 ff.) und wird daher hier vernachlässigt.

j) Wie bereits weiter oben deutlich wurde, werden an vielen Stellen einer Kosten-Nutzen-Analyse bestimmte Annahmen getroffen, um beispielsweise Wahrscheinlichkeiten, Projektwirkungen, Geldbeträge und ähnliche Details berechnen beziehungsweise abschätzen zu können. Die dabei auftretenden Unsicherheiten und ihre Auswirkungen auf die am Ende der Analyse ausgesprochene Empfehlung lassen sich durch eine sorgfältige Sensitivitätsanalyse deutlich machen. Für jede getroffene Annahme oder geschätzte Größe legt man dabei eine Bandbreite fest, in welcher diese sich unter rationaler Betrachtungsweise bewegen kann. Beispielsweise könnte die Wahrscheinlichkeit für das Eintreten einer bestimmten Wirkung maximal zwischen 0 % und 50 % schwanken oder die Kosten eines Effekts liegen zwischen einem Minimum von 1 Million € und einem Maximum von 20 Millionen €. Anschließend wird für eine der Annahmen/Schätzungen ceteris paribus[21] der für die Kosten-Nutzen-Analyse verwendete Wert im Rahmen der Bandbreite variiert. So wird erkennbar, ob und wann sich dabei die Empfehlung für den Entscheidungsträger ändern würde. Im Extremfall könnte man sogar die ceteris paribus Einschränkung aufheben und beispielsweise alle Variablen mit dem für die empfohlene Variante „schlechtesten" Wert einsetzen, um die Robustheit oder die Anfälligkeit der Empfehlung zu demonstrieren. Auf diese Art und Weise ist es dem Entscheidungsträger möglich, die Sensibilität der Empfehlung bezüglich falscher Annahmen oder Schätzfehler zu erkennen.

Nach diesem prozessorientierten Überblick über den prinzipiellen Ablauf einer Kosten-Nutzen-Analyse sollen nun nachfolgend einige einzelne Analyseschritte noch etwas detaillierter betrachtet werden.

1.2.2   Detailbetrachtung ausgewählter Analyseschritte

Im weiteren Verlauf dieses Kapitels sollen die etwas komplexeren Prozessschritte c) bis g) noch ein wenig genauer betrachtet und erläutert werden. Da es sich hierbei um die zentralen Elemente der Kosten-Nutzen-Analyse handelt, welche in dieser kurzen Einführung zu den Fallstudien nicht erschöpfend behandelt werden können, sei hier noch einmal explizit auf die einschlägige Literatur zur Kosten-Nutzen-Analyse verwiesen.[22]

ad c) Welche Effekte dürfen / müssen in der Analyse angesetzt werden

Sollen die Nutzen und Kosten einer Handlungsalternative analysiert werden, dann muss man sich in einem ersten Schritt zunächst darüber klar werden,

---

[21]   Ceteris paribus bedeutet hier, dass man jeweils nur eine einzige Variable der Kosten-Nutzen-Analyse verändert, während alle anderen gleich bleiben.

[22]   Im deutschsprachigen Raum: Hanusch (2011) und Mühlenkamp (1994); in der englischsprachigen Literatur: Mishan/Quah (2007) oder Brent (2006).

welche Arten von Wirkungen aus gesamtgesellschaftlicher Sicht anzusetzen sind, wenn man die in Abschnitt 1.1 wohlfahrtstheoretischen Grundlagen der traditionellen Kosten-Nutzen-Analyse berücksichtigt. Das bedeutet, dass nur diejenigen Projektwirkungen anzusetzen sind, welche die Versorgung der Konsumenten mit Gütern und Dienstleistungen berühren – mithin den „Berg an Gütern und Dienstleistungen" – in einer Volkswirtschaft verändern, wie dies in Abbildung 1.3 dargestellt wird.

Dabei ist sehr schön zu erkennen, dass der ursprünglich vorhandene Berg an Gütern und Dienstleistungen innerhalb der Volkswirtschaft (gestrichelte Linie) durch den Effekt A vergrößert und durch C verkleinert wird. Beide Wirkungen berühren also die Versorgung und damit die Wohlfahrt der Konsumenten in Summe und müssen daher als so genannte reale Effekte angesetzt werden. Effekt B hingegen verändert nur die Verteilung der Versorgung der Konsumenten innerhalb des auch ohne das Projekt bestehenden Güter- und Dienstleistungsbergs ohne dessen Vergrößerung oder Verkleinerung und ist daher als pekuniärer Effekt in einer traditionellen Kosten-Nutzen-Analyse nicht anzusetzen.

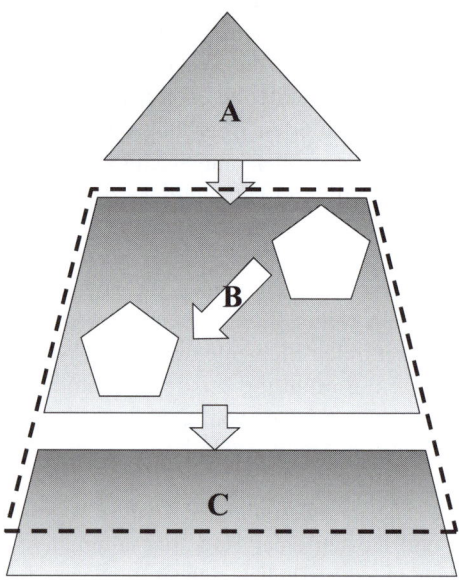

Abb. 1.3: Wirkungen auf die Versorgung der Konsumenten[23]

---

[23]   Quelle: Eigene Darstellung.

Neben der Einteilung in (anzusetzende) reale und (zu vernachlässigende) pekuniäre Effekte findet man die in Abbildung 1.4 aufgeführte Typologie von Wirkungen.

Bezeichnung der Wirkung	Beschreibung
reale vs. pekuniäre	Reale Effekte wirken sich auf die Versorgung der Konsumenten mit Gütern oder Dienstleistungen aus und beeinflussen damit die gesamtgesellschaftliche Wohlfahrt. Pekuniäre Effekte rufen lediglich Umverteilungseffekte hervor, berühren die gesamtgesellschaftliche Wohlfahrt nicht und dürfen daher nicht angesetzt werden.
interne vs. externe	Externe Effekte sind diejenigen Projektwirkungen, die im Gegensatz zu internen Effekten nicht bewusst angestrebt werden. Interne und auch externe Effekte müssen angesetzt werden, wenn sie realer Natur sind.
tangible vs. intangible	Tangible und intangible Effekte unterscheiden sich durch ihre Messbarkeit. Tangible Effekte sind dabei in monetären Größen messbar, während intangible Effekte zumeist qualitativ beschrieben sind. Beide Arten von Effekten müssen in einer KNA erfasst werden. Die tangiblen gehen in die Kalkulation der Nutzenwerte mit ein, die intangiblen Effekte werden „unter dem Strich" ausgewiesen.
intermediäre vs. finale	Finale Effekte wirken unmittelbar auf die Konsumenten, während intermediäre Effekte zunächst den Produktionsbereich betreffen und erst von dort an die Konsumenten weitergegeben werden.

Abb. 1.4: Arten von Projektwirkungen[24]

Jede Wirkung lässt sich gemäß der obigen Abbildung nach den aufgeführten vier Kategorien kennzeichnen. Ein spezieller Effekt kann also zum Beispiel gleichzeitig real, direkt, tangibel und intermediär sein. Ein Beispiel hierfür wäre das Einholen von Angeboten für eine öffentliche Ausschreibung, welche durch eine E-Government-Anwendung abgewickelt wird. Die Zeitersparnis stellt einen realen Effekt dar, der durchaus beabsichtigt ist, in Geldgrößen ausgedrückt werden kann und über die Kostenersparnis des öffentlichen Sektors zu niedrigeren Abgaben führt.

ad d) Berücksichtigung von Risiko und Unsicherheit
Da in sehr vielen Kosten-Nutzen-Analysen die zu berücksichtigenden Wirkungen über einen längeren Zeitraum hinweg auftreten, sind ihre Ausprägungen oder auch Umweltzustände[25] in der Zukunft nicht immer genau bekannt. In solchen Fällen führen fehlende Daten und Informationen, Wissensmängel

---

[24]   Quelle: In Anlehnung an Hanusch (2011), S. 7 ff.
[25]   Vgl. hierzu Laux (2005), S. 22.

über zukünftige Entwicklungen oder ungeklärte Ursache/Wirkungszusammenhänge dazu, dass für das Eintreten und die Höhe der Projektwirkungen im besten Fall lediglich Wahrscheinlichkeiten bekannt sind. Dann spricht man von Entscheidungen unter Risiko. Im schlechtesten Fall fehlen selbst die Daten zur Wahrscheinlichkeit des Eintretens und der Entscheidungsträger muss eine Entscheidung unter Unsicherheit fällen.[26] Hinzu kommen noch die höchst komplexen Entscheidungssituationen, in welchen man von bewusst handelnden Gegenspielern ausgehen muss, die auf Entscheidungen mit Gegenmaßnahmen reagieren können.[27]

Davon ausgehend, dass zu den gerade beschriebenen Situationen auch Entscheidungen kommen, bei denen alle notwendigen Informationen vorliegen und auch verarbeitet werden können, dann kann man im Grunde die drei verschiedenen, in Abbildung 1.5 dargestellten, Entscheidungssituationen hinsichtlich der Kenntnisse möglicher Umweltzustände unterscheiden:

Situation	Beschreibung
Sicherheit	alle notwendigen Daten vorhanden
Risiko	subjektive Einschätzung oder objektive statistische Daten zu Wahrscheinlichkeiten liegen vor
Unsicherheit	weder statistische Daten noch Erfahrungen vorhanden

Abb. 1.5: Entscheidungssituationen[28]

In der Theorie der Entscheidungslehre sind verschiedene Modelle entwickelt worden, um eine Entscheidung auch bei Risiko und Unsicherheit fällen zu können. Dabei erscheinen insbesondere die Berechnung von Erwartungswerten unter der Berücksichtigung von (bedingten) Wahrscheinlichkeiten (Entscheidungsbäume) oder die Rechenregeln für den Umgang mit Entscheidungssituationen unter Unsicherheit für die Kosten-Nutzen-Analyse interessant.[29]

Im günstigen Fall, wenn objektive statistische Daten aus der Vergangenheit vorliegen, ist es möglich, Wahrscheinlichkeiten für das Eintreten bestimmter Umweltzustände der Wirkungen zu berechnen. Verfügt der Ersteller

---

[26] Zu den verschiedenen Entscheidungssituationen und das Wissen über mögliche Umweltzustände finden sich detaillierte Beschreibungen zum Beispiel bei Laux (2005), S. 22 ff. oder auch ein guter Überblick bei Jung (2010), S. 188.

[27] Die aus solchen Annahmen resultierende Spieltheorie soll hier nicht weiter verfolgt werden. Ein guter Überblick findet sich dazu in Jung (2010), S. 195 ff.

[28] Quelle: Eigene Darstellung.

[29] Siehe hierzu z. B. Hanusch (2011), S. 131 ff. zur Anwendung der Entscheidungstheorie in der Kosten-Nutzen-Analyse oder Laux (2005), S. 105–209 für die allgemeine betriebliche Entscheidungstheorie.

einer Kosten-Nutzen-Analyse selbst über genügend Erfahrungen, um subjektive Wahrscheinlichkeiten verlässlich angeben zu können, entfällt diese Berechnung. Wenn also angegeben werden kann, mit welcher Wahrscheinlichkeit und in welcher Höhe bestimmte Kosten oder Nutzen zukünftig anfallen werden, dann kann man diese in der Tat rechnerisch in einer Kosten-Nutzen Analyse berücksichtigen.

Soll zum Beispiel der Nutzen eine Autobahnausbaus von vier auf acht Spuren über die vermiedenen Staus zur Urlaubszeit und deren Kosten unter der Einbeziehung von Risiko ermittelt werden, dann geht man davon aus, dass in der Vergangenheit verschiedene, über die Saison gemittelte Stauverläufe in der Urlaubszeit vorgekommen sind, welche man in die Kategorien (1) „kein Stau", (2) „leichter Stau", (3) „mittlerer Stau" und (4) „schwerer Stau" mit den folgenden Schadenssummen und den entsprechenden Jahren des Auftretens einteilen kann. Weiterhin muss man annehmen, dass nach dem Ausbau keine Staus mehr auftreten werden. Es ist dann möglich, aus den Vergangenheitsdaten die Wahrscheinlichkeiten der verschiedenen Stauverläufe (p) zu ermitteln und in der letzten Spalte in Abbildung 1.6 einzutragen.

Stauverlauf	Schaden in Mio. €	Aufgetreten in den Jahren	Wahrscheinlichkeit des Auftretens (p_n)
(1) kein Stau	0	1995, 1996, 2000, 2003, 2004	0,5
(2) leichter Stau	10	1997, 2001, 2002	0,3
(3) mittlerer Stau	40	1999	0,1
(4) schwerer Stau	90	1998	0,1

Abb. 1.6: Beispiel zur Berechnung des Erwartungswerts[30]

Durch die Multiplikation der Schadenshöhen mit den aus Vergangenheitsdaten abgeleiteten Wahrscheinlichkeiten ihres Eintretens p_n (n = 1, 2, 3, 4) ergibt sich schließlich der erwartete2 Nutzen oder auch Erwartungswert des Nutzens des Autobahnausbaus E[N].

$$E[N] = 0,5 \times 0 + 0,3 \times 10 + 0,1 \times 40 + 0,1 \times 90 = 16 \text{ Mio. €}$$

Auch wenn keinerlei objektive oder subjektive Erfahrungen zu Wahrscheinlichkeiten aus der Vergangenheit vorliegen, mithin also nur die maximale und minimale Höhe möglicher Nutzen oder Kosten bekannt ist, ist es möglich,

---

[30] Quelle: Eigene Darstellung.

rationale Entscheidungswege zu beschreiten. Hier schlägt die Literatur eine ganze Reihe von Entscheidungsregeln vor. Viele diese Methoden spiegeln dabei die Einstellung des Entscheidungsträgers gegenüber dem Phänomen der Unsicherheit – im Sinne von grundsätzlich risikoaffiner (risikofreudiger) oder grundsätzlich risikoaverser (risikoscheuer) Grundhaltung – wieder.[31]

Die drei am häufigsten genannten Entscheidungsregeln sollen hier kurz anhand des vorangegangenen, etwas modifizierten Beispiels vorgestellt werden. Nun soll hier die Straßenführung der Autobahn in den drei Varianten X, Y und Z möglich sein, welche bei Eintreten oder Nicht-Eintreten von Stau die in Abbildung 1.7 aufgeführten, unterschiedlichen Nutzenhöhen aufweisen.

Variante	Nutzen in Mio. €		Maximin-Regel	Maximax-Regel	Hurwicz-Regel mit α = 0,2
	Stau	Kein Stau			
X	30	25	25 = max	30	0,2×30+0,8×25 = 26
Y	50	15	15	50	0,2×50+0,8×15 = 22
Z	95	10	10	95 = max	0,2×95+0,8×10 = 27 = max

Abb. 1.7: Beispiele für Entscheidungsregeln[32]

Dabei steht die Maximin-Regel für eine grundsätzlich risikoscheue, defensive Grundeinstellung, da der Entscheidungsträger hier bei jeder Variante stets den niedrigsten Nutzenwert annimmt – also davon ausgeht, dass nur der minimal mögliche Nutzen entsteht – und dann die Variante wählt, welche dabei noch den größten Nutzen aufweist. In diesem Beispiel erzielt Variante X den höchsten minimalen (Maximin) Nutzen von 25 Mio. €. Dies lässt sich als Maximalwert aus der mit „Maximin-Regel" überschriebenen Spalte der Abbildung 1.7 ablesen.

Die Maximax-Regel stellt nun genau die gegenteilige Einstellung zur Unsicherheit dar. In diesem Fall geht der ausgesprochen optimistisch und risikoaffine Entscheidungsträger davon aus, dass bei jeder Variante der maximal mögliche Nutzen auch anfällt und entscheidet sich dann konsequent für die Möglichkeit, die dabei die größte Chance in Form des größten maximal möglichen (Maximax) Nutzenwertes aufweist. Hier repräsentiert die Trassenführung der Variante Z mit einem maximalen Nutzen von 95 diesen Fall (Spalte: „Maximax-Regel").

---

[31] Jung (2010), S. 190 ff. oder Hanusch (2011), S. 135 ff. sprechen hier auch von pessimistischer oder optimistischer Grundhaltung.

[32] Quelle: Eigene Darstellung.

Die Hurwicz-Regel spiegelt die Tatsache wieder, dass Entscheidungsträger nicht stets ausschließlich risikoscheu oder risikofreudig sind. Der Optimismus-Parameter α (im Beispiel 0,2) gibt dabei die Risikoaffinität im Intervall von 0,0 bis 1,0 an, während der Residualwert $1-\alpha$ als Pessimismus-Parameter interpretiert werden kann. Daher ist es möglich, für jede Variante den maximalen Nutzen mit dem Optimismus-Parameter und den minimalen Nutzen mit dem Pessimismus-Parameter zu gewichten und zu addieren. Auf diese Weise erhält man einen mit der Grundeinstellung des Entscheidungsträgers gewichteten Nutzenwert, der im obigen Beispiel mit 27 ebenfalls bei Variante Z am höchsten ausfällt. Die Bestimmung des Optimismus- oder Pessimismus-Parameters gestaltet sich in der Praxis zumeist schwierig. Mögliche Wege bestehen in der Analyse des Verhaltens eines Entscheidungsträgers in der Vergangenheit oder in der Simulation von verschiedenen Entscheidungssituationen in denen unterschiedlich riskante Alternativen zur Wahl angeboten werden. Hat sich beispielsweise ein Entscheidungsträger in der Vergangenheit in 20 unterschiedlichen Situationen 4 mal für die riskanteren Alternativen und 16 mal für die eher defensiven Projekte entschieden, dann könnte daraus ein α von $4/20 = 0,2$ und konsequenterweise ein $1-\alpha$ von 0,8 angesetzt werden.

Weitere derartige Entscheidungsregeln, wie zum Beispiel die Savage-Niehans-Regel oder die Laplace-Regel finden sich beispielsweise bei Jung (2010, S.190 ff.) oder bei Laux (2006, S. 106 ff.).

ad e) Monetarisierung der Wirkungen
Nach der Entscheidung für das Ansetzen eines bestimmten Effekts und der Beschäftigung mit Risiko und Unsicherheit seiner möglichen Umweltzustände geht es nun daran, diesen monetär zu bewerten. Wie schon weiter oben dargestellt, geben Marktpreise nicht in allen Fällen die korrekten Nutzen- oder Kostenansätze für eine Volkswirtschaft an und müssen daher korrigiert werden (z. B. durch den Ansatz von Opportunitätskosten bzw. Schattenpreisen[33]) oder sie existieren schlichtweg nicht (externe Effekte, öffentliche Güter). Zur Bewertung werden in der Literatur die verschiedensten Verfahren vorgeschlagen, welche vor allem auf die theoretischen Konzepte der Zahlungsbereitschaft („willingness-to-pay") und der Entschädigungsforderung („willingness-to-sell") abstellen und aus dem Konstrukt der Konsumentenrente abgeleitet werden können.[34] Für den praktischen Einsatz in der Kosten-Nutzen-Analyse haben sich jedoch mittlerweile einige Bewertungsmethoden herauskristallisiert,

---

[33]   Siehe hierzu zum Beispiel Mühlenkamp (1994), S. 134 ff. oder Hanusch (2011), S. 57 ff.
[34]   Sehr ausführlich werden diese, auf den Arbeiten von Hicks (1945) basierenden Konzepte bei Hanusch (2011) und Mühlenkamp (1994) erläutert.

die sich alle mehr oder weniger leicht aus theoretischen Überlegungen ableiten lassen, an einigen Stellen Schwächen aufweisen, jedoch den Vorteil der Handhabbarkeit besitzen. Die wichtigsten dieser Bewertungsansätze werden in der Abbildung 1.8 aufgelistet und sollen nachfolgend erläutert werden.

Marktpreismethode	Aufwandmethode	Befragungen
Projektinduzierte Veränderungen von Marktpreisen	Marktpreise für substitutive, komplementäre oder schadenskompensierende Güter Dienstleistungen sowie für vermiedenen Aufwand	Konsumenten werden in Laborexperimenten oder Feldstudien befragt (contingent valuation)

Abb. 1.8: Bewertungsansätze[35]

a) Bewertung durch Befragung[36]

Dabei befragt man die Betroffenen Konsumenten direkt in Form von zumeist nicht repräsentativen Laborexperimenten oder großangelegten Feldstudien entweder nach den Geldbeträgen, die sie zur Erlangung der positiven Effekte eines Projektes maximal zu zahlen bereit wären (willingness-to-pay). Oder die Befragten sollen angeben, welche Geldbeträge sie zur Kompensation negativer Effekte mindestens bekommen müssten (willingness-to-sell). Man kann alle diese Studien auch unter dem Begriff der „Contingent Valuation"[37] zusammenfassen.

Hier ist zu beachten, dass zum einen die Gruppe der betroffenen Konsumenten häufig sowohl räumlich als auch zeitlich sehr schwer einzugrenzen ist. Bei der Befragung zu den Nutzen und Kosten einer Tiefgarage im Zentrum einer Großstadt würde man beispielsweise den Kreis der Betroffenen regional viel zu sehr einschränken, wenn nur die Innenstadtbewohner befragt würden. Vermutlich müsste in diesem Fall der Kreis der Befragten auch auf alle (potentiellen) Touristen ausgedehnt werden, die diese Parkmöglichkeiten nutzen könnten. Unter zeitlichen Gesichtspunkten steht zu befürchten, dass eine Befragung stets die Nutzen und Kosten einer aktuellen Konsumentengeneration zu Lasten der Nutzen und Kosten nachfolgender Generationen gewichten würde. Der Bau von Kernkraftwerken mit erst sehr spät anfallenden, sehr hohen Kosten kann dafür ein gutes Beispiel liefern. Weiterhin steht zu befürchten, dass viele Befragte den geforderten Geldbetrag mangels ausreichender Informationen und/oder Kompetenz beim Abschätzen insbesondere vor der Realisierung eines Vorhabens nicht korrekt angeben können. Ein weiteres

---

[35] Quelle: In Anlehnung an Mühlenkamp (1994), S. 191 ff.
[36] Mühlenkamp (1994), S. 230 ff. befasst sich mit dieser Thematik ausführlich.
[37] Siehe zum Beispiel Portney (1994).

Manko stellt die Befürchtung dar, dass einige Befragte ihre wahren Präferenzen aus strategischen Gründen gar nicht offen legen wollen. Probanden könnten zum Beispiel bewusst viel zu hohe Kompensationszahlungen angeben, wenn sie ein Vorhaben verhindern wollen oder viel zu niedrige Zahlungsbereitschaften, wenn sie versuchen, die tatsächlichen Zahllasten auf andere Konsumenten abzuwälzen (Free-Rider-Problematik).

b) Bewertung über komplementäre Marktleistungen[38]

Wenn man nicht weiß, welchen Wert Konsumenten bestimmten Wirkungen einer Handlungsalternative zumessen, weil für diese Wirkungen kein Marktpreis existiert, dann sucht man Marktleistungen, die notwendig (komplementär) sind, um die Wirkung in Anspruch nehmen zu können. Ein gutes Beispiel dafür stellen die Anschaffungskosten für Hard- und Software zur Nutzung von E-Government-Angeboten der öffentlichen Verwaltung dar. Hier muss allerdings zum einen beachtet werden, dass diese komplementären Marktleistungen nur die monetäre Untergrenze des Nutzens messen und insofern zu einer Unterschätzung des Nutzens solcher Angebote tendieren. Auf der anderen Seite müssen eigenständige Zusatznutzen der Marktleistungen vom anzusetzenden Nutzen abgezogen werden. Im obigen Beispiel wäre der Betrag von den Hard- und Softwarekosten abzuziehen, welcher dem Nutzen für anderes als die Nutzung von E-Government-Angeboten entspricht. Ein weiteres typisches Einsatzgebiet für den Ansatz komplementärer Marktleistungen stellen die Anfahrtskosten zur Nutzung unentgeltlich angebotener, öffentlicher Erholungsinfrastruktur (z. B. Naturparke) oder kultureller Einrichtungen dar.[39]

c) Bewertung über substitutive Marktleistungen

Hier verwendet man zur Monetarisierung die Preise marktgängiger Güter oder Dienstleistungen, deren Kosten oder Nutzen mit den zu bewertenden Wirkungen vergleichbar sind und diese ersetzten könnten. So könnte man zum Beispiel versuchen, den monetären Nutzen eines öffentlichen, unentgeltlich nutzbaren Badesees über die Eintrittspreise eines privatwirtschaftlich betriebenen Naturschwimmbades abzuschätzen. Hierzu müsste im Prinzip die Anzahl aller potentiellen Besucher des Badesees mit dem Eintrittspreis für das Schwimmbad multipliziert werden. Einen Schwachpunkt stellt dar, dass die Vergleich-

---

[38]   Unter Marktleistungen werden hier alle Güter und Dienstleistungen verstanden, für die ein Marktpreis existiert. Unter der Annahme rationalen Verhaltens der Konsumenten wird der Marktpreis den Nutzen eines Gutes für den Konsumenten als monetäre Größe wiedergeben.

[39]   Vgl. hierzu zum Beispiel Hanusch (2011), S. 75 ff.

barkeit öffentlicher und privater Angebote häufig nicht uneingeschränkt möglich ist. Schon kleinere Unterschiede (z. B. Service, Qualität, Lage, Zeit) können große Nutzen- und damit Preisunterschiede hervorrufen.

d) Bewertung über schadenskompensierende Marktleistungen

Dies ist ein Verfahren vor allem für negative externe Effekte von zu bewertenden Handlungsalternativen. Dabei greift man auf die Marktpreise für solche Güter und Dienstleistungen zurück, welche die durch eine Handlungsalternative entstehenden negativen Wirkungen wieder beheben. Beispielsweise könnte der negative Effekt der Lärmbelästigung, die durch den Bau einer neuen Autobahn für die Anwohner entsteht, durch die Kosten für den Bau eines Lärmschutzwalls monetarisiert werden. Es ist allerdings zu beachten, dass der negative Effekt noch nach oben korrigiert werden muss, wenn der Schaden nicht vollständig kompensiert wird. Dies könnte geschehen, wenn im genannten Beispiel die Lärmschutzmauer dazu führt, dass die Lichtverhältnisse in den Gärten der Anwohner sich ungünstig verändern und die Gartennutzung dadurch weiterhin eingeschränkt bleibt. Darüber hinaus müsste der Wert nach unten korrigiert werden, wenn durch die Kompensationsmaßnahme Nutzen entstehen, die über die Kompensation des bewertenden negativen Effekts hinausgehen.

e) Bewertung über vermiedenen Aufwand von Konsumenten und Unternehmen

Viele zu bewertende Projekte führen bei privaten Unternehmen und Konsumenten zu einer Einsparung von Ressourcen. Dieser vermiedene Aufwand kann anschließend anderweitig eingesetzt werden und auf diese Weise den Gesamtnutzen der Volkswirtschaft steigern. Beispielsweise kann der Bau einer Umgehungsstraße sowohl bei den Konsumenten als auch bei Unternehmen zu Zeit- und Transportkostenersparnissen führen. Kostenersparnisse im privaten Bereich sind sehr häufig vermiedener Aufwand zur Behebung von Sach- und Personenschäden, Betriebskostensenkungen oder Zeitersparnisse. An dieser Stelle ist besonders die Fragestellung der monetären Bewertung von geretteten Menschenleben hervorzuheben. Mühlenkamp (1994, S. 203 ff.) geht dabei mit der Ermittlung entgangener Einkünfte (Produktionswert) oder der Schätzung hedonischer Preisfunktionen auf die beiden prinzipiellen Möglichkeiten ein, diese – unter ethischen Gesichtspunkten – ausgesprochen heikle Problematik zu lösen.

f) Projektinduzierte Veränderungen von Marktpreisen

Einen letzten, hier vorgestellten Ansatz zur Monetarisierung von Projektwirkungen stellt die Messung von beobachtbaren Veränderungen von Marktpreisen bei Gütern und Dienstleistungen dar, welche durch die Realisierung eines Projekts ausgelöst werden. Immobilienpreise können beispielsweise steigen oder sinken, wenn sich Straßenverläufe ändern oder andere Infrastrukturmaßnahmen (z. B. Kanalanschlüsse oder Freizeitparks) durchgeführt werden. Diese Preisveränderungen können verwendet werden, um die positiven oder negativen Wirkungen derartiger Maßnahmen abzuschätzen. Mit anderen Worten, die Käufer/Mieter und Verkäufer/Vermieter von Immobilien preisen – bei Unterstellung eines funktionierenden Markts – die projektinduzierten Nutzen- oder Kostenveränderungen in die Miet- oder Kaufpreise ein.

Dies soll nachfolgend anhand eines Beispiels in Abbildung 1.9 demonstriert werden, bei dem die Verlegung der Straßenführung einer städtischen Straße zu den folgenden Veränderungen bei den Immobilienpreisen geführt hat. Dabei ist leicht erkennbar, dass im Stadtgebiet A durch den geänderten Straßenverlauf der mit einer Immobilie verbundene Nutzen um 13 € pro m² gesunken ist. Dies kann beispielsweise durch gestiegene Abgasbelastung, mehr Straßenlärm oder auch durch gestiegene Stauhäufigkeit und die damit verbundenen Zeitverluste geschehen sein. Das Stadtgebiet B hingegen könnte von der geänderten Trassenführung durch zum Beispiel verringerten Verkehrslärm, höhere Sicherheit für Anwohner und eine bessere Anbindung an Einkaufsmöglichkeiten profitiert haben. Die entsprechenden Marktteilnehmer haben diesen Nutzengewinn mit einem um 11 € höheren Preis pro m² bewertet.

Veränderung der Immobilienpreise	Stadtgebiet A	Stadtgebiet B
Anzahl betroffene m² Grundstücke	250.000	300.000
Veränderung in €/m²	–13	+11
Summe der Wirkung in €	–3.250.000	+3.300.000
Gesamteffekt		+50.000

Abb. 1.9: Veränderte Marktpreise

Weil im Stadtgebiet B nun für mehr m² ein höherer Nutzen angesetzt wird, als im Stadtgebiet A Nutzenabschläge pro m² eingepreist sind, entsteht trotz höheren Nutzenverlusts pro m² ein positiver Gesamtsaldo.

ad f) Geldbeträge diskontieren

Beim Diskontieren der bisher für die einzelnen Jahre ermittelten und in monetäre Größen umgerechneten Wirkungen soll im Prinzip der Tatsache Rechnung getragen werden, dass in der betrieblichen Investitionsrechnung die positiven oder negativen Geldbeträge für ein Unternehmen einen höheren Wert darstellen, wenn sie früher anfallen und somit näher am Entscheidungszeitpunkt liegen. Als Begründung dafür dient in der einschlägigen Literatur[40] die so genannte „Wiederanlageprämisse", bei welcher unterstellt wird, dass anfallende Beträge stets verzinslich angelegt werden können. Später auftretende Zahlungsströme könnte ein Unternehmen dann erst später anlegen und daher stellen sie einen um die erzielbare Verzinsung geringeren Wert dar. Rechnerisch wird dies erreicht, indem sie bei ihrem Auftreten mit dem so genannten Diskontierungszinssatz abgezinst werden. Auf diese Weise ermittelt man den Kapitalwert, Barwert oder auch Gegenwartswert einer Investition über einen vorab definierten Betrachtungszeitraum.

Lässt man alle weiter oben beschriebenen – und durchaus berechtigten – Kritikpunkte an der Behandlung „künstlich" monetarisierter Nutzen- und Kostengrößen wie „echte" Zahlungen außer Acht, werden zur Diskontierung dieser „Quasi-Zahlungsströme" vor allem zwei wichtige Schritte durchlaufen. Zunächst gilt es einen angemessenen Diskontierungszinssatz zu ermitteln und anschließend müssen die in den jeweiligen Jahren anfallenden Kosten und Nutzen rechnerisch abgezinst werden. An dieser Stelle soll zunächst davon ausgegangen werden, dass der adäquate Zinssatz i bereits ermittelt wurde. Dann können die Summen der Gegenwartswerte der Kosten (K_G) und Nutzen (N_G) einer Alternative für einen Betrachtungszeitraum von n Jahren mit den folgenden Formeln in Abbildung 1.10 berechnet werden:

$$K_G = \sum_{t=0}^{n} \frac{K_t}{(1+i)^t} \qquad N_G = \sum_{t=0}^{n} \frac{N_t}{(1+i)^t}$$

Abb. 1.10: Gegenwartswerte von Kosten und Nutzen[41]

Nachfolgend soll die Berechnung an einem Beispiel für die Gegenwartswerte der Kosten demonstriert werden. Dabei werden ein Diskontierungszinssatz von 10 %, ein Betrachtungszeitraum von 3 Jahren zuzüglich des Jahres 0 (Entscheidungszeitpunkt) sowie die in Abbildung 1.11 aufgeführten Kosten pro Jahr angenommen. Die Diskontierungsfaktoren in der dritten Zeile der Abbildung 1.11 stellen eine Vereinfachung der Berechnung dar, da sie analog der Formeln in Abbildung 1.10 als $1/(1+i)^n$ berechnet wurden und daher nur noch

---

[40] Vgl. Perridon/Steiner (2009), S. 49 ff. oder Rehkugler (2007), S. 43.

[41] Quelle: eigene Darstellung

mit den jeweiligen Kosten pro Jahr multipliziert werden müssen, um zu den jährlichen Gegenwartswerten zu gelangen.

	Jahr 0	Jahr 1	Jahr 2	Jahr 3
Kosten	5.000	1.000	1.000	2.000
Diskontierungsfaktoren	1,000	0,909	0,826	0,751

Abb. 1.11: Beispiel Gegenwartswert Kosten[42]

Für dieses Beispiel ergeben sich daher die folgenden, diskontierten Zahlungsströme bei den Kosten und damit die Summe der Gegenwartswerte der Kosten der Alternative (K_G):

$$KG = 5.000 \times 1,0 + 1.000 \times 0,909 + 1.000 \times 0,826 + 2.000 \times 0,751 =$$
$$= 5.000 + 909 + 826 + 1.502 = 8.237$$

Man kann hier neben der Art und Weise der Berechnung erkennen, dass bereits bei einer Betrachtungsdauer von drei Jahren und einem Zinssatz von 10 % der Gegenwartswert einer später anfallenden Kostengröße deutlich abnimmt. Die Kosten von 2.000 stellen im dritten Jahr für den Entscheidungsträger im Jahr 0 lediglich einen Wert von 1.502 dar. An diesem Beispiel wird ebenfalls deutlich, wie bei einem sehr langen Betrachtungszeitraum die Kosten und Nutzen, die weit vom Entscheidungszeitpunkt entfernt anfallen, quasi entwertet werden. Entstehen beispielsweise sehr viele Kosten in den späteren Jahren einer zu evaluierenden Handlungsalternative, dann werden diese bei Wahl eines entsprechend hohen Zinssatzes gegenüber den früher entstehenden Nutzen kaum noch ins Gewicht fallen.

Eine weitere Vereinfachung der Berechnung ist möglich, wenn die Zahlungsreihe – anders als im obigen Beispiel – aus lauter gleich hohen Beträgen über n Zahlungsperioden besteht. In diesem Fall reicht es aus, einen in n Perioden in immer gleicher Höhe anfallenden Betrag mit dem so genannten Rentenbarwertfaktor (Rbf) zu multiplizieren. Dieser kann gemäß Formel 1.11a berechnet werden und stellt die Summe aller Diskontierungsfaktoren über n Perioden dar.[43]

---

[42] Quelle: Eigene Darstellung.
[43] Die hier angegebene Formulierung gilt für den Fall der Unterstellung nachschüssiger (am Ende einer Periode gezahlten) Zinszahlungen. Bei vorschüssiger Zinszahlung ist der Nenner in $i(1+1)^{n-1}$ zu ändern.

$$Rbf = \frac{(1+i)^n - 1}{i(1+i)^n}$$

Abb. 1.11a: Berechnung des Rentenbarwertfaktors[44]

Die Wahl des Diskontierungszinssatzes i spielt demnach eine ausgesprochen wichtige Rolle für das Ergebnis einer Kosten-Nutzen-Analyse. Hier wird zwischen theoretischen und praxisorientierten Ansätzen unterschieden.[45] Unter theoretischem Blickwinkel lassen sich insofern drei mögliche Diskontierungsraten unterscheiden, die in der nachfolgenden Abbildung 1.12 dargestellt sind.

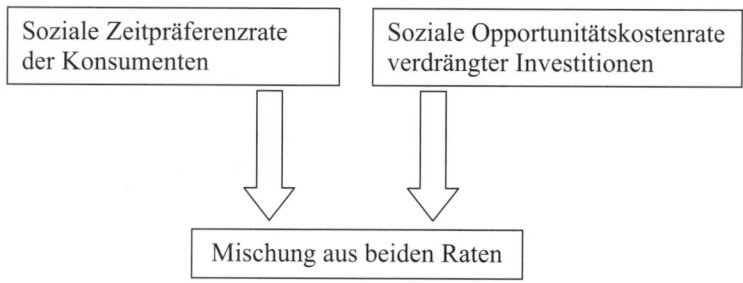

Abb. 1.12: Theoretisch mögliche Diskontierungsraten[46]

Die soziale Zeitpräferenzrate i_S stellt auf die Bereitschaft der Haushalte oder Konsumenten ab, auf sofortigen Konsum zu verzichten, wenn als Gegenleistung zu einem späteren Zeitpunkt mehr konsumiert werden kann. Je höher die Zeitpräferenz eines Konsumenten, desto mehr zusätzlichen, zukünftigen Konsum würde er für den Verzicht auf sofortigen Konsum verlangen. Daher müsste theoretisch die soziale Zeitpräferenzrate aller Konsumenten mit dem Zinssatz auf dem Kapitalmarkt übereinstimmen. Allerdings gilt dies nur unter den Bedingungen eines vollkommenen Kapitalmarkts, welche in der Realität eher selten gegeben sind.[47] Man kann dies alleine an der Tatsache erkennen, dass nicht ein einziger Kapitalmarktzins existiert, sondern je nach Marktsituation, Risiko, Erwartungen etc. eine ganze Reihe solcher Raten. Für viele Kosten-

---

[44]   Quelle: eigene Darstellung.

[45]   Für einen Überblick dazu siehe z. B. Hanusch (2011), S. 104 ff. oder Mühlenkamp (1994), S. 177 ff.

[46]   Quelle: Eigene Darstellung.

[47]   Siehe hier zum Beispiel Mühlenkamp (1994), S. 182 oder Jung (2010), S. 828 ff.

Nutzen-Analysen wird daher in Ermangelung eines solchen einheitlichen Zinssatzes als Äquivalent für die soziale Zeitpräferenzrate auf die eher niedrige Verzinsung von langfristigen und (beinahe) risikolosen Staatsanleihen zurückgegriffen.

Die soziale Opportunitätskostenrate i_O kann ebenfalls zur theoretischen Fundierung eines Diskontierungszinssatzes herangezogen werden. Immer wenn bei der Umsetzung von zu bewertenden Handlungsalternativen solche Ressourcen eingesetzt werden, die auch anderweitig (z. B. in einem privaten Unternehmen) einen Nutzen stiften könnten, dann kann man argumentieren, dass die dabei alternativ erzielbare Rendite – analog zum Argument der Wiederanlageprämisse – zur Diskontierung verwendet werden sollte. Prinzipiell wäre es daher möglich, die Rendite ansetzen, die bei der alternativen Investition der Ressourcen als Kapital in einem privaten Unternehmen erzielbar wäre. Hier stellt sich jedoch das gleiche Problem wie bei den oben besprochenen Kapitalmarktzinsen. Da keine über alle Unternehmen oder gar alle Investitionsprojekte einheitliche Kapitalrendite existiert, müsste man für jede Handlungsalternative die von ihr verdrängte private Investition sowie die dabei erzielbare (Gesamt-)Kapitalrendite ermitteln. Ein einigermaßen überzeugender Vorschlag besteht darin, die durchschnittliche Kapitalrendite privater Unternehmen bzw. Investitionen als Näherungsgröße für die soziale Opportunitätsrate zu verwenden.[48]

Unter den oben bereits erwähnten Bedingungen eines vollkommenen Marktes würden beide gerade erläuterten Diskontierungsraten den gleichen Wert aufweisen. Da sie jedoch in der Realität zumeist auseinanderfallen, gibt es zumindest in der Theorie den Vorschlag, sich je nach der Art der zu diskontierenden Effekte entweder der sozialen Zeitpräferenzrate oder der sozialen Opportunitätskostenrate zu bedienen – mithin also beide Raten bei der Kalkulation eines Entscheidungskriteriums zu mischen.[49] Dann müssten zunächst alle zukünftig anfallenden Nutzen der Konsumenten mit Hilfe der sozialen Zeitpräferenzrate abgezinst werden. Bei den Kosten käme es darauf an, ob diese in Form verdrängter privater Investitionen K^I oder aufgeschobenen Konsums K^K anfallen. Während der aufgeschobene Konsum ebenfalls mit der sozialen Zeitpräferenzrate abdiskontiert werden müsste, käme bei den verdrängten Investitionen die soziale Opportunitätskostenrate zum Einsatz. Die Formulierung in Abbildung 1.10 weiter oben müsste dann gemäß Abbildung 1.13 differenzierter dargestellt werden.

---

[48]   Vgl. hierzu Musgrave / Musgrave / Kullmer (1987), S. 230.
[49]   Vgl. hierzu Marglin (1967) und Feldstein (1964).

$$K_G = \sum_{t=0}^{n} \frac{K_t^K}{(1+i_s)^t} + \frac{K_t^I}{(1+i_0)^t} \qquad N_G = \sum_{t=0}^{n} \frac{N_t}{(1+i_0)t}$$

Abb. 1.13: Gegenwartswerte von Kosten und Nutzen bei gemischter Rate[50]

Auch wenn diese Vorgehensweise zunächst ausgesprochen plausibel wirkt, so soll an dieser Stelle darauf hingewiesen werden, dass in der Praxis der Kosten-Nutzen-Analyse ein derartiges Vorgehen den Informationsbedarf und damit den zu betreibenden Aufwand bei der Ermittlung der Diskontierungsrate nicht unerheblich erhöht.

ad g) Berechnung eines Entscheidungskriteriums
Nachdem alle anfallenden und tangiblen Wirkungen einer Alternative diskontiert wurden, stehen mit der Summe der Gegenwartswerte der Kosten und der Summe der Gegenwartswerte der Nutzen die benötigten Komponenten zur Verfügung, aus denen ein möglichst aussagekräftiges Entscheidungskriterium konstruiert werden kann. Die beiden am häufigsten eingesetzten Kennzahlen hierfür sind der Nettogegenwartswert (NG) und der Nutzen-Kosten-Quotient (NKQ), welche in der folgenden Abbildung 1.14 definiert werden.[51]

$NG = \sum_{t=0}^{n} \frac{N_t}{(1+i)^t} - \sum_{t=0}^{n} \frac{K_t}{(1+i)^t}$	$NKQ = \dfrac{\sum_{t=0}^{n} \dfrac{N_t}{(1+i)^t}}{\sum_{t=0}^{n} \dfrac{K_t}{(1+i)^t}}$
wenn NG < 0 dann Alternative ablehnen	wenn NKQ < 1 dann Alternative ablehnen

Abb. 1.14: Gegenwartswerte von Kosten und Nutzen bei gemischter Rate[52]

Man kann leicht erkennen, dass im Falle des Nettogegenwartswerts die Summe aller diskontierten Kosten des Betrachtungszeitraums von der Summe aller diskontierten Nutzen des Betrachtungszeitraums abgezogen wird. Auf diese

---

[50] Quelle: Eigene Darstellung.

[51] Neben diesen beiden wird zuweilen auch auf das Kriterium der internen Verzinsung (interner Zinsfuß) hingewiesen. Wegen der häufig auftretenden mathematischen Probleme (vgl. z. B. Jung (2010), S. 831) findet das Verfahren zumindest im Rahmen der Kosten-Nutzen-Analyse kaum Anwendung.

[52] Quelle: Eigene Darstellung.

Weise errechnet sich nun entweder ein Nutzen- oder ein Kostenüberschuss, der zur weiteren Entscheidungsfindung – je nach Entscheidungssituation – herangezogen werden kann. Prinzipiell sollten alle diejenigen Alternativen abgelehnt werden, die zu einem negativen Nettogegenwartswert führen, da ihre Kosten den Nutzen übersteigen. Beim Nutzen-Kosten-Quotienten dagegen wird die Summe aller diskontierten Nutzen durch die Summe aller diskontierten Kosten einer Handlungsalternative geteilt. Man errechnet damit die Effizienz[53] dieser Alternative.

Ganz allgemein ist Effizienz als Gegenüberstellung von Aufwand und Ertrag einer Handlung definiert. Man kann dabei den Aufwand mit dem gängigen Begriff „Input" und den Ertrag mit dem Begriff „Output" umschreiben. Die Umwandlung von Input in Output erfolgt im Rahmen von Produktions- oder Transformationsprozessen. Diesen Bereich bezeichnet man in der Betriebswirtschaftslehre auch als den „Throughput", der die Art und Weise beschreibt, wie in der entsprechenden Einheit Input in Output umgewandelt wird. Wenn der produzierte Output dann bei den dafür vorgesehenen Empfängern landet, entwickelt sich schließlich der so genannte „Outcome" des Transformationsprozesses – seine Wirkung. Insgesamt lässt sich dies im Überblick nochmals in der nachfolgenden Abbildung 1.15 erkennen.

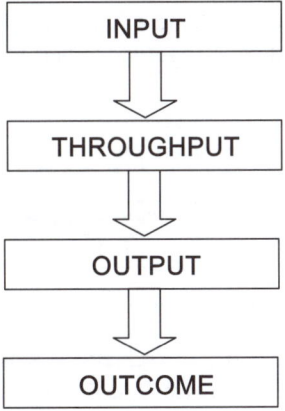

Abb. 1.15: Vom Input zum Output[54]

---

[53]   Um die „Rendite" eines Projekts zu berechnen, müsste man hier den Nettogegenwartswert („Gewinn") durch den Gegenwartswert aller Kosten („eingesetztes Kapital") teilen. Die Aussagekraft für eine Empfehlung würde sich dadurch jedoch nicht wesentlich erhöhen.

[54]   Quelle: Westermann (2007), S. 342 ff.

Als mathematische Formulierung dieses Zusammenhangs stellt Effizienz dann konsequenterweise den Quotienten aus der Summe aller Outputs (hier Nutzen) zur Summe aller eingesetzten Inputs (hier Kosten) dar. Dies schreibt man formal (Abbildung 1.16) als:

$$\frac{\sum Outputs}{\sum Inputs} = Effizienz$$

Abb. 1.16: Formel zur Berechnung der Effizienz[55]

Ein NKQ von 1,12 bedeutet zum Beispiel, dass 12 % mehr Nutzen als Kosten durch das Projekt entstehen. Bei Vergleich von verschiedenen möglichen Handlungsalternativen lässt sich leicht erkennen, bei welchem Projekt – unabhängig vom Projektvolumen – die eingesetzten Ressourcen am effizientesten genutzt werden.

Analog zum oben diskutierten Nettogegenwartswert sollten selbstverständlich auch diejenigen Alternativen nicht zur Durchführung gelangen, deren Nutzen-Kosten-Quotient kleiner als Eins ist, da dann ebenfalls die Kosten nicht in Form von Nutzen „eingespielt" werden. Zu diesem Kriterium muss jedoch noch erwähnt werden, dass es immer dann keine validen Aussagen mehr treffen kann, wenn zu irgendeinem Zeitpunkt der Berechnung eine Saldierung von Kosten und Nutzen stattgefunden hat. Ein kurzes Beispiel in Abbildung 1.17 soll dies illustrieren.

Nutzenkategorie A	Nutzenkategorie B	Nutzenkategorie C
3.000	2.500	3.500
Kostenkategorie A	Kostenkategorie D	Kostenkategorie E
2.500	1.300	700

Abb. 1.17: Beispiel Saldierung Nutzen und Kosten bei NKQ I[56]

Man kann erkennen, dass hier drei verschiedene Kostenkategorien (A, B, C) und drei verschiedene Nutzenkategorien (A, D, E) gemessen und monetarisiert wurden. Nutzen- und Kostenkategorie A fallen beide in der gleichen realen Größe (z. B. Zeitersparnis und Zeitmehraufwand) an. Der Nutzen-Kosten-Quotient ergäbe sich bei einer unsaldierten Übernahme der Werte anhand der nachstehenden Formulierung.

---

[55] Quelle: Eigene Darstellung.
[56] Quelle: Eigene Darstellung.

$$NKQ = \frac{3000 + 2500 + 3500}{2500 + 1300 + 700} = \frac{9000}{4500} = 2,0$$

Abb. 1.18: Beispiel Saldierung Nutzen und Kosten bei NKQ II[57]

Würden nun die Nutzen und Kosten der Kategorie A saldiert, weil zum Beispiel eine getrennte Erfassung aus erhebungstechnischen Gründen nicht möglich ist oder um die Berechnung zu vereinfachen, dann ergäbe sich trotz der gleichen Ausgangslage der folgende, veränderte Wert für den Nutzen-Kosten-Quotienten.

$$NKQ = \frac{(3000 - 2500) + 2500 + 3500}{1300 + 700} = \frac{6500}{2000} = 3,25$$

Abb. 1.19: Beispiel Saldierung Nutzen und Kosten bei NKQ III[58]

Wenn nun der Nutzen-Kosten-Quotient so anfällig für die manchmal in der Anwendung unumgänglichen Saldierungen ist, stellt sich die Frage, warum man sich dann bei der Berechnung eines Entscheidungskriteriums nicht von vornherein auf den Nettogegenwartswert konzentriert. Dies soll nachfolgend in Abbildung 1.20 anhand verschiedener, möglicherweise auftretender Entscheidungssituationen diskutiert werden.

Hier zeigt sich, dass unter der Prämisse der Maximierung der gesamtgesellschaftlichen Wohlfahrt immer diejenigen Handlungsalternativen ausgewählt werden müssen, die insgesamt den größten möglichen Nettogegenwartswert ergeben. Im Falle einer einzigen Alternative geht es daher lediglich darum, festzustellen, ob deren Nutzen die Kosten übersteigen. Dazu liefern beide Entscheidungskriterien eine eindeutige und konsistente Aussage.

Bestehen mehrere Handlungsalternativen, die sich bei ihrer Verwirklichung gegenseitig ausschließen, ist diejenige Alternative zu wählen, die den maximalen Nettogegenwartswert ergibt. Schließen sich die Handlungsalternativen nicht gegenseitig aus, können also mehrere davon gleichzeitig verwirklicht werden, dann ist zu prüfen, ob eine Restriktion für das Budget existiert, welches dem Entscheidungsträger zur Realisierung aller alternativen Projekte zur Verfügung steht. Verfügt der Entscheidungsträger über genügend Ressourcen, um im Prinzip alle zu evaluierenden Handlungsalternativen (mit NG

---

57   Quelle: Eigene Darstellung.
58   Quelle: Eigene Darstellung.

> 0 oder NKQ > 1) durchführen zu können, so liefern wieder beide Kriterien eindeutige und übereinstimmende Resultate. In diesem Fall sind alle Projekte durchzuführen, bei welchen der Nettogegenwartswert größer als Null bzw. der Nutzen-Kosten-Quotient größer als Eins sind.

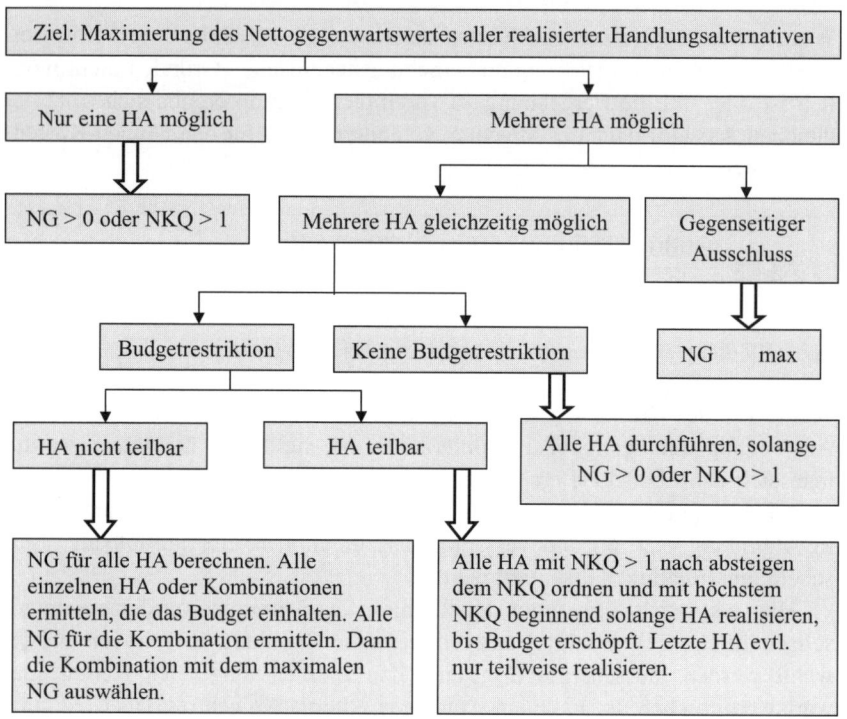

Abb. 1.20: Auswahl verschiedener Entscheidungskriterien[59]

Reicht das vorhandene Budget jedoch nicht zur Verwirklichung aller dieser Handlungsalternativen, so muss unterschieden werden, ob die Projekte teilbar, das heißt auch nur teilweise durchführbar sind. Ist dies der Fall, dann werden alle Projekte nach absteigendem NKQ sortiert und – beginnend mit dem höchsten NKQ – solange alle Projekte realisiert, bis das Budget komplett ausgeschöpft ist. Dabei kann es dann vorkommen, dass das letzte noch zu realisierende Projekt nur zu einem Teil umgesetzt wird. Man geht davon aus, dass dann der NG anteilig zum eingesetzten Budget anfällt. Ein Beispiel für ein

---

[59] Quelle: Eigene Darstellung.

solches, teilbares Projekt könnte der Ausbau einer Wasserstraße sein, welche nicht auf der ganzen, ursprünglich geplanten Stracke stattfindet. Sind die bestehenden Alternativen nur komplett realisierbar (nicht teilbar), so werden zunächst die Nettogegenwartswerte aller Projekte berechnet. Anschließend ermittelt man für alle Projektkombinationen, die das zur Verfügung stehende Budget zulässt, ebenfalls die Nettogegenwartswerte. Letztendlich wird aus der Menge aller Einzelprojekte und deren Kombinationen die Alternative (oder Kombination) mit dem höchsten gesamten Nettogegenwartswert ausgewählt.

Abschließend soll die vorgestellte Problematik für den Fall mehrerer, sich nicht ausschließender Handlungsalternativen anhand eines Zahlenbeispiels in der Abbildung in Abbildung 1.21 erläutert werden. Dabei gilt für den Entscheidungsträger eine Budgetrestriktion (bezogen auf den Gegenwartswert der Kosten) von 1.500 und die vier Handlungsalternativen A bis D stehen zur Auswahl. Für den Fall, dass die Projekte teilbar sind, soll nun zunächst eine Reihung nach dem Nutzen-Kosten-Quotienten durchgeführt werden. Dabei wäre dann zunächst Alternative C mit einem NKQ von 2,38 und einem Nettogegenwartswert von 1.100 zu realisieren. Das verbleibende Budget von 700 (1500–800) muss dann für eine teilweise Umsetzung des Projektes D verwendet werden, welches den zweithöchsten NKQ von 2,18 aufweist und einen anteiligen (700/850 = 0,824) Nettogegenwartswert von 824 (1.000 * 0,824) erwirtschaftete. Insgesamt kommen beide Handlungsalternativen auf einen Nettogegenwartswert von 1.924.

Handlungsalternative	A	B	C	D
Gegenwartswert Nutzen	1500	3000	1900	1850
Gegenwartswert Kosten	700	1500	800	850
Nettogegenwartswert	800	1500	1100	1000
Nutzen-Kosten-Quotient	2,14	2,00	2,38	2,18

Abb. 1.21: Beispiel zu Entscheidungskriterien[60]

Sollte sich eine teilweise Ausführung der Projekte als nicht sinnvoll erweisen, dann hält neben den einzelnen Projekten noch die Kombination der beiden Handlungsalternativen A und C die Budgetrestriktion ein. Alle anderen möglichen Kombinationen würden mehr als 1.500 Kosten verursachen und damit das Budget übersteigen. Die Kombination von A und C führt zum höchsten, gesamten Nettogegenwartswert von 1.900, ist daher zu realisieren.

---

[60] Quelle: Eigene Darstellung.

1.3 Die Nutzwertanalyse als ein zur Kosten-Nutzen-Analyse verwandtes Verfahren

Die Nutzwertanalyse (NWA)[61] stellt ein Analyseverfahren dar, welches verschiedene Handlungsalternativen, Projekte oder Aktivitäten nach dem Kriterium der Wirksamkeit (Effektivität) unterscheidet. Abbildung 1.22 zeigt, dass im Gegensatz zu einer Betrachtung unter dem Blickwinkel der Effizienz[62] wie bei der Kosten-Nutzen-Analyse, die Effektivität eine reine Outcome- oder Nutzen-Betrachtung darstellt. Die dafür eingesetzten Inputs (Kosten) spielen keine Rolle. Allerdings wird im Normalfall – wie auch bei der Kosten-Nutzen-Analyse – sehr häufig das simultane Erreichen mehrerer verschiedener Ziele mit Hilfe der Nutzwertanalyse überprüft werden. Dies bedeutet, dass selbstverständlich auch in einer Nutzwertanalyse die Kosten „implizit" berücksichtigt werden können, wenn Teile des Outcome entsprechend formuliert werden. Hier findet sich häufig die Forderung nach Kosteneinsparungen als Outcome.

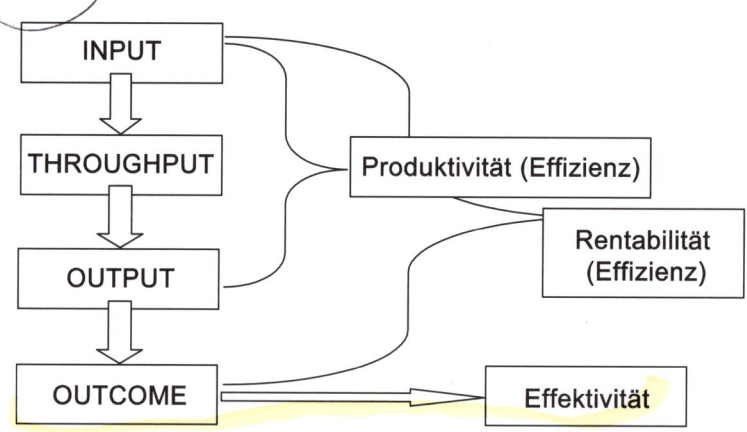

Abb. 1.22: Beispiel zu Entscheidungskriterien[63]

Für einen öffentlichen Entscheidungsträger zum Beispiel kann man davon ausgehen, dass hohe Effektivität immer dann erreicht wurde, wenn der Outcome des betreffenden Transformationsprozesses den von politischer Seite geforderten Zielen in möglichst hohem Maße entspricht. Effektivität ist also eine reine Betrachtung des Outcome ohne die Berücksichtigung der dafür ein-

---

[61] Hier findet sich eine ausführliche Darstellung bei Hanusch (2011), S. 175 ff., Zangemeister (1978) oder Zangemeister (2000).

[62] Wobei die beiden Ausprägungen Produktivität oder Rentabilität möglich sind.

[63] Quelle: Westermann (2007), 343 ff.

gesetzten Inputs unter der oben eingeführten Einschränkung der „implizit" berücksichtigten Kosten.

Wird zum Beispiel von Politikern ein Höchstmaß an Bürgernähe sowie Zuverlässigkeit und ökologische Nachhaltigkeit sowie eine Einsparung bei den Arbeitsplätzen in der Verwaltung durch die zu verwirklichende Handlungsalternative gefordert, so wird der Outcome eines Projekts letztendlich am Grad der Umsetzung aller dieser Forderungen zu messen sein. Die Nutzwertanalyse stellt hier ein Instrument dar, welches in der Lage ist, diese Zielerfüllungsgrade (oder eben die Effektivität) einzelner Alternativen zu messen. Für die abschließende Gesamtbewertung der Alternativen werden dann die einzelnen – nach ihrer Relevanz gewichteten – Teilnutzen bezüglich der jeweiligen unterschiedlichen Teilziele zu so genannten Gesamtwirksamkeiten (auch Nutzwert genannt) zusammengeführt. Anschließend können die zur Auswahl stehenden Projekte nach ihrer Vorteilhaftigkeit bezüglich der vorgegebenen Ziele im Sinne der Gesamtwirksamkeit geordnet und ausgewählt werden. Zangemeister (1976) definiert diese als „ ... die Analyse einer Menge komplexer Handlungsalternativen mit dem Zweck, die Elemente dieser Menge entsprechend den Präferenzen des Entscheidungsträgers bezüglich eines multidimensionalen Zielsystems zu ordnen."[64]

Die Nutzwertanalyse hat sich in den letzten Jahren im öffentlichen wie im privaten Sektor zu einem häufig eingesetzten Instrument entwickelt. Die Gründe dafür dürften wohl in ihrer relativ einfachen Handhabung zu finden sein. Dabei finden sich zwei grundsätzliche Einsatzmöglichkeiten für dieses Instrument, die am Beispiel der Entscheidung zur Einführung von E-Government-Anwendungen in einer Stadtverwaltung in Abbildung 1.23 demonstriert werden sollen.

Besteht die Zielstellung einer NWA in der Entscheidung, ob prinzipiell E-Government-oder eher konventionelle Anwendungen eingesetzt werden sollen, dann müssen zumindest die beiden Basisalternativen (A) „E-Government-Anwendung einführen" und (B) „Konventionelle Bearbeitung beibehalten" unter dem Blickwinkel der Effektivität analysiert werden. Die Alternative (B) wird im Jargon der NWA auch als „Null-Alternative" (keine Veränderung) bezeichnet. In einer weiteren Konstellation kann die NWA auch dazu verwendet werden, um bei einem gegebenen Budget und einer ganzen Reihe von möglichen E-Government-Anwendungen diejenigen herauszufinden, die die Gesamtwirksamkeit für den Bürger maximieren. Die Grafik in Abbildung 1.23 illustriert dies nochmals. Diese Unterscheidung findet sich im Wesentlichen

---

[64] Zangemeister (1976), S. 45.

auch bei der Kosten-Nutzen-Analyse und kann für diese im Abschnitt 1.2.2 ad g) nachgelesen werden.

NWA bei zwei sich ausschließenden Alternativen	
Anwendung E-Government	Anwendung konventionell
NWA durchführen	
Nutzwert = 87	Nutzwert = 65
E-Government Anwendung einsetzten, da höhere Wirksamkeit nachgewiesen	
NWA bei mehreren, kompatiblen Alternativen, Gesamtbudget: 200 Geldeinheiten (GE)			
Anwendung E-Government 1 Budgetbedarf: 110 GE	Anwendung E-Government 2 Budgetbedarf: 80 GE	Anwendung E-Government 3 Budgetbedarf: 90 GE	Anwendung E-Government 4 Budgetbedarf: 90 GE
NWA durchführen			
Nutzwert = 93	Nutzwert = 45	Nutzwert = 80	Nutzwert = 77
E-Government Anwendung 1 und 3 einsetzten, da im Rahmen des Budgets die höchste Wirksamkeit nachgewiesen			

Abb. 1.23: Entscheidungssituationen NWA[65]

Nachfolgend soll nun beschrieben werden, aus welchen Prozessschritten sich eine Nutzwertanalyse aufbauen lässt. Wie bei der Kosten-Nutzen-Analyse gilt hier auch, dass die dabei vorgeschlagene Abfolge und Anzahl an Zwischenschritten eine idealtypische Vorgehensweise darstellt.[66] In der praktischen Anwendung werden häufig Überschneidungen der Schritte oder die Wiederholung von Teilprozessen notwendig sein. Die gestrichelte Linie zwischen den Prozessschritten „Zielgewichte ermitteln" und „Wirkungen gewichten" demonstriert, dass man die Eruierung der Zielgewichte durchaus auch erst unmittelbar vor der Gewichtung der Ergebnisse durchführen könnte. Die Erfahrung zeigt jedoch, dass eine Festlegung auf die Zielgewichte durch den Ent-

---

[65] Quelle: Westermann (2007), S. 343 ff.

[66] Hanusch (2011) schlägt zum Beispiel einen sieben-stufigen Ansatz zur Durchführung einer Nutzwertanalyse vor, während hier ein zehn-stufiger Ansatz verfolgt wird.

scheidungsträger weniger durch strategische Überlegungen beeinflusst wird, wenn sie vor dem Messen der Wirkungen erfolgt.

An dieser Stelle sollen zunächst alle vorgeschlagenen Teilschritte bei der Durchführung einer Nutzwertanalyse im Überblick beschrieben werden. Anschließend gilt es, diese Aufgaben noch etwas näher zu beleuchten. Abbildung 1.24 zeigt die nachfolgend behandelten Teilschritte im Überblick.

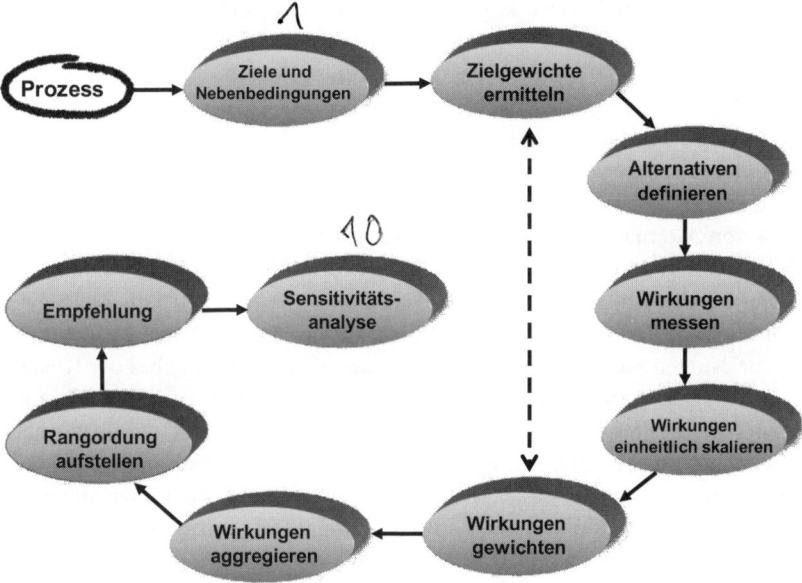

Abb. 1.24: Teilschritte einer Nutzwertanalyse im Überblick[67]

a) Wie bei der Kosten-Nutzen-Analyse auch, müssen in einem ersten Schritt die Ziele angegeben werden, welche mit den noch zu definierenden oder bereits vorhandenen Handlungsalternativen erreicht werden sollen. Dieser Punkt ist deswegen zentral, weil – anders als bei der Kosten-Nutzen-Analyse – tatsächlich im weiteren Verlauf nur noch diejenigen Wirkungen gemessen und zu einem Entscheidungskriterium verarbeitet werden, die in diesem ersten Schritt als erwünschter „Outcome" definiert wurden. Die Nutzwertanalyse erweist sich daher als besonders sensibel, wenn entscheidungsrelevante Kriterien an dieser Stelle vergessen oder gar aus strategischen Gründen bewusst vernachlässigt werden.

---

[67] Quelle: Eigene Darstellung.

Weiterhin muss der Entscheidungsträger der Nutzwertanalyse schon gleich zu Beginn der Studie angeben, welche Nebenbedingungen (z. B. ökonomischer, juristischer, physikalischer oder politischer Art) auf keinen Fall von Handlungsalternativen verletzt werden dürfen. Diese dienen dann gewissermaßen als „K.O.-Kriterien", welche durch die ganze Analyse hindurch zum Ausschluss eines Projektvorschlags führen, wenn ein derartiger Verstoß festgestellt wird. Beispielsweise könnte bei der Auswahl eines Standortes die juristisch/politische Nebenbedingung gestellt werden, dass das entsprechende Areal sich bereits im Eigentum des Entscheidungsträgers befinden muss. Damit könnten bereits vor den nachfolgenden Prozessschritten diejenigen Alternativen ausgeschlossen werden, welche durch die Imponderabilien eines späteren Grundstückserwerbs geprägt sind. Die Nebenbedingungen sind explizit zu Beginn der Nutzwertanalyse zu notieren, da nur auf diese Weise der Ausschluss von Alternativen rational nachvollziehbar wird.

b) In einem zweiten Schritt erfolgt die Ermittlung und Darstellung der Gewichtung der einzelnen, vom Entscheidungsträger angegebenen Ziele. Dies ist vor allem deshalb notwendig, weil die Nutzwertanalyse keine Monetarisierung von Nutzen vornimmt und daher bei dieser Methodik die bei der Kosten-Nutzen-Analyse implizit vorgenommene Gewichtung durch nutzenabhängige, unterschiedliche hohe Geldbeträge entfällt.[68] In der Literatur werden für die Nutzwertanalyse vor allem präskriptive Verfahren zur Bestimmung der Gewichte vorgeschlagen.[69] Präskriptive Verfahren ermitteln die Gewichtung der Ziele über die „... Bedeutung, die ein Entscheidungsträger den einzelnen Kriterien hinsichtlich ihrer Problemlösungsbeiträge beimisst („Relevanzkonzept"). Die berechneten Werte beruhen somit auf den (unsicheren) Einschätzungen der Entscheidungsträger und haben daher grundsätzlich einen subjektiven Charakter."[70]

Im Rahmen der präskriptiven Verfahren wird anschließend noch in so genannte direkte und indirekte Herangehensweisen unterschieden.[71]

Bei den direkten Verfahren versucht man von den Entscheidungsträgern unmittelbare Einschätzungen zu erfragen, aus welchen man die Gewichtungen sofort entweder in absoluten Größen oder im Verhältnis der Ziele untereinander ablesen kann. Diese Ansätze reichen von der Vergabe gleicher Gewichte für

---

[68] Dies kommt einem normativen Ansatz nahe, bei dem das Gewicht eines Zieles über seinen messbaren Einfluss auf Marktpreise ermittelt wird (Vgl. Weber (1993), S.55).

[69] Vgl. Lifka (2008), S. 62 ff. für einen ausführlichen Überblick zu den verschiedenen präskriptiven Verfahren.

[70] Lifka (2008), S. 63.

[71] Vgl. z. B. Hanusch (2011), S. 178.

alle Ziele[72] über die Verteilung eines Punktebudgets (z. B. 100 Punkte) auf die Ziele[73] bis zu einer Platzierung der Kriterien auf einer Ratingskala[74]. Ein bekanntes Verfahren der letztgenannten Art stellt dabei das sogenannte „Direct Rating"[75] dar, welches in der nachfolgenden Abbildung 1.25 erläutert wird.

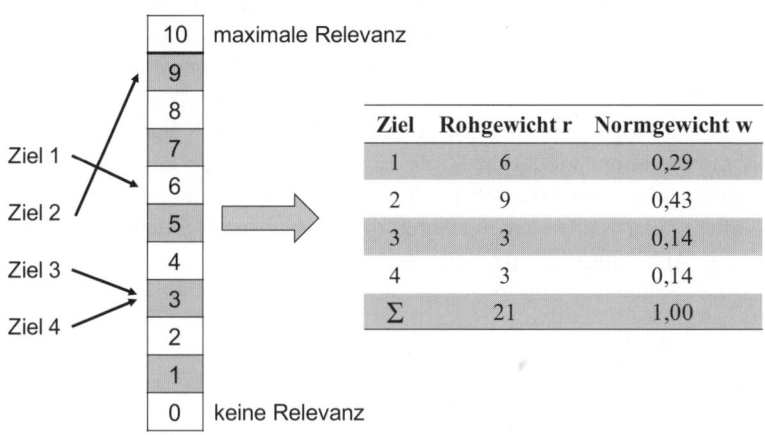

Abb. 1.25: Direct Rating[76]

Der Entscheidungsträger trägt über die Pfeilzuordnung die Relevanz der Ziele auf einer Skala (hier 0 bis 10) ein, wobei er durchaus zwei oder mehr Zielen die gleiche Relevanz zuerkennen kann. Auf diese Weise können die so genannten Rohgewichte r direkt abgelesen werden. Die auf Eins normierten Gewichte w, welche für die Nutzwertanalyse verwendet werden können, erhält man, indem die einzelnen Rohgewichte durch die Summe aller Rohgewichte geteilt werden. Formal kann man dies für die Ziele 1 bis n wie in Abbildung 1.26 ausdrücken.

$$W_j = \frac{r_j}{\sum_{j=1}^{n} r_j}$$

Abb. 1.26: Berechnung der Normgewichte beim Direct Rating[77]

Nicht die
anzahl d.
Rohgewichte
sondern
ihre Summe
logisch!

---

[72]   Vgl. z. B. Weber (1993), S.53.

[73]   Vgl. z. B. Bottomley/Doyle (2001), S. 553.

[74]   Vgl. z. B. Eckenrode (1965), S. 181.

[75]   Vgl. Lifka (2008), S. 65 f.

[76]   Quelle: In Anlehnung an Lifka (2008), S.65 f.

[77]   Quelle: Vgl. Lifka (2008), S.66.

Die indirekten Verfahren werden eingesetzt, wenn es den Entscheidungsträgern nicht möglich ist, die Gewichte für Kriterien direkt anzugeben. Dieses Phänomen tritt sehr häufig auf, wenn die Unterschiede der Relevanz zwischen den Zielen nicht leicht zu erkennen sind, oder wenn eine große Anzahl von Zielen existiert, die untereinander Wechselwirkungen aufweisen. Dann wird versucht, die Gewichtungen zu erlangen, indem entweder Entscheidungen in der Vergangenheit mit Blick auf Zielgewichtungen hin analysiert werden oder indem solche Entscheidungssituationen „quasi im Labor" simuliert werden. Eine weitere Möglichkeit besteht in der Reduktion der Komplexität der Entscheidungssituation, indem die Ziele zunächst paarweise verglichen werden, um anschließend eine konsistente Gewichtung aller Ziele abzuleiten.[78] Eines der einfach anzuwendenden Verfahren der paarweisen Gewichtung soll nachfolgend in Abbildung 1.27 demonstriert werden.[79]

	Ziel 1	Ziel 2	Ziel 3	Ziel 4
Ziel 1		1	1	4
Ziel 2			2	4
Ziel 3				4

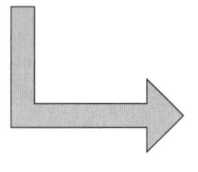

Ziel	relat. Präf. r	Normgewicht w
1	2	0,33
2	1	0,17
3	0	0,00
4	3	0,50
Σ	6	1,00

Abb. 1.27: Paarweise Gewichtung[80]

Hier werden die unterschiedlichen Ziele in der linken Matrix jeweils paarweise miteinander verglichen und in der jeweiligen Zelle steht die Nummer des Ziels, welches dabei die höhere Relevanz zugesprochen bekommt. Beispielsweise wurde Ziel 2 beim Vergleich mit Ziel 3 als wichtiger eingestuft und damit an der in Abbildung 1.27 markierten Zelle eingetragen. Anschließend werden alle Nennungen für eines der Ziele aufsummiert und dann als so ge-

---

[78] Vgl. z. B. Saaty (1980).
[79] Vgl. hierzu Eckenrode (1965), S. 182.
[80] Quelle: In Anlehnung an Eckenrode (1965), S. 182.

nannte relative Präferenz r in die zweite Abbildung eingetragen. Der Anteil der relativen Präferenz eines einzelnen Gewichts an der Gesamtsumme ergibt dann wieder das normierte Gewicht w. Die Berechnung der normativen Gewichte erfolgt dann im Prinzip erneut mit der Formel aus Abbildung 1.26. An dieser Stelle sei darauf hingewiesen, dass gerade die paarweise Gewichtung noch deutlich differenzierter vorgenommen werden kann, wenn beispielsweise die von Saaty (1980) im Rahmen der Methode des Analytic Hierarchy Process (AHP) vorgeschlagene 9-Punkte-Skala der Relevanz von Gewichten verwendet und mit einem ungleich komplexeren Verfahren zu normierten Gewichten verdichtet wird.

Im Zusammenhang mit der Angabe von Gewichten kommt es häufig auch dazu, dass ein Entscheidungsträger seine Ziele in hierarchischer Form angibt. Dies bedeutet, dass Oberziele existieren, welche sich in Unterziele auf verschiedenen Ebenen aufteilen. So entsteht eine Zielhierarchie, bei der die Summe der Gewichte der Unterziele dem Gewicht des jeweiligen Oberziels entsprechen muss. Wie mit solchen Zielhierarchien umgegangen wird, hängt stark von der Herangehensweise des Entscheidungsträgers ab. Dabei können zwei prinzipiell unterschiedliche Wege unterschieden werden, die in Abbildung 1.28 grafisch dargestellt sind. Die erste Vorgehensweise (in der Abbildung 1.28 links) kann als top-down Ableitung der Zielhierarchie und -gewichte bezeichnet werden.

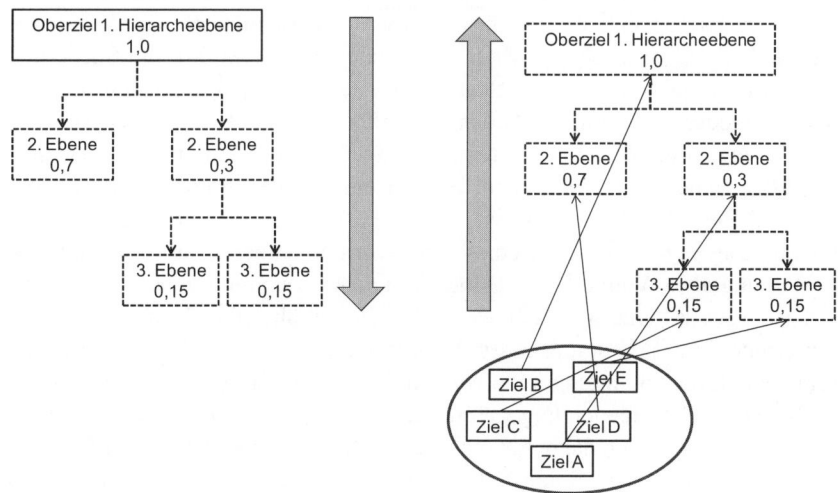

Abb. 1.28: Entwicklung einer Zielhierarchie[81]

Dabei zerlegt der Entscheidungsträger das zunächst vorhandene Oberziel in mehreren Ebenen in immer kleinere Unterziele und vergibt die entsprechende, konsistente Gewichtung durch Aufteilung des Gewichts des jeweils hierarchisch übergeordneten Ziels. Bei der bottom-up Variante (rechte Seite der Abbildung 1.28) entsteht die Zielhierarchie aus einer Menge ungeordneter Ziele, die unter Umständen schon relative Gewichte besitzen. Hier obliegt es dem Ersteller der Nutzwertanalyse, zu erkennen, ob einzelne Ziele zu einem Oberziel zusammengefasst werden müssen oder ob eventuell bereits ein Oberziel in der Zieleauflistung vorhanden ist. Gerade der zweite Fall würde, bliebe er unentdeckt, zu einer Übergewichtung des entsprechenden Zielbereichs führen.

c) Der dritte Schritt in der Erstellung einer Nutzwertanalyse besteht in der Definition von zu vergleichenden Alternativen. Hier gelten im Prinzip die gleichen Regeln, die bereits bei der Kosten-Nutzen-Analyse dargestellt wurden. Daher soll hier nicht mehr weiter darauf eingegangen werden. Wichtig ist jedoch, dass hier Experten aus den jeweils durch die betroffene Alternative berührten Fachgebieten herangezogen werden können und dass stets auch die so genannte „Null-Alternative" – mithin der Erhalt des aktuellen Status-Quo – betrachtet werden muss. Ein Grund für den a priori Ausschluss dieser Alternative kann jedoch im Verstoß gegen eine der gegebenen Nebenbedingungen liegen.

d) Im vierten Schritt der Nutzwertanalyse geht es darum, die Projektwirkungen in den jeweiligen Größen zu messen, in welchen sie auftreten. Da hier – im Gegensatz zur Kosten-Nutzen-Analyse – ausschließlich die Wirkungen auf die bereits vorgegebenen Ziele zu evaluieren sind, entfällt die Suche und Kategorisierung von Effekten. Stattdessen müssen für jedes einzelne Ziel Indikatoren oder auch Wirksamkeitsmaße gefunden werden, mit denen der Beitrag der jeweiligen Handlungsalternativen zur Zielerreichung möglichst aussagekräftig gemessen werden kann. Besteht ein von den Entscheidungsträgern vorgegebenes Ziel beispielsweise in der Forderung nach „Bürgernähe", so könnte festgelegt werden, dass dies – fast wörtlich – über die durchschnittliche Entfernung aller Wohnorte der Bürger von den Verwaltungsgebäuden zu messen ist. Eine Alternative dazu wäre, die Bürgernähe über Warte- oder Anfahrtszeiten zur Erledigung eines Anliegens zu messen. Sollen mehrere verschiedene Indikatoren eingesetzt werden, kann dies über die oben beschriebene hierarchische Gewichtung geschehen. Dazu muss konsequenterweise für jeden Indikator – der dann für ein spezifisches Teilziel steht – ein Gewicht vergeben werden. Die Summe der Gewichte sollte dem Gewicht des Ziels Bürgernähe entsprechen. Für ein E-Government-Projekt könnte man zum Beispiel den besseren Service für die Bürger in Form der Erreichbarkeit der Verwaltung auf einer Stundenskala messen. Auch die Reaktionszeit, die Zeit bis zum endgültigen Bescheid oder die Fehler- und Widerspruchsquote ließen sich in ähnlichen quantitativen Skalierungen darstellen.

Sind die richtigen Wirksamkeitsmaße und Skalen gefunden, dann erfolgt die eigentliche Messarbeit, das Ermitteln der Wirkungen auf die Ziele. Dies wird auch als Bestimmung der Zielerträge bezeichnet. Abbildung 1.29 zeigt, wie dies für die beiden Alternativen „E-Government-Einsatz" (A) oder „konventionelle Bearbeitung" (B) aussehen könnte. Die Messwerte für die Zielerträge können durch die Analyse von Daten aus der Vergangenheit, durch Prozessanalysen, durch Selbstaufschreibungen oder auch durch den Vergleich mit anderen Verwaltungen ermittelt werden. Die Ergebnisse derartiger Arbeiten geben dann Aufschluss über die „physischen" Projektwirkungen.

Ziele und Unterziele	Kennzahl	Zielerträge	
		Projekt A	Projekt B
1. Bürgerzufriedenheit			
1.1 Reaktionszeit	Zeit vom Eingang der Anfrage bis zur ersten Kontaktaufnahme (in Tagen)	0,5	1,5
1.2 Fehlerquote	Anzahl der zurückgenommenen Bescheide im Verhältnis zur Anzahl aller erteilten Bescheide (in %)	10	3
1.3 Beschwerdequote	Anzahl Beschwerden im Verhältnis zur Anzahl der betreuten Bürger (in %)	7	18
2. Datensicherheit	Wahrscheinlichkeit des Datenverlustes (in %)	0,5	0,003
3. Techn. Umsetzung	Dauer bis zur endgültigen Realisierung des Projekts (in Monaten)	12	5

Abb. 1.29: Beispiel zur Entwicklung einer Zielhierarchie[82]

e) Wie nun schon deutlich geworden sein dürfte, ergeben die einzelnen, gemessenen Projektwirkungen zumeist noch kein eindeutiges Bild darüber, welche Alternative die beste zur Erreichung aller Ziele darstellt. In Abbildung 1.29 weist zum Beispiel die Alternative A eine deutlich kürzere Reaktionszeit auf Bürgeranliegen auf, lässt jedoch eine dreimal so hohe Fehlerquote vermuten wie das alternative Projekt B. Als Kernproblematik kann man hier die Multidimensionalität des Zielsystems im öffentlichen Sektor ausmachen. Dies liegt vor allem daran, dass man die physischen Projektwirkungen nicht einfach zusammenzählen kann, da sie zumeist unterschiedlich skaliert sein dürften. In

---

[82]   Quelle: Eigene Darstellung.

der NWA behilft man sich daher, indem man für alle Projektwirkungen bezüglich der jeweils zu erreichenden Teilziele durchgängig gleiche Bewertungsskalen einführt. Damit werden alle diese unterschiedlichen physischen Maße sozusagen auf eine einheitliche Skala transformiert.

In der Praxis finden hier oft Punkteskalen zum Beispiel von 1–5, 1–9, 1–100, bewertende Aussagen wie „wirkt positiv (+)", „wirkt negativ (–)" oder „neutral (o)" bezüglich eines Ziels oder auch grafische Darstellungen wie zum Beispiel * bis ***** Anwendung.[83] Die dann von den jeweiligen Alternativen erreichten Bewertungsgrößen nennt man Zielerfüllungsgrade. Man sollte in diesem Zusammenhang ganz deutlich sagen, dass die oft willkürliche Umrechnung der physischen Projektwirkungen der Manipulation Tür und Tor öffnet. Ein rationales und nachvollziehbares Verfahren kann aber zum Beispiel darin bestehen, dass zuerst dem jeweils besten erreichbaren Zielertrag als Zielerfüllungsgrad die höchste erreichbare Punktzahl der verwendeten einheitlichen Skala (z. B. 5, 9, 10, 100, *****, „wirkt positiv") zugeordnet wird und dem schlechtesten erreichten Zielertrag der niedrigste mögliche Punktwert. Alle anderen Wirksamkeiten werden mit dem Zielerfüllungsgrad versehen, der ihrem Anteil am maximalen Teilwirksamkeitswert entspricht. Je feiner die verwendete, einheitliche Skala dabei ausfällt, desto besser lassen sich natürlich die kardinalen Abstände der erreichten Zielerträge abbilden. Für das Ziel „Reaktionszeit" in Abbildung 1.29 könnte die Ermittlung des Zielerfüllungsgrades auf einer 5 Punkte Skala zum Beispiel nach dem Schema in Abbildung 1.30 erfolgen. Dabei wird davon ausgegangen, dass in einer Vorstudie ermittelt wurde, wie sich die Reaktionszeit auf Bürgeranfragen in einer Reihe von Verwaltungen mit konventioneller und E-Government-Organisation darstellt. Als Ergebnis kann man festhalten, dass hier Werte von 4,5 Tagen bis 0,5 Tagen eruiert werden konnten.

Reaktionszeit	> 4 Tage	3–4 Tage	2–3 Tage	1–2 Tage	<1 Tag
Zielerfüllungsgrad	1	2	3	4	5

Abb. 1.30: Ermittlung von Zielerfüllungsgraden[84]

Führt man diese Form der Transformation auf ähnliche Art und Weise für alle Ziele durch, dann kann die Abbildung 1.29 zum Beispiel in die folgende Abbildung 1.31 umgeformt werden.

---

[83] Vgl. zum Beispiel die 1–9 Skala von Saaty (1980), die * bis ***** Skala von Lifka (2008), S. 9 ff. oder für einen Überblick Hanusch (2011), S. 176 ff.

[84] Quelle: Eigene Darstellung.

Ziele und Unterziele	Messgröße		Zielerfüllungsgrade	
	Projekt A	Projekt B	Projekt A	Projekt B
1. Bürgerzufriedenheit				
1.1 Reaktionszeit	0,5	1,5	5	4
1.2 Fehlerquote	10	3	3	5
1.3 Beschwerdequote	7	18	3	1
2. Datensicherheit	0,5	0,003	2	5
3. Technische Umsetzung	12	5	3	4

Abb. 1.31: Beispiel zur Ermittlung von Zielerfüllungsgraden[85]

f) Der nächste logische Schritt einer Nutzwertanalyse besteht nun darin, die einzelnen Zielerfüllungsgrade mit den Gewichtungsfaktoren der zugehörigen Ziele und/oder Teilziele zu multiplizieren. Dabei entsteht eine Matrix, welche die so genannten Nutzwerte für jedes Ziel oder Teilziel separat ausweist. Diese Matrix kann man auch Teilnutzwertmatrix nennen. Die nachfolgende Abbildung in Abbildung 1.32 zeigt exemplarisch, wie eine Teilnutzwertmatrix im Beispiel der E-Government-Handlungsalternativen ausgestaltet werden kann.

Ziele und Unterziele	Gewicht	Zielerfüllungsgrade		Teilnutzwerte	
		Projekt A	Projekt B	Projekt A	Projekt B
1. Bürgerzufriedenheit	(0,5)				
1.1 Reaktionszeit	0,2	5	4	1,0	0,8
1.2 Fehlerquote	0,15	3	5	0,45	0,75
1.3 Beschwerdequote	0,15	3	1	0,45	0,15
2. Datensicherheit	0,3	2	5	0,6	1,5
3. Techn. Umsetzung	0,2	3	4	0,6	0,8
Summen:	1,0	16	19	3,1	4,0

Abb. 1.32: Beispiel für eine Teilnutzwertmatrix[86]

g) Wenn man anschließend alle Teilnutzwerte einer Handlungsalternative addiert, erhält man den gesamten Nutzenbeitrag (oder auch Gesamtnutzwert), den diese im Rahmen der vorher angegebenen Ziele unter Einbeziehung der vorher vom Entscheidungsträger festgelegten Relevanz erwirtschaftet. Im Beispiel für das E-Government in Abbildung 1.32 kann man erkennen, dass die Alternative B einen Gesamtnutzwert von 4,0 aufweist und damit der Alternative A Gesamtnutzwert 3,1) überlegen ist. Dieses Ergebnis wäre in dem vorliegenden Beispiel auch durch die Aggregation der ungewichteten Zielerfül-

---

[85] Quelle: Eigene Darstellung.
[86] Quelle: Eigene Darstellung.

lungsgrade zustande gekommen. Man kann jedoch erkennen, dass durch die Gewichtung der relative Unterschied zwischen den Alternativen noch erhöht worden ist. Es ist durchaus denkbar, dass eine vom Entscheidungsträger alternativ, nachträglich vorgenommene Gewichtung die Rangfolge noch einmal deutlich verändern könnte.

h) Nach der Berechnung der Gesamtnutzwerte für alle Handlungsalternativen wird im Falle der Auswahl zwischen zwei oder mehreren sich ausschließenden Alternativen das Projekt mit dem höchsten Gesamtnutzwert zur Umsetzung empfohlen. Handelt es sich um eine Auswahl aus mehreren, sich nicht gegenseitig ausschließenden und beliebig teilbaren Projekten, dann wird zunächst eine Rangfolge nach abnehmendem Gesamtnutzwert erstellt. Anschließend werden – ausgehend von der Alternative mit dem höchsten Gesamtnutzwert – alle Projekte zur Umsetzung empfohlen, bis der zur Verfügung stehende Finanzrahmen ausgeschöpft ist. Dabei wird die letzte noch mögliche Alternative unter Umständen nur noch zu einem gewissen Teil umgesetzt. Im Rahmen eines gegebenen und begrenzten Budgets und Unteilbarkeit der Alternativen werden schließlich alle möglichen Kombinationen der Projekte zusammengestellt, die das Budget zulässt. Aus diesen Kombinationen empfiehlt man dem Entscheidungsträger das Paket, welches den höchsten Gesamtnutzwert aller enthaltenen Handlungsalternativen aufweist. Abbildung 1.33 fasst die Vorgehensweise bei der Erstellung einer Empfehlung nochmals grafisch zusammen.

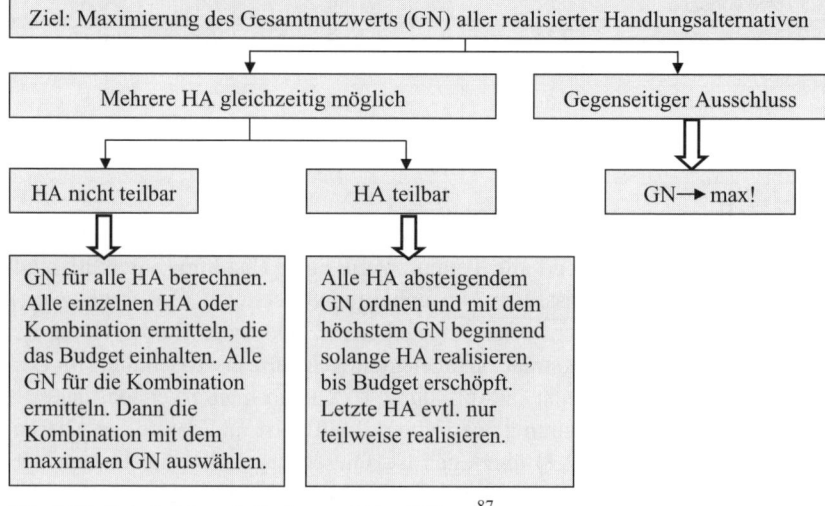

Abb. 1.33: Entscheidungskriterium und Empfehlung[87]

---

[87] Quelle: Eigene Darstellung.

i) Wie bei der Kosten-Nutzen-Analyse werden auch in den verschiedensten Stadien der Erstellung einer Nutzwertanalyse bestimmte Annahmen getroffen, um beispielsweise Wahrscheinlichkeiten, Projektwirkungen und vor allem auch die Gewichtungen berechnen beziehungsweise abschätzen zu können. Die dabei auftretenden Unsicherheiten und ihre Auswirkungen auf die am Ende der Analyse ausgesprochene Empfehlung lassen sich auch hier durch eine sorgfältige Sensitivitätsanalyse deutlich machen. Für jede getroffene Annahme oder geschätzte Größe legt man dabei eine Bandbreite fest, in welcher diese sich unter rationaler Betrachtungsweise bewegen kann. Wenn beispielsweise die Gewichtung der Teilziele bei unterschiedlichen Individuen, die an einer Entscheidung beteiligt sind, nicht homogen sind, variiert man den verwendeten Wert im Rahmen der Schwankungsbreite und kann so erkennen, ob und wann sich dabei die Empfehlung ändern würde. Auf diese Art und Weise ist es dem Entscheidungsträger beispielsweise möglich, die Sensibilität der Empfehlung bezüglich unterschiedlicher Gewichtungen zu erkennen. In der Abbildung in Abbildung 1.34 wird demonstriert, wie eine Verlagerung der Gewichtung bei den Zielen 1.3 und 2. zu einer veränderten Projektempfehlung führen kann. Dazu werden im Gegensatz zu Abbildung 1.32 die Beschwerdequote mit 0,35 (+0,2) und die Datensicherheit mit 0,1 (–0,2) gewichtet. Insgesamt bleibt die Summe der Gewichte natürlich auf 1,0 normiert.

Ziele und Unterziele	Gewicht	Zielerfüllungsgrade		Teilnutzwerte	
		Projekt A	Projekt B	Projekt A	Projekt B
1. Bürgerzufriedenheit	(0,5)				
1.1 Reaktionszeit	0,2	5	4	1,0	0,8
1.2 Fehlerquote	0,15	3	5	0,45	0,75
1.3 Beschwerdequote	0,35	3	1	1,05	0,35
2. Datensicherheit	0,1	2	5	0,2	0,5
3. Techn. Umsetzung	0,2	3	4	0,6	0,8
Summen:	1,0	16	19	3,3	3,2

Abb. 1.34: Beispiel für eine veränderte Teilnutzwertmatrix[88]

Die Ergebnisse in der Summenspalte würden nun die Empfehlung von Projekt A nahelegen. Für den Entscheidungsträger bietet sich hier die abschließende Gelegenheit – gerade bei knappen Gremienentscheidungen – die Gewichtung noch einmal zu überdenken oder weitere Ziele aufzunehmen, um zu einer stabilen Entscheidung zu gelangen.

---

[88]   Quelle: Eigene Darstellung.

1.4 Umgang mit den Fallstudien

Während in den Kapiteln 1.1 bis 1.3 erläutert wurde, wie man prinzipiell das Werkzeug der Kosten-Nutzen-Analyse (bzw. Nutzwertanalyse) einsetzen kann, widmet sich der Abschnitt 1.4 nun dem Umgang mit den in diesem Buch enthaltenen Fallstudien. Dazu sei zunächst darauf hingewiesen, dass die hier dargestellten Entscheidungssituationen zwar alle in der Realität vorkommen könnten – mithin also Situationen darstellen, in denen solche Kosten-Nutzen Überlegungen angebracht wären – tatsächlich aber frei erfunden sind. Gleichwohl jedoch finden sich in vielen Fällen quantitative oder sachlogische Relationen wieder, die auch in der „echten Welt" vorkommen. Die Detaillierungs-, Abstraktions- und Schwierigkeitsgrade der zu untersuchenden Inhalte, die Art der Darstellung sowie die Freiheitsgrade bei den zu treffenden Annahmen unterscheiden sich – in Abhängigkeit vom Gegenstand der Fallstudien – zum Teil erheblich. Dennoch haben sich die Autoren bemüht, durchgängig einem einheitlichen Muster zu folgen, was die grundsätzliche Struktur der Studien betrifft. Den durchgängig einheitlichen Aufbau aller Fallstudien gibt die Abbildung 1.33 wieder.

Im ersten Teil jeder Fallstudie wird die „Story" der Kosten-Nutzen-Analyse oder Nutzwertanalyse beschrieben. Hier finden sich Informationen darüber, welche Entscheidungsträger über die Verwirklichung oder Ablehnung verschiedener Handlungsalternativen befinden müssen. Diese geben vor allem Auskunft über deren mögliche Zielstellungen und/oder geltende Nebenbedingungen. Beispielsweise werden Politiker in einem Kommunalparlament andere Zielvorstellungen entwickeln als Manager eines öffentlichen Unternehmens. Darüber hinaus wird auch die Situation beschrieben, in welcher Entscheidungen getroffen werden müssen. Hieraus lassen sich häufig ganz leicht die möglichen Handlungsalternativen für die Akteure ableiten. Wird beispielsweise eine Kosten-Nutzen-Alternative ex post – also nachdem ein Projekt bereits umgesetzt wurde – in Auftrag gegeben, kann man unterstellen, dass es lediglich um den Vergleich mit der „Null-Alternative", also dem Status-Quo ohne das entsprechende Projekt geht. Eine ganz andere Aufgabenstellung ergibt sich, wenn zwischen verschiedenen Varianten der Trassenführung von Umgehungsstraßen entschieden werden muss. Besonderes Augenmerk sollte der Bearbeiter der Fallstudie auch auf die Fragestellungen der Budgetbeschränkung und des gegenseitigen Ausschlusses von Handlungsalternativen richten. Ganz allgemein fällt an dieser Stelle der Fallstudie auch die Entscheidung für die einzusetzende Methodik (Kosten-Nutzen-Analyse oder Nutzwertanalyse). Hier lohnt sich unter Umständen noch einmal ein Blick in die Abschnitte 1.2 g) und 1.3 h) beziehungsweise die Abbildungen 1.20 und 1.33.

Situationsbeschreibung – „Story"
- Entscheidungsträger
- Situation/Ziele
- Nebenbedingungen
- Handlungsalternativen

Hintergrundinformationen – „Daten"
- Effekte der Hintergrundalternativen
- Annahmen

Fragestellungen – „Aufgaben"
- Bearbeitungsschritte
- Vorgaben zur Bearbeitung

Musterlösung – „Vorschläge"
- Berechnungswerte
- Interpretationen
- Empfehlungen

Abb. 1.35: Grundsätzlicher Aufbau der Fallstudien[89]

Der zweite Block der Fallstudien enthält dann die Daten zu den Wirkungen, welche die verschiedenen Handlungsalternativen aufweisen. In einigen Fällen sind tatsächlich alle möglichen, auftretenden Effekte aufgeführt, während in anderen Fallstudien nur ausgewählte Wirkungen erwähnt werden. Ob gegebenenfalls „vergessene" Wirkungen ergänzt werden müssen, oder bestimmte Annahmen deren Vernachlässigung erlauben, lässt sich aus den nachfolgenden Fragestellungen ableiten. Aber selbst wenn für die Musterlösung der eine oder andere Effekt bewusst vernachlässigt wird, spricht natürlich nichts dagegen diesen unter geeigneten und begründeten Annahmen in die individuelle Kalkulation aufzunehmen. Darüber hinaus finden sich auch häufig Angaben zu Effekten, die eventuell gar nicht in die Kalkulationen aufgenommen werden dürfen, da sie zu den pekuniären Effekten gehören und damit reine Verteilungseffekte darstellen, die höchstens in einer erweiterten Kosten-Nutzen-Analyse anzusetzen wären (vergleiche hierzu auch Abschnitt 1.2.2 ad c). An dieser Stelle soll auch noch einmal darauf hingewiesen werden, dass auch nicht monetarisierbare – sogenannte intangible – Projekteffekte in die Betrachtung aufgenommen werden müssen. Für diese Wirkungen bietet es sich an, sie nach der Berechnung eines Entscheidungskriteriums gegen die rein monetäre Kalkulation abzuwägen.

---

[89] Quelle: Eigene Darstellung.

Nachdem alle zum Verständnis der vorliegenden Problematik und zur Kalkulation von Entscheidungskriterien notwendigen Informationen vorgestellt wurden, erfolgt im nächsten Schritt der Fallstudien eine Strukturierung der Vorgehensweise durch aufeinander abgestimmte Fragestellungen. Diese sollen die Bearbeiter der Studie in kleinen Schritten durch die Aufgabe der Erstellung einer Kosten-Nutzen-Analyse oder Nutzwertanalyse sowie die Anwendung der dazu notwendigen Werkzeuge (zum Beispiel Diskontierung, Berücksichtigung von Risiko/Unsicherheit oder Monetarisierung) führen. Dabei wird soweit wie möglich die im theoretischen Teil des Buches vorgestellte Abfolge beibehalten. Allerdings kann es durchaus vorkommen, dass – je nach Aufgabenstellung – einige Schritte, die sich als unnötig erweisen oder ausgesprochen trivial erscheinen, nur sehr kurz behandelt, beziehungsweise ganz übersprungen werden oder die Reihenfolge der Behandlung modifiziert wird. Dies trägt – neben einigen didaktischen Notwendigkeiten – auch der Tatsache Rechnung, dass derartige Analysen auch in der Realität nicht immer so behandelt werden können, wie dies im Lehrbuch vorgesehen ist. Selbstverständlich steht es den Bearbeitern der jeweiligen Analyse jedoch frei, diese Phasen unter eigenen, schlüssigen Annahmen doch ausführlicher zu bearbeiten und die Ergebnisse zu beschreiben. Am Ende des Fragenkatalogs steht dann zumeist die Aufforderung, dem Entscheidungsträger einen Vorschlag für seine Entscheidung zu präsentieren und diesen mit Hilfe einer Sensitivitätsanalyse zu validieren.

Selbstverständlich enthält dieses Fallstudienbuch auch Musterlösungen zu jedem einzelnen aufgeführten Fall. Diese geben Entscheidungsvorschläge an, welche unter den getroffenen Annahmen rational und begründbar sind. Dabei soll hier betont werden, dass man an der einen oder anderen Stelle beim Setzen anderer Ziele, Prioritäten, Nebenbedingungen und Annahmen oder abweichender Interpretation von Aussagen hierzu durchaus zu modifizierten Ergebnissen gelangen kann. Dies kommt auch in der Praxis solcher Analysen vor und sollte den Bearbeitern der Fälle nur dann Kopfzerbrechen bereiten, wenn beim Vergleich mit den Ergebnissen der Musterlösung methodische Fehler in der eigenen Bearbeitung aufgedeckt werden.

Dozenten, welche die Fallstudien in der eigenen Lehre einsetzen möchten, können daher selbstverständlich die jeweils zugehörigen Fragenpakete ihren Studierenden komplett, auszugsweise oder um weitere Problemstellungen ergänzt, als zu bearbeitende Aufgaben stellen. Darüber hinaus sind jedoch durchaus weitergehende Verwendungsmöglichkeiten denkbar. Beispielsweise könnten die jeweils getroffenen Annahmen, Methoden, Nebenbedingungen etc. in Frage gestellt und insofern die Ergebnisse der Musterlösungen relativiert werden. Auch das Finden und Hinzufügen weiterer Alternativen kann eine sinnvolle Erweiterung des Aufgabenspektrums darstellen. Denkbar wäre auch, den Bearbeitern die Aufgabe zu stellen, die jeweilige Analyse so durchzuführen, dass ein vorgegebenes – gewünschtes – Ergebnis erzielt wird. Auf diese Weise ließe sich vortrefflich die prinzipielle Manipulierbarkeit von Kosten-Nutzen- und Nutzwert-Analysen demonstrieren.

Bleibt noch zu bemerken, dass die Autoren für Hinweise zu fehlenden oder irreführenden Angaben sowie Erweiterungen beziehungsweise modifizierten Fragestellungen oder Interpretationen dankbar sind. Diese können jederzeit direkt über die E-Mail-Adresse gwestermann@hs-harz.de oder über den Verlag an die Autoren übermittelt werden.

Kapitel 2
Fallstudien

2. Fallstudien

2.1 Kurzübersicht über die Inhalte und Anforderungen der Fallstudien

In diesem Abschnitt sollen alle nachfolgenden Fallstudien kurz danach charakterisiert werden, welche inhaltlichen Aspekte jeweils zu finden sind. Dabei spannt sich der Bogen von alternativen Varianten im Hochschulbau bis hin zur Ermittlung der Vorteilhaftigkeit von Gesetzesvorhaben, die dem Schutz des menschlichen Lebens dienen. Darüber hinaus werden die wichtigsten Elemente von Kosten-Nutzen-Analysen und Nutzwertanalysen angesprochen, die in den einzelnen Fallstudien bearbeitet werden. Für den Leser soll dies die Auswahl von Fallstudien erleichtern, die eine für ihn besonders wichtige Fragestellung explizit beinhalten. Dozenten können ganz gezielt solche Fallstudien an ihre Studierenden zur Bearbeitung geben, welche mit dem aktuellen Lernfortschritt oder gerade angesprochenen Themen übereinstimmen.

Fallstudie (A)
Kosten-Nutzen-Analyse für den Hochschulbau in Deutschland
Ida Schulz und Jessica Richter
In dieser Fallstudie sollen zwei alternative Vorgehensweisen miteinander verglichen werden, mit denen eine höhere Kapazität an den Hochschulen eines fiktiven Landes erreicht werden soll. Besonderheiten dabei sind unter anderem die Bewertung des gesamtgesellschaftlichen Zugewinns durch verbesserte Studienbedingungen und mehr Akademiker. Eingeübt wird im Verlauf der Berechnungen die Kalkulation von Kosten und Nutzenverläufen, die Diskontierung und die Ermittlung sowie Interpretation verschiedener Entscheidungskriterien.

Fallstudie (B)
Kosten-Nutzen-Analyse für eine geplante gesetzliche Einführung der 0,0 Promillegrenze für alle Verkehrsteilnehmer
Karsten Rückriem, Sandro Sicorello und Sebastian Wendt
Die positiven und negativen Effekte einer vorgesehenen Gesetzesänderung stehen im Mittelpunkt dieser Fallstudie. Dabei spielt die ökonomische Bewertung von Gesundheitsschäden bis hin zur Monetarisierung menschlichen Lebens eine zentrale Rolle. Die Einbeziehung von Wahrscheinlichkeiten, die möglichst strukturierte Ermittlung von möglichen Kosten und Nutzen sowie die grundlegende Diskussion der Ökonomisierung menschlichen Lebens stellen hier die Herausforderungen dar.

Fallstudie (C)
Das Schwerölverbot für die Schifffahrt – eine ökomische Bewertung der Umwelt
Sandra Giereth und Stefanie Hoffmann
Schäden an der natürlichen Umwelt eines jeden Landes werden gemeinhin als großer Nutzenverlust deklariert. Ob dieser jedoch ausreicht, einschneidende Maßnahmen zu rechtfertigen, die ebenfalls negative Auswirkungen auf die Wohlfahrt eines Landes haben, wird in dieser Fallstudie anhand eines fiktiven Landes analysiert. Bearbeiter dieses Textes befassen sich im Schwerpunkt mit der Bewertung des menschlichen Lebens, mit der Monetarisierung und Diskontierung von Kosten und Nutzen, mit der Einbeziehung von Wahrscheinlichkeiten, der Ermittlung des Optimismus-Parameters α und der Erstellung einer Sensitivitätsanalyse.

Fallstudie (D)
Kosten-Nutzen-Analyse: Erholung oder Energiegewinnung?
Sabine Finger und Henry Thurisch
Die gesamtgesellschaftlich optimale Nutzung natürlicher Ressourcen, wie Luft und Boden stellt einen typischen Inhalt vieler Kosten-Nutzen-Analysen dar. Hier geht es darum, zu entscheiden, ob die Erzeugung ökologischen Stroms durch einen Windpark unter wohlfahrtsökonomischen Gesichtspunkten effizienter ist, als die Einrichtung eines Naturparks an gleicher Stelle. In dieser Fallstudie stellen die Diskussion und Ermittlung von Opportunitätskosten, das Monetarisieren und Diskontieren von Kosten und Nutzen sowie die Betrachtung des Mit-Und-Ohne-Prinzips die Herausforderungen für die Bearbeitung dar.

Fallstudie (E)
Jodprävention für den Fall nuklearer Störfälle:
Nutzen und Kosten einer Vorverteilung von Jodtabletten zum Schutz gegen Schilddrüsenkrebs
Veronika Kölle und Martin Popall
In dieser ausgesprochen komplexen Fallstudie geht es darum, für eine in verschiedenen Bundesländern unterschiedlich gehandhabte Vorgehensweise bei der Prävention für nukleare Störfälle die gesamtgesellschaftlichen Auswirkungen zu ermitteln. Dabei fokussiert die Bearbeitung neben der Frage zur Monetarisierung des menschlichen Lebens und gesundheitlicher Schäden auch auf die Problematik von Wahrscheinlichkeiten, Diskontierung und der Sensibilität des berechneten Entscheidungskriteriums für veränderte Annahmen.

Fallstudie (F)
Nutzwertanalyse – Die Bestimmung des bestmöglichen Standortes einer Müllverbrennungsanlage
Malte Kähler und Dewi Reimers
Im Gegensatz zu den Fallstudien (A) bis (E) handelt es sich hier um eine Nutzwertanalyse zu den Vor- und Nachteilen unterschiedlicher Standorte bezüglich der Errichtung einer Müllverbrennungsanlage in einem Stadtgebiet. Während der Bearbeitung werden alle üblichen Probleme der Erstellung einer Nutzwertanalyse angesprochen, wie zum Beispiel die Ermittlung und Gewichtung von Zielen, die einheitliche Skalierung und Addition unterschiedlicher Effekte oder die Ableitung von Empfehlungen. Auch hier bildet eine Sensitivitätsanalyse den Abschluss der Betrachtung.

2.2   Fallstudien zur Kosten-Nutzen-Analyse und Nutzwertanalyse
Nachfolgend finden sich nun fünf Fallstudien, welche sich mit Kosten-Nutzen-Analysen beschäftigen und eine Fallstudie zur Nutzwertanalyse.

Fallstudie (A)
Kosten-Nutzen-Analyse für den Hochschulbau in Deutschland
Ida Schulz und Jessica Richter

Die vorliegende Fallstudie stellt anhand eines Beispiels im Hochschul-Sektor dar, wie eine Kosten-Nutzen-Analyse (KNA) als Instrument der gesamtgesellschaftlichen Wirtschaftlichkeitsprüfung eingesetzt werden kann. Besonders im Rahmen von Projekten, die mit öffentlichen Fördermitteln hauptfinanziert werden – wie es bei dem Bau einer Hochschule der Fall ist – wird eine Prüfung des Kosten-Nutzen-Verhältnisses gefordert. Ziel der Fallstudie ist es, Bearbeitern dieser Fallstudie die Möglichkeit zu geben, die Vorgehensweise einer KNA sequentiell nachzuvollziehen. Steuerliche Aspekte bleiben in der gesamten Fallstudie unberücksichtigt.

1. Situationsbeschreibung – „Story"

Im fiktiven Bundesland Hohen-Friedrichsheim leben 4,5 Millionen Einwohner. Die Hauptwirtschaftszweige sind der Tourismus und die chemische Industrie. Die Arbeitslosenquote beträgt 10 Prozent, damit liegt Hohen-Friedrichsheim im Bundesvergleich im oberen Quartil. Aus bildungspolitischer Perspektive ist Hohen-Friedrichsheim mit zwei anerkannten Universitäten und vier Fachhochschulen relativ gut aufgestellt. Die meisten Studierenden an den Hochschulen des Bundeslands stammen ursprünglich aus Hohen-Friedrichsheim, die Zuzugsquote von Studierenden anderer Bundesländer ist gering. Demgegenüber steigt bundesweit die Zahl der formal Studienberechtigten kontinuierlich. Seit 2006 ist ein Anstieg um zehn Prozent zu verzeichnen. Auch in Hohen-Friedrichsheim macht sich diese Entwicklung bemerkbar. Aufgrund der begrenzten Kapazität der Hohen-Friedrichsheimer Hochschulen ist allerdings auch eine steigende Abwanderungsquote in den letzten Jahren zu beobachten. Allein im Jahr 2010 sind 8.000 studienberechtigte junge Erwachsene in andere Bundesländer zum Studieren abgewandert. Aus diesem Grund ist es der Landesregierung Hohen-Friedrichsheim ein zentrales Anliegen, die Kapazitäten an hiesigen Hochschulen zu erweitern, um hochqualifizierte Studienberechtigte im Bundesland zu halten und neue Studieninteressierte zu gewinnen bzw. die vorherrschenden Studienbedingungen zu verbessern.

Zu dieser hochaktuellen Thematik erschien folgende Pressemitteilung in der Friedrichsheimer Wochenpost:

Kampagnenstart „Bildung macht müde Geister munter" –
Kommunen im Hochschulcheck

*Das Bundesland Hohen-Friedrichsheim hat sich im Rahmen des Hochschul-
pakts 2020 dem Bund gegenüber verpflichtet, seinen Teil dazu beizutragen,
der steigenden Zahl der Studienberechtigten ein qualitativ hochwertiges
Hochschulstudium zu ermöglichen. Hohen-Friedrichsheim zählt momentan
sechs Hochschulen, die voll ausgelastet sind und zusammen im Jahr 2010
rund 12.000 Studenten erstimmatrikulierten.*

*Um den Verpflichtungen des Hochschulpakts zu entsprechen, will das
Bundesland den Ausbau von Studienplätzen fördern und hat dafür die
landesweite Kampagne „Bildung macht müde Geister munter" initiiert. „Die
Zahl der Studienberechtigten steigt und Hohen-Friedrichsheim möchte
die Möglichkeit wahrnehmen, sich als attraktiven und modernen Studien-
standort zu präsentieren", so Andreas Behrens, Kultusminister von Hohen-
Friedrichsheim, „aus diesem Grund haben wir ‚Bildung macht müde Geister
munter' ins Leben gerufen".*

*Die einzelnen Kommunen sind aufgerufen, im Rahmen einer Wirtschaft-
lichkeitsprüfung zu erörtern, ob der Neu- oder Ausbau einer Hochschule in
ihrer Gemeinde möglich und rentabel ist. Dabei soll sich eine neue Hochschule nicht nur ökonomisch rechnen, sondern auch qualitative Ziele erfüllen:
Besonders die strukturschwachen Regionen Hohen-Friedrichsheims sollen
belebt und zu einem attraktiven Standort für Bildung und Forschung ausgebaut werden. Das Ausbildungsangebot soll um zukunftsträchtige und innovati-
ve Studiengänge erweitert werden und langfristig Fachkräfte in der Region
binden. Die Landesregierung hat ein beachtliches Förderpaket geschnürt, um
die Gemeinden zum Ausbau von Studienplätzen zu motivieren. Für den ausgewählten Hochschul-Ausbau oder eine Hochschulgründung steht ein Budget
von 200 Millionen Euro zur Verfügung. Die Kommunen sind aufgefordert, ein
Konzeptpapier und eine Kosten-Nutzen-Analyse für einen möglichen Hoch-
schulausbau oder eine Neugründung vorzulegen. Die Landesregierung unter
Kultusminister Andreas Behrens wird alle Konzepte sichten und schlussend-
lich die beste Variante auswählen.*

*Nähere Informationen zu der Kampagne sind unter www.bildungmacht-
muedegeistermunter.de zu finden. Der Einsendeschluss für das Konzeptpapier
und die Kosten-Nutzen-Analyse ist der 31. Oktober 2012.*

Es liegen zwei Vorschläge zur Realisierung der Ausweitung der Studienplätze
vor. Beide stammen aus Nordstett, dem größten Landkreis Hohen-
Friedrichsheims. Als erste Option bietet sich der Ausbau der bestehenden Andersen-Hochschule an. Als zweite Option reicht die Stadt Morgenthal den

Antrag zur Prüfung einer Hochschulneugründung ein. Beide Optionen weisen Vor- und Nachteile auf. Da mit dem Ausbau oder der Neugründung einer Hochschule beachtliche Kosten entstehen, wird die „KNA-Consulting-Group" beauftragt, für beide Vorschläge eine dezidierte Kosten-Nutzen-Analyse durchzuführen. Da unter allen Umständen angestrebt wird, eine der beiden Varianten zu realisieren, steht die Null-Alternative – weder Neugründung noch Ausbau – nicht zur Diskussion.

Im ersten Schritt ermittelt die „KNA-Consulting-Group" die relevanten Daten für die beiden Optionen: Die Neugründung einer Hochschule in Morgenthal oder den Ausbau der Andersen-Hochschule. Zur Erfassung des Datenmaterials werden zahlreiche Vergleichsstudien herangezogen, Fachexperten befragt und Förderungskataloge der Bundesregierung untersucht. Als relevante Vergleichsobjekte wurde die Hochschule Harz[90] mit ihren beiden Standorten Wernigerode und Halberstadt sowie die Universität Kassel[91] gewählt. Sie weisen vergleichbare Strukturen auf und dienen damit dem Analyseteam der „KNA-Consulting-Group" als Referenzobjekte.

2. Datenbasis
Ausbau der Andersen-Hochschule

Als erste Option zur Schaffung von Studienplätzen wurde der Ausbau der bestehenden Andersen-Hochschule durch die Nordtstetter Stadtversammlung angeregt. Die bestehende Infrastruktur an Gebäuden und Personal spricht für diese Variante. Bei einem Ausbau müssten lediglich die vorhandenen Gebäude erweitert bzw. ausgebaut und das Personal entsprechend aufgestockt werden. Diese Alternative limitiert jedoch die Anzahl der neuen Studienplätze auf maximal 1.500. Ob die anfallenden Kosten zum entstehenden Nutzen in einem angemessenen Verhältnis stehen, ist durch die „KNA-Consulting-Group" zu ermitteln.

Im Rahmen dieser ersten Option wurden zunächst die Möglichkeiten und Grenzen eines Ausbaus der bestehenden Hochschule geprüft. Die Andersen-Hochschule zählte 2010 3.500 ordentlich immatrikulierte Studenten. Zwei Drittel der Studenten sind in den Bachelor- und Masterstudiengängen Wirtschaftswissenschaften, -recht und -psychologie eingeschrieben. Etwas kleiner, aber dafür landesweit auf Grund der hohen Spezialisierung anerkannt, ist der Bereich der Informationstechnologien.

---

[90] Vgl. Land Sachsen-Anhalt (2010).
[91] Vgl. Universität Kassel (2007).

Die Gebäude der Hochschule verteilen sich auf 60.000 m² Grundstücksfläche. Für den Anbau eines zusätzlichen Lehrgebäudes, welches die Kapazität von zusätzlich 1.500 Studierenden fassen kann, wird eine Fläche von 7.500 m² benötigt. Davon müssen 5.000 m² Baufläche vom Land neu erworben werden, die restliche Fläche ist bereits im Besitz der Hochschule und wird momentan als Grünfläche genutzt. Würde kein Anbau erfolgen, bleibt diese Fläche auch weiterhin ungenutzt. Somit könnten auch zukünftig keine Erträge erzielt werden. Die neu gekaufte Fläche muss gemäß dem Opportunitätskostenprinzip nach dem Nutzen bei ihrer bestmöglichen Alternative bewertet werden. Somit müssten theoretisch zukünftige Erträge bzw. deren Barwert ermittelt werden. Da dies in der Praxis jedoch häufig nur schwer umsetzbar ist, wird als Schätzung der Opportunitätskosten der Marktwert zur Rate gezogen.[92] Der Marktwert von baureifem Land in der Region Nordstett beträgt derzeit 30 €/m².

Die Baukosten für das neue, mit modernen Architekturelementen gestaltete Gebäude belaufen sich auf 22.000.000 €. Die Erstausstattung, welche sanitäre Anlagen, Mobiliar und eine Technik-Grundausstattung umfasst, wird von der „KNA-Consulting-Group" auf der Basis von Referenzwerten auf 1.000.000 € geschätzt. Der bestehende Mensa-Bau wurde 2001 komplett saniert. Mit der Kapazitätssteigerung um 1.500 Studierenden ist allerdings die bauliche Ausweitung der Mensa nötig. Für diesen Ausbau werden 1.000.000 € angesetzt, die Kosten für die zusätzliche Ausstattung werden mit 50.000 € veranschlagt. Da sich die Hochschule im Bereich der außeruniversitären Angebote durch ihr umfangreiches Sportangebot auszeichnet, ist durch die Steigerung der Anzahl der Studierenden ein Ausbau der Sportanlagen nötig. Dieser Ausbau ist mit 2.000.000 € zu beziffern. Zusätzliche Sportgeräte und eine adäquate Ausstattung werden mit 150.000 € kalkuliert.

Neben den einmalig zu tätigenden Investitionskosten sind die jährlichen laufenden Kosten zu berücksichtigen.[93] Einen besonders großen Kostenblock bildet dabei die Vergütung von zusätzlichem Lehrpersonal, wissenschaftlichen Hilfskräften und anderen Angestellten. Auch hier sind die Opportunitätskosten anzusetzen. Es ist davon auszugehen, dass alle beschäftigten Personen vorher in vergleichbaren Positionen beschäftigt waren. Daher werden diejenigen Gehälter und Löhne angesetzt, die die Personen durchschnittlich in ihrer jeweiligen Position verdienen. Die Werte dafür wurden auf Grundlage von Referenzwerten ermittelt.[94] Alle nachfolgend genannten Beträge sind demnach als Opportunitätskosten zu verstehen. Die Bezüge der Beamten für die Lehrtätig-

---

[92] Vgl. Otruba, H. (1991), S. 160.

[93] Vgl. Otruba, H. (1991), S. 151.

[94] Vgl. Land Sachsen-Anhalt (2010), S. 158.

keit bei gestiegenen Studierendenzahlen belaufen sich auf 2.000.000 €. Unterstützend werden studentische Hilfskräfte beschäftigt. Deren Vergütung beträgt in Summe 85.000 €. 120.000 € werden für nebenamtliche Hilfskräfte kalkuliert und die sonstigen Personalaufwendungen sind mit 3.400 € zu veranschlagen. Ein besonders beträchtlicher Kostenblock fällt mit 900.000 € für die Anstellung von Verwaltungspersonal an. Die stundenweise Beschäftigten tragen mit 8.000 € zu den laufenden Kosten bei.

Neben den Personalkosten sind die Unterhaltungskosten von Grundstücken und baulichen Anlagen zu berücksichtigen und mit 3.000 € zu veranschlagen. Die Bibliothek und das Rechenzentrum bedürfen einer modernen Ausstattung, z. B. hinsichtlich neuer Software-Lizenzen, aktueller Literatur und Lizenzen für Datenbanken. Auch dies wird im Budget berücksichtigt – die Kosten dafür werden auf 50.000 € geschätzt. Die laufenden Kosten für Lehre und Forschung werden mit 250.000 € kalkuliert. Die Betriebs-, Energie- und Bewirtschaftungskosten belaufen sich auf 550.000 €. Sonstige Kosten sind in Höhe von 1.200.000 € anzusetzen.[95]

Den laufenden Kosten stehen Einnahmen der Hochschule gegenüber. Da öffentliche Hochschulen grundsätzlich nicht gewinnorientiert agieren, müssen Einnahmen und laufende Kosten einen identischen Betrag aufweisen. Die Einnahmen gliedern sich in drei Haupteinnahmequellen. Die eigenen Einnahmen der Hochschule schlagen mit 55.000 € zu Buche. Darunter können fallen: Einnahmen aus Vermietung und Verpachtung, Einnahmen aus Bibliotheks- und Verwaltungsgebühren, Langzeitstudiengebühren und ähnliches. Der Landeszuschuss beläuft sich für den geplanten Anbau der Andersen-Hochschule auf 3.960.000 €.[96] Auch die Drittmittelforschung stellt eine wichtige Einnahmequelle für Hochschulen dar. Die Andersen-Hochschule konnte in den letzten Jahren die Forschungskooperationen insbesondere mit kleinen und mittelständischen Unternehmen aus der Region ausbauen. Im Bereich der Informationstechnologien stieg die Nachfrage nach Forschungsprojekten um mehr als 4 Prozent zu den Vorjahren. Allerdings sind die räumlichen Kapazitäten der Andersen-Hochschule erschöpft, so dass für Forschungszwecke separate Büroräume angemietet werden mussten. Die Kosten für die Anmietung von Räumlichkeiten belaufen sich derzeit auf 5.850 € pro Jahr. Mit dem Ausbau der Andersen-Hochschule um ein weiteres Gebäude würden diese Kosten entfallen. Es wird angenommen, dass durch den Ausbau der Andersen-Hoch-

---

[95] Monetäre Beträge der laufenden Kosten in Anlehnung an Land Sachsen-Anhalt (2010), S. 158 ff.

[96] Monetäre Beträge der Personalkosten in Anlehnung an Land Sachsen-Anhalt (2010), S. 158.

schule mit 1.500 neuen Studierenden Drittmittel-Einnahmen von 1.148.550 € realisiert werden können. Dieser Betrag wird nicht durch die Landesregierung, sondern durch die jeweiligen Kooperationspartner finanziert. Sowohl für die Kosten als auch für die Einnahmen wird eine progressive Steigerung erwartet. Auf die veranschlagte Steigerungsrate wird im späteren Verlauf der Fallstudie eingegangen.

Neugründung der FH Morgenthal
Die Bürgerinitiative „Besser Studieren in Morgenthal" plädiert für die Gründung einer neuen Hochschule für insgesamt 3.000 Studierende. Die Kleinstadt Morgenthal, zugehörig zum Landkreis Nordstett, zählt 43.000 Einwohner. Morgenthal gilt als attraktives Erholungs- und Ausflugsziel mit vielen Seen und prächtigen Wäldern. Die Stadt verfügt über einen überregionalen Bahnhof und eine direkte Autobahnanbindung, was für Studierende anderer Bundesländer besonders interessant ist. Darüber hinaus sind die Lebenshaltungskosten in Morgenthal im Vergleich zu großen Studienstädten gering. Die Bürgerinitiative ist überzeugt, dass durch den Bau einer neuen Hochschule viele einheimische Studienberechtigte im Ort bleiben und auch Studierende anderer Bundesländer die Stadt beleben. „Das würde etwas frischen Wind durch die alten Gassen jagen" so Jörg Grohmann, Vorsitzender der Bürgerinitiative.

Die Hochschule soll zwei Hauptgebäude umfassen. Darüber hinaus sind eine Mensa, eine Bibliothek und eine Mehrzweckhalle für Veranstaltungen und Sport geplant. Für die Gestaltung der Gebäude und des Hochschulcampus soll ein Design- und Architekturwettbewerb unter Studierenden aller Hochschulen in Deutschland ausgeschrieben werden. Ziel des Wettbewerbs ist es, den besten Entwurf nach fachkundiger Prüfung zu realisieren. Kriterien für die Entscheidung sind unter anderem die Barrierefreiheit, Energieeffizienz des Konzeptes, ein innovatives Design und eine Architektur, die ein optimales Lernumfeld ermöglicht. Mit dem Wettbewerb soll dem Hochschulbau in Morgenthal eine bundesweite Aufmerksamkeit zukommen. Nebeneffekt wäre zudem die Bekanntheit unter potentiellen zukünftigen Studierenden.

Ob der Hochschulbau allerdings in seinen Kosten- und Nutzendimensionen in einem angemessen Verhältnis steht, soll durch die „KNA-Consulting-Group" geprüft werden.

Wie bereits für den Ausbau der Andersen-Hochschule wird auch hier für die Schätzung der Opportunitätskosten der Marktwert zur Hilfe gezogen. Auch für den Bau einer neuen Hochschule wird der Marktwert für baufähiges Land auf 30 €/m² geschätzt. Die benötigte Fläche wurde auf 60.000 m² kalkuliert.

Die FH Morgenthal umfasst zwei Hauptgebäude mit Hörsälen, Seminar- und Computerräumen, Sprachlabors sowie einem Verwaltungstrakt. Die

Hauptnutzfläche der Gebäude umfasst 15.400 m² und entspricht damit den Anforderungen an einen modernen Hochschulbau. Die Investitionskosten beider Gebäude belaufen sich auf 77.000.000 € für den Bau, zuzüglich 12.800.000 € für die Erstausstattung. Der Bau der modernen Mensa mit 900 m² kostet 7.500.000 €, ihre Erstausstattung wird mit 250.000 € veranschlagt. Für die Bibliothek sind Baukosten in Höhe von 5.000.000 € eingeplant. Die Kosten für die Erstausstattung betragen 15 % der Baukosten. Mit einem neuartigen Raumkonzept wird ein fünftes Gebäude sowohl als Veranstaltungs- und Sportzentrum nutzbar sein. Die Baukosten belaufen sich auf 4.000.000 €. Die Erstausstattung, d. h. unter anderem Sportgeräte, Veranstaltungstechnik und Mobiliar, wird mit 2.000.000 € angesetzt.[97]

Neben den einmalig anfallenden Investitionskosten sind auch für die Neugründung der FH Morgenthal jährlich laufende Kosten zu berücksichtigen. Die Bezüge der neu angestellten verbeamteten Professoren betragen 4.700.000 €. Studentische Hilfskräfte werden in Summe mit 200.000 € vergütet. Nebenamtliche Hilfskräfte erhalten eine Vergütung von 370.000 €. Sonstige Personalaufwendungen werden mit 6.000 € angesetzt. Das Entgelt für die Angestellten bzw. Verwaltungsmitarbeiter kumuliert sich auf 4.400.000 €. Die stundenweise Beschäftigten erhalten eine Vergütung von 22.000 €.[98] Auch hier greift, wie bereits beim Ausbau der Andersen-Hochschule, das Prinzip der Opportunitätskosten.

Ergänzend zu den Personalkosten fließen die Unterhaltungskosten für das Grundstück und die baulichen Anlagen mit 12.000 €, die laufenden Investitionen für Bibliothek und Rechenzentrum mit 570.000 € sowie für Lehre und Forschung mit 700.000 € in die laufenden Kosten ein. Die Betriebs-, Energie- und Bewirtschaftungskosten sowie die sonstigen Kosten belaufen sich summiert auf 5.000.000 €.[99]

Die Einnahmen können zu diesem Zeitpunkt lediglich auf Basis von Referenzwerten spekulativ ermittelt werden.[100] Die primäre Finanzierung der FH Morgenthal wird, wie im Hochschul-Sektor üblich, durch Landeszuschüsse sichergestellt. Diese betragen 12.000.000 €. Über diese Bezuschussung hinaus plant die Hochschule Einnahmen über Beratungsprojekte für kleine und mittelständische Unternehmen (KMU) Hohen-Friedrichsheims zu generieren. Den beiden Universitäten Hohen-Friedrichsheims obliegt die Forschungstätig-

---

[97] Monetäre Beträge der Investitionskosten in Anlehnung an Universität Kassel (2007).

[98] Monetäre Beträge der Personalkosten in Anlehnung an Land Sachsen-Anhalt (2010), S. 158.

[99] Monetäre Beträge der laufenden Kosten in Anlehnung an Land Sachsen-Anhalt (2010), S. 158 ff.

[100] Vgl. Land Sachsen-Anhalt (2010), S. 162 und Universität Kassel (2007).

keit mit den entsprechenden Ressourcen an Lehr- und Forschungsmitteln. Die Nachfrage aus der Wirtschaft nach Beratungsprojekten mit einem anwendungs- und umsetzungsorientierten Ansatz steigt bundesweit, wie Studien belegen. Die FH Morgenthal will mit praxisorientierten Veranstaltungen, Seminaren zu marktrelevanten Themen und einem gezielten Marketing dieser Leistungen die Nachfrage der regionalen Unternehmen gezielt fördern und bedienen. Im Rahmen von studentischen Beratungsprojekten können Markt- und Wettbewerbsanalysen, Machbarkeitsstudien, die Konzeption von Marketingmaßnahmen, Zielgruppen- und Kosten-Nutzen-Analysen durchgeführt werden. Mit dieser Zielstellung konkurriert die Fachhochschule nicht mit den Universitäten oder bestehenden Fachhochschulen des Landes, kann aber sowohl signifikante Einnahmen für die Hochschule generieren als auch einen erheblichen Mehrwert für die KMUs der Regionen schaffen. Im ersten Jahr des Bestehens der Hochschule werden Einnahmen von 2.250.000 € erwartet. Neben den Zuschüssen des Landes und den Einnahmen durch Beratungstätigkeiten sind eigene Einnahmen im ersten Betriebsjahr von 230.000 € zu erwarten.

Mit der Ankündigung, dass sich Morgenthal im Rahmen der landesweiten Kampagne „Bildung macht müde Geister munter" engagiert und die Planung und Realisation einer neuen Hochschule wahrscheinlicher ist als je zuvor, sind bei der Stadtverwaltung schon Anträge einheimischer Unternehmer eingegangen. Es haben unter anderem ein Bäcker, ein Kiosk-Betreiber und der Inhaber einer Buchhandlung ihr Interesse an einem Ladengeschäft nahe der neuen Hochschule bekundet. Neben Mieteinnahmen der Gewerbeflächen von zusammengefasst etwa 22.000 € rechnen die Unternehmer nach Abzug aller Kosten mit einem Nettogewinn von 160.000 € pro Jahr für alle drei Geschäfte. Alle Einnahmen und Kosten entwickeln sich im Rahmen der späteren Durchführung der Kosten-Nutzen-Analyse progressiv.

Langfristiger Nutzen der Studienplatzschaffung
Neben den klassischen Einnahmequellen – und damit dem kurzfristigen Nutzen von Hochschulen – lassen sich auch langfristige Nutzeneffekte prognostizieren. Diese sind häufig erst weit nach dem Abschluss des Studiums, nach dem Eintritt in die Erwerbstätigkeit zu erfassen und zu quantifizieren. Da diese Nutzeneffekte allerdings in der Planung von Studienplätzen nicht unberücksichtigt werden dürfen, verweist ein passender Presseartikel auf einige relevante Effekte:

Der vergessene Goldesel: Der Student 2012
Autorin: Rena Richten, erschienen am 18. Februar 2012

„Es gibt nur eins, was auf Dauer teurer ist als Bildung, keine Bildung." Das hat John F. Kennedy, ehemaliger Präsident der Vereinigten Staaten, schon vor 60 Jahren gesagt. Deutschland hat sich daran kein Beispiel genommen. Im aktuellen OECD-Vergleich der privaten und öffentlichen Ausgaben für Bildungseinrichtungen rangiert Deutschland auf den letzten Plätzen. 4,7 Prozent des Bruttoinlandprodukts wurden 2007 ausgegeben – nach uns kommen nur noch Italien sowie die Tschechische und Slowakische Republik. Der OECD-Durschnitt liegt bei 5,7 Prozent.[101] Ein blamabler Wert für Deutschland. Ein Hohn, sich Bildungsrepublik zu nennen.*

Dabei rechnet sich die Investition in Bildung nicht nur für das Bankkonto des Studenten, sondern auch gesamtgesellschaftlich, wie dutzende Studien belegen. Nicht jeder positive Effekt ist sofort in Zahlen aufs Papier zu bringen – langfristig macht er aber einen erheblichen Unterschied. Mit Investitionen in die Bildung können Hochschulen ausgebaut, neue Lehrkräfte angestellt und ein optimales Lehr- und Lernumfeld geschaffen werden. Die Hohen-Friedrichsheimer Kampagne „Bildung macht müde Geister munter" für bessere Studienbedingungen ist ein erster Schritt in die richtige Richtung. Dass neben den Studierenden auch die Ökonomen eine positive Bilanz ziehen können, soll hier an einigen Effekten dargestellt werden:

Jedes Studienjahr kostet die Hochschule – und damit die Studierenden – Bund und Länder eine beachtliche Summe. Jedes Extrasemester, das über die Regelstudienzeit hinausgeht, schlägt enorm zu Buche, denn Nutzen und Kosten stehen häufig in keinem Verhältnis mehr. Es gibt mannigfaltigste und viele legitime Gründe, warum Studierende ihr Studium nicht in der Regelstudienzeit schaffen. Ungünstige Strukturen an den Hochschulen, welche das Überziehen aus formalen Gründen unausweichlich machen, gehören aber nicht dazu. Die Matrikelnummer-Abfertigung, überfüllte Seminare, monologorientierte Vorlesungen und ein nicht vorhandenes Betreuungsverhältnis zu den Professoren gehören dazu. Verdeutlicht man sich die mit einer Verzögerung des Studiums einhergehenden Kosten für Bund, Land, Hochschule und Student, wird die Notwendigkeit des Ausbaus von Studienplätzen besonders deutlich: 2010 betrugen die durchschnittlichen laufenden Kosten für einen Zeitraum von zwei Semestern pro Student an einer Fachhochschule 3.200 Euro.[102]

Teurer noch als Semestersammler sind die Hoffnungslosen: Im Schnitt brechen 20 Prozent der Studierenden ihr Studium ab, dies kann auch als

---

[101]   Vgl. Bundesministerium für Bildung und Forschung (2010a), S. 15.

[102]   In Anlehnung an Statistisches Bundesamt (2011), S. 37.

Drop-Out-Quote verstanden werden[103]. Diese 20 Prozent kommen aus vielfältigsten Gründen zusammen, aber es ist anzunehmen, dass die Zahl mit einer Verbesserung der Studienbedingungen sinkt. Immerhin schlagen 20 Prozent Drop-Outs ordentlich zu Buche. 2,2 Milliarden Euro kosten die Studienabbrecher den Staat jedes Jahr[104]. Berechnet man nun die direkten Ausgaben, belaufen diese sich auf rund 5.500 Euro pro Studienabbrecher.

Dabei zahlt sich ein Studium auch für den Einzelnen mächtig aus: Die private Rendite, also der prozentuale Gesamterfolg einer Kapitalanlage, in Form eines Studienabschlusses wird, je nach Studienfach, auf ca. 7 bis 12 Prozent geschätzt.[105]

Aber das sind Peanuts gegenüber den Mehreinnahmen des Staats durch die Ausbildung von Akademikern im Vergleich zu Nicht-Akademikern. Die Ausgaben für einen Hochschulabsolventen belaufen sich durchschnittlich auf rund 45.000 Euro. Demgegenüber profitiert die Volkswirtschaft mit durchschnittlich 100.000 Euro pro Akademiker im Vergleich zu Nicht-Akademikern, da Akademiker zum Beispiel im Durchschnitt eine höhere Produktivität und ein geringeres Arbeitslosigkeitsrisiko aufweisen als Nicht-Akademiker.[106]

Abschließend bleibt festzustellen: Es lohnt sich in Bildung zu investieren, weil der – jetzt wird's betriebswirtschaftlich – Return-on-Investment sich für alle Seiten rechnet.

Annahmen für die Berechnung der Wirtschaftlichkeit

Für die Berechnung der Kennzahl zur Beurteilung der Wirtschaftlichkeit werden folgende Annahmen getroffen:

Für den Ausbau der Andersen-Hochschule gilt, dass die Kosten für den Kauf von Grundstücken im Jahr 0 des Betrachtungszeitraums in voller Höhe anfallen. Die Baukosten hingegen müssen nicht einmalig in voller Höhe beglichen werden. Sie verteilen sich gleichmäßig auf die Jahre 0 und 1. Ab dem zweiten Jahr fallen die laufenden Kosten jeweils in voller Höhe an.[107] Für die erstmalige Berechnung gelten die bereits genannten Beträge. Danach ist davon auszugehen, dass sich die Summe der laufenden Kosten jedes Jahr um jeweils drei Prozent erhöht. Die Kosten für die Erstausstattung fallen im zweiten Jahr an. Sie werden in voller Höhe einmalig beglichen.

Auch für die Neugründung der FH Morgenthal fallen die Kosten für den Grundstückserwerb im Jahr 0 in voller Höhe an. Da die Baukosten wesentlich

---

[103] Vgl. Bundesministerium für Bildung und Forschung (2010b), S. 20.

[104] Vgl. Stifterverband für die Deutsche Wissenschaft e. V. (2011), S. 6.

[105] Vgl. Forschungsinstitut für Bildungs- und Sozialökonomie (2004), S. 36.

[106] In Anlehnung an Bundesministerium für Bildung und Forschung (2010a), S. 5.

[107] In Anlehnung an Otruba, H. (1991), S. 196.

höher ausfallen als beim Ausbau der Andersen-Hochschule, sind sie auf 4 statt auf 2 Jahre gleichmäßig zu verteilen. Ihre Bezahlung beginnt im Jahr 0. Im Jahr 4 fallen zusätzlich zu den ermittelten laufenden Kosten die Kosten für die Erstausstattung in voller Höhe an. Die laufenden Kosten steigern sich anschließend pro Jahr ebenfalls um drei Prozent.

Es wird angenommen, dass beide Alternativen dazu führen würden, dass die Hälfte der neu geschaffenen Studienplätze von Studenten genutzt wird, die sonst aufgrund schlechter Studienbedingungen nicht studiert hätten. Es handelt sich dabei also jeweils um zusätzliche Kapazitäten im Umfang von 50 % der neu angebotenen Studienplätze. Die andere Hälfte der zusätzlichen Kapazität entspannt die seit Jahren entstehende Überlast und führt zu einer deutlichen Verbesserung der Studienbedingungen. Dies ist bei der Nutzenberechnung zu beachten. Diese wiederum unterscheidet sich für die beiden Alternativen in einigen Teilen.

Beim Ausbau der Andersen-Hochschule ergibt sich bereits im Jahr 2 ein kurzfristiger Nutzen, der zu diesem Zeitpunkt jedoch erst zu 60 Prozent anzusetzen ist, da die Baumaßnahmen zu diesem Zeitpunkt gerade erst abgeschlossen sind. Ab Jahr 3 kann dann der kurzfristige Nutzen zu 100 Prozent angesetzt werden. Der langfristige Nutzen wird zusätzlich zum kurzfristigen Nutzen ab Jahr 6 jeweils in voller Höhe geltend gemacht.[108] Die ersten Studenten haben ihr Studium zwar bereits vor Jahr 6 abgeschlossen, es ist jedoch davon auszugehen, dass die Mehrheit der Studenten eine persönliche Findungsphase durchläuft (in Form von Praktika, Auslandsaufenthalten etc.), ehe ein Arbeitsverhältnis zustande kommt. Der kurzfristige Nutzen der Andersen-Hochschule kann jeweils ein jährliches Plus von einem Prozent verzeichnen. Der volkswirtschaftliche Mehrwert von Akademikern gegenüber Nicht-Akademikern ist als nicht-diskontierter Wert zu betrachten.

Da die Neugründung der FH Morgenthal mehr Zeit in Anspruch nimmt, wird erst ab Jahr 4 ein kurzfristiger Nutzen erzielt. Dieser ist zunächst mit 60 Prozent, in den Folgejahren jedoch in voller Höhe zu verbuchen. Ab Jahr 8 wird darüber hinaus langfristiger Nutzen geltend gemacht.[109] Aufgrund der stärker praxis- und forschungsorientierten Ausrichtung der neugebauten FH Morgenthal ist davon auszugehen, dass der kurzfristige Nutzen jeweils um 3 Prozent jährlich steigt.

Der Zeithorizont für die Bewertung der Wirtschaftlichkeit beträgt für beide Alternativen jeweils 15 Jahre. Wie in der Kosten-Nutzen-Analyse üblich, sind die Geldbeträge jeweils zu diskontieren (siehe dazu Kapitel 1.2.2). Um den

---

[108] In Anlehnung an Otruba, H. (1991), S. 196.
[109] In Anlehnung an Otruba, H. (1991), S. 196.

Wert späterer Geldbeträge auf den jetzigen Zeitpunkt zu beziehen, ist eine geeignete Diskontierungsrate zu wählen.[110] Dies ist in der Praxis jedoch häufig ein Problem und unterliegt oft willkürlichen Entscheidungen. Da die exakte Ermittlung der nötigen Diskontierungsrate immens aufwendig ist, hat die „KNA-Consulting-Group" sich dazu entschlossen, die Rate anhand von Referenzwerten ähnlicher Projekte abzuleiten. Für die Diskontierung wird folglich eine Diskontierungsrate von 3 Prozent zu Grunde gelegt, da dies in etwa der durchschnittlichen Rendite langfristiger Staatsschuldverschreibungen entspricht.

Nächste Schritte

Es wurde von der „KNA-Consulting-Group" ein umfassender Datenkranz aufbereitet, um eine Kosten-Nutzen-Analyse für die beiden Optionen durchzuführen. Dem nächsten Abschnitt sind die Fragen zu entnehmen, die das Beratungsunternehmen sukzessive abarbeiten muss. An dieser Stelle können die Leser die Aufgaben selbstständig lösen und anschließend mit der Musterlösung der „KNA-Consulting-Group" vergleichen.

3. Fragenkatalog zur strukturierten Bearbeitung der Fallstudie
Rahmenbedingungen
1. Welche Alternativen sollen im Rahmen einer Kosten-Nutzen-Analyse geprüft werden?
2. Wer ist der relevante Entscheidungsträger für die Umsetzung des Projektes?
3. Welche Ziele werden mit der Kosten-Nutzen-Analyse verfolgt?

Kosten
Investitionskosten
4a. Ermitteln Sie für die relevanten Alternativen die anzusetzenden Grundstückskosten.
4b. Ermitteln Sie für die relevanten Alternativen die anzusetzenden Baukosten.
4c. Ermitteln Sie für die relevanten Alternativen die anzusetzenden Kosten für die Erstausstattung.
4d. Ermitteln Sie aus den Ergebnissen von 4a bis 4c für die relevanten Alternativen die Summe der Investitionskosten.

---

[110] Siehe dazu Hanusch, H. (2011), S. 104 ff.

Laufende Kosten
5. Kalkulieren Sie das Ergebnis der gesamten laufenden Kosten für die Morgenthal-Hochschule.

Nutzen
Kurzfristiger Nutzen
6a. In welcher Höhe sind die Einnahmen der drei Unternehmer in Morgenthal anzusetzen, welche ein neues Ladengeschäft in der Nähe der Hochschule eröffnen möchten? Welcher Effekt ist hierbei zu berücksichtigen?
6b. Welche konkreten Positionen können dem kurzfristigen Nutzen der jeweiligen Alternative zugeschrieben werden? Begründen Sie Ihre Auswahl.

Langfristiger Nutzen
7a. In dem Presseartikel „Der vergessene Goldesel" sind verschiedene monetäre Sachverhalte erwähnt. Welche davon werden für die Kosten-Nutzen-Analyse angesetzt? Für welche Studenten sind die jeweiligen Effekte anzusetzen?
7b. Wie ist der langfristige Nutzen zu beziffern, der entsteht, wenn die Drop-Out-Quote von 20 Prozent auf 17 Prozent gesenkt wird? Welches Prinzip kommt hierbei zum Tragen? Ziehen Sie in Ihre Überlegungen die Ergebnisse aus 7a mit ein.
7c. Für die nachfolgenden Berechnungen wird angenommen, dass nicht alle Studierenden das Studium erfolgreich abschließen. Sowohl bei der Andersen-Hochschule als auch der FH Morgenthal wird davon ausgegangen, dass nur 83 Prozent ihr Studium beenden. Die jeweilige Absolventenquote dient damit als quantitative Grundlage der Berechnung. Wie viele Studenten jeder Alternative schließen unter diesen Umständen jedes Jahr ihr Studium ab? Berechnen Sie die Absolventenzahl auf Grundlage Ihrer Ergebnisse aus 7a.
7d. Welche Einsparungen ergeben sich für die FH Morgenthal auf Grund der besseren Studienbedingungen, wenn 70 Prozent der in 7c berechneten Anzahl an Studierenden ihr Studium statt in 8 Semestern in der Regelstudienzeit von 6 Semestern abschließen?
7e. Wie verhält sich der gleiche Fakt für die Andersen-Hochschule?
7f. Welcher gesamtwirtschaftliche Nutzen resultiert für die FH Morgenthal und Andersen-Hochschule jeweils aus der erhöhten Produktivität von Akademikern gegenüber Nicht-Akademikern? Berücksichtigen Sie dabei die Ergebnisse aus 7a, 7b und 7c.
7g. Kalkulieren Sie auf Grundlage der Ergebnisse aus 7b bis 7f den langfristigen Gesamtnutzen beider Alternativen.

Berechnung des Barwerts der Alternativen durch Diskontierung
Zur Berechnung der jeweiligen Barwerte von Kosten und Nutzen ist es sinnvoll, ein Computer-Programm unterstützend für die Kalkulation zu nutzen (z. B. Excel).

Für die Rechnung „per Hand" dienen folgende Vorlagen für die Kosten:

Diskontierung der Kosten
Kosten für den Ausbau der Andersen-Hochschule

Jahr	Position 1	Betrag	Position 2	Betrag	Summe	Diskontierte Summe
0	Grundstückskosten	.... €	Baukosten	.... €	.... €	.... €
1			Baukosten	.... €	.... €	.... €
2			Baukosten	.... €	.... €	.... €
3	Erstausstattung	.... €	Baukosten	.... €	.... €	.... €
4						
5						
6						
7						
8						
9						
10						
11						
12						
13						
14						
15						
				SUMME KOSTEN		

Abb. A-1: Diskontierungs-Vorlage für die Kosten der Andersen-Hochschule[111]

---

[111] Quelle: Eigene Darstellung.

Kosten für die Neugründung der FH Morgenthal

Jahr	Position 1	Betrag	Position 2	Betrag	Summe	Diskontierte Summe
0	Grundstückskosten	.... €	Baukosten	.... €	.... €	.... €
1			Baukosten	.... €	.... €	.... €
2			Baukosten	.... €	.... €	.... €
3	Erstausstattung	.... €	Baukosten	.... €	.... €	.... €
4						
5						
6						
7						
8						
9						
10						
11						
12						
13						
14						
15						
					SUMME KOSTEN	

Abb. A-2: Diskontierungs-Vorlage für die Kosten der FH Morgenthal[112]

8a. Tragen Sie alle relevanten Positionen und Werte für die Jahre 0 bis 3 ein. Beachten Sie dabei die in der Fallstudie aufgeführten Annahmen für die Berechnung der Wirtschaftlichkeit.

8b. Füllen Sie die restliche Tabelle aus. Beachten Sie dabei ebenso die Annahmen für die Berechnung der Wirtschaftlichkeit und darüber hinaus die progressive Entwicklung der Kosten.

8c. Bilden Sie jeweils die Summe aller diskontierten Beträge für die Kosten. Prüfen Sie, ob die Kosten für die einzelnen Alternativen jeweils im Rahmen des vorhandenen Budgets liegen.

---

[112] Quelle: Eigene Darstellung.

Diskontierung der Nutzen
Nutzen des Ausbaus der Andersen-Hochschule

Jahr	Position 1	Betrag	Position 2	Betrag	Summe	Diskontierte Summe
0		.... €		.... €	.... €	.... €
1				.... €	.... €	.... €
2				.... €	.... €	.... €
3		.... €		.... €	.... €	.... €
4						
5						
6						
7						
8						
9						
10						
11						
12						
13						
14						
15						
					SUMME NUTZEN	

Abb. A-3: Diskontierungs-Vorlage für den Nutzen der Andersen-Hochschule[113]

---

[113] Quelle: Eigene Darstellung.

Nutzen der Neugründung der FH Morgenthal

Jahr	Position 1	Betrag	Position 2	Betrag	Summe	Diskontierte Summe
0		.... €		.... €	.... €	.... €
1				.... €	.... €	.... €
2				.... €	.... €	.... €
3		.... €		.... €	.... €	.... €
4						
5						
6						
7						
8						
9						
10						
11						
12						
13						
14						
15						
					SUMME NUTZEN	

Abb. A-4: Diskontierungs-Vorlage für den Nutzen der FH Morgenthal[114]

9a. Wie hoch sind die Werte für den kurzfristigen und langfristigen Nutzen jeweils in den Jahren 0 bis 4? Tragen Sie die Werte jeweils in die Tabellen ein.

9b. Füllen Sie die restliche Tabelle aus. Beachten Sie dabei ebenso die Annahmen für die Berechnung der Wirtschaftlichkeit und darüber hinaus die progressive Entwicklung der Nutzenbeträge.

9c. Bilden Sie jeweils die Summe aller diskontierten Beträge für den Nutzen.

Evaluation der Alternativen

10. Berechnen Sie für beide Alternativen die Differenz aus Kosten und Nutzen.

11. Vergleichen Sie die beiden Ergebnisse aus 10. miteinander. Welche Alternative weist den höheren Nettogegenwartswert aus?

12. Dem Text sind nicht-quantifizierbare Nutzen, sogenannte intangible Effekte, zu entnehmen. Welche sind das und wie könnten sie sich auswirken?

---

[114] Quelle: Eigene Darstellung.

13. Sprechen Sie eine Empfehlung aus, welche Alternative auf Grundlage der Antwort aus Aufgabe 11 zu bevorzugen ist. Begründen Sie Ihre Antwort.
14. Berechnen Sie jeweils den Nutzen-Kosten-Quotient für beide Alternativen.
15. Würde sich Ihre Empfehlung unter Einbeziehung der Ergebnisse aus Aufgabe 14 ändern? Begründen Sie Ihre Antwort.

4. Musterlösung zu den Fragestellungen
Rahmenbedingungen

1. Welche Alternativen sollen im Rahmen einer Kosten-Nutzen-Analyse geprüft werden?
Es stehen sich im Rahmen der Kosten-Nutzen-Analyse für den Bau- bzw. Ausbau eines Hochschulgebäudes zwei Alternativen gegenüber: Zum einen die Option, die bestehende Andersen-Hochschule auszubauen und 1.500 weitere Studienplätze zu schaffen. Zum anderen die Option, eine gänzlich neue Fachhochschule zu bauen. Die FH Morgenthal soll Studienplätze für 3.000 Studierende bieten. Die Null-Hypothese steht nicht zur Diskussion.

2. Wer ist der relevante Entscheidungsträger für die Umsetzung des Projektes?
Die Vertreter der Landesregierung unter Kultusminister Andreas Behrens entscheiden sich nach Sichtung der Konzepte für das Umsetzungsprojekt.

3. Welche Ziele werden mit der Kosten-Nutzen-Analyse verfolgt?
Das wirtschaftlichkeitsanalytische Verfahren der Kosten-Nutzen-Analyse soll in dieser Fallstudie die beiden Alternativen hinsichtlich ihrer Kosten- und Nutzendimensionen bewerten. Das Ergebnis soll Auskunft geben, welche Hochschulmaßnahme unter Berücksichtigung der gesellschaftlichen Wohlfahrt den höchsten Nettonutzen erwirtschaftet. Hierbei soll eine möglichst rationale Bewertung der Projekte erzielt werden.

Kosten
Investitionskosten

4a. Ermitteln Sie für die relevanten Alternativen die anzusetzenden Grundstückskosten.
Für die Alternative „Hochschul-Ausbau" wird insgesamt eine Fläche von 7.500 m² benötigt. Davon sind bereits 2.500 m² in Hochschul-Besitz. Würde

die Hochschule nicht ausgebaut werden, so würde diese Fläche weiterhin lediglich als Grünfläche fungieren – damit sind die Opportunitätskosten gleich null. Folglich sind ausschließlich die Kosten für die neu zu erwerbenden 5.000 m² anzusetzen. Da der Marktpreis mit 30 €/m² veranschlagt wird, belaufen sich die Grundstückskosten auf 150.000 €.

Für den Neubau der FH Morgenthal hingegen wird eine Fläche von 60.000 m² benötigt. Auch deren Wert wird auf 30 €/m² geschätzt. Somit betragen die Grundstückskosten 1.800.000 €.

4b. Ermitteln Sie für die relevanten Alternativen die anzusetzenden Baukosten.
Die Ermittlung der Baukosten ist insofern simpel, als dass lediglich die Baukosten aller neu zu errichtenden bzw. auszubauenden Gebäude addiert werden müssen. Für den Ausbau der Andersen-Hochschule sind damit folgende Kostenpositionen relevant: Bau des Hauptgebäudes (22.000.000 €), Bau der Mensa (1.000.000 €) und Bau der Sportanlagen (2.000.000 €). Damit betragen die Baukosten dieser Alternative 22.000.000 € + 1.000.000 € + 2.000.000 € = 25.000.000 €.

Die Kosten für den Bau der FH Morgenthal sind wesentlich höher, da alle Gebäude komplett neu errichtet werden. Relevant sind die Kosten für den Bau des Hauptgebäudes (69.000.000 €), des Nebengebäudes (8.000.000 €), der Mensa (7.500.000 €), der Bibliothek (5.000.000 €) und der Sport- und Veranstaltungsräume (4.000.000 €).

Die Summe der Baukosten berechnet sich also für den Neubau der FH Morgenthal wie folgt: 9.000.000 € + 8.000.000 € + 5.000.000 € + 7.500.000 € + 4.000.000 € = 93.500.000 €.

4c. Ermitteln Sie für die relevanten Alternativen die anzusetzenden Kosten für die Erstausstattung bzw. Zusatzausstattung.
Das Prinzip der Ermittlung der Kosten für die Erstausstattung entspricht der Berechnung der Baukosten, d. h. die einzelnen Positionen sind zu addieren.

Für die Zusatzausstattung der Andersen-Hochschule ergibt sich folgender Betrag: Ausstattung des Gebäudes (1.000.000 €) + Ausstattung der Mensa (50.000 €) + Ausstattung der Sporträume (150.000 €) = 1.200.000 €.

Analog ergeben sich für den Neubau der FH Morgenthal Kosten für die Erstausstattung in folgender Höhe: Erstausstattung des ersten Gebäudes (10.000.000 €) + Erstausstattung des zweiten Gebäudes (2.800.000 €) + Erstausstattung der Mensa (250.000 €) + Erstausstattung der Bibliothek (15 % von 500.000 € = 750.000 €) + Erstausstattung der Sport- und Veranstaltungsräume (2.000.000 €) = 18.800.000 €.

4d. Ermitteln Sie aus den Ergebnissen von 4a bis 4c für die relevanten Alternativen die Summe der Investitionskosten.

Die Summe der Ergebnisse aus den Aufgaben 4a bis 4c entspricht der Höhe der Investitionskosten.[115] Diese betragen für den Ausbau der Andersen-Hochschule 150.000 € + 25.000.000 € + 1.200.000 € = 26.350.000 €. Für den Bau der FH Morgenthal belaufen sie sich auf 1.800.000 € + 93.500.000 € + 15.800.000 € = 111.100.000 €.

Laufende Kosten

5. Kalkulieren Sie das Ergebnis der gesamten laufenden Kosten der Andersen-Hochschule und der FH Morgenthal.

Die laufenden Kosten der beiden Alternativen setzen sich wie folgt zusammen:

Position	Ausbau der Andersen-Hochschule	Neugründung der FH Morgenthal
Bezüge Beamte	2.000.000 €	4.700.000 €
Studentische Hilfskräfte	85.000 €	200.000 €
Nebenamtliche Hilfskräfte	120.000 €	370.000 €
Sonstige Personalaufwendungen	3.400 €	6.000 €
Entgelt für Verwaltungspersonal	900.000 €	4.400.000 €
Stundenweise Beschäftigte	8.000 €	22.000 €
Unterhaltung von Grundstücken und baulichen Anlagen	3.000 €	12.000 €
Bibliothek und Rechenzentrum	50.000 €	570.000 €
Lehre und Forschung	250.000 €	700.000 €
Betriebs-,Energie-, und Bewirtschaftungskosten	550.000 €	1.000.000 €
Sonstige Kosten	1.200.000 €	4.000.000 €
SUMME	**5.169.400 €**	**15.980.000 €**

Abb. A-5: Diskontierungs-Vorlage für die Andersen-Hochschule[116]

---

[115] In Anlehnung an Otruba, H. (1991), S. 150.
[116] Quelle: Eigene Darstellung.

Nutzen

Kurzfristiger Nutzen

6a. In welcher Höhe sind die Einnahmen der drei Unternehmer in Morgenthal anzusetzen, welche ein neues Ladengeschäft in der Nähe der Hochschule eröffnen möchten? Welcher Effekt ist hierbei zu berücksichtigen?
Die Einnahmen sind nicht als Nutzen anzusetzen, da es sich hier um einen sogenannten pekuniären Effekt (Siehe Kapitel 1.2.2) handelt. Pekuniäre Effekte rufen lediglich Umverteilungseffekte hervor. Das heißt in diesem Fall zum Beispiel, dass der Kiosk-Betreiber zwar höhere Umsätze verbuchen kann, aber gesamtwirtschaftlich gesehen nicht mehr Zeitungen produziert und verkauft werden als sonst auch. Die Kunden kaufen die gleiche Menge an Zeitungen, sie kaufen sie jedoch lediglich woanders – nämlich in dem neuen Kiosk. Der volkswirtschaftliche Güterberg an Zeitungen erhöht sich nicht. So sind auch die Umsätze der anderen Ladengeschäfte zu bewerten. Die gesamtgesellschaftliche Wohlfahrt wird folglich nicht berührt. Aus diesem Grund finden die Einnahmen keine Berücksichtigung in der Kosten-Nutzen-Analyse.

6b. Welche konkreten Positionen können dem kurzfristigen Nutzen der jeweiligen Alternative zugeschrieben werden? Begründen Sie Ihre Auswahl.
Unter kurzfristigem Nutzen werden in der Fallstudie die Einnahmen der Hochschule verstanden. Diese stellen den in monetären Größen bewerteten Nutzen der Gesellschaft durch die entsprechenden Leistungen der Hochschulen dar. Die dargestellten Musterhochschulen finanzieren sich über drei Haupteinnahmequellen: Über eigene Einnahmen, mittels Landeszuschuss und aus Einnahmen der Drittmittelforschung. Um mittels der Kosten-Nutzen-Analyse die gesamtwirtschaftliche Rentabilität der beiden Alternativen zu prüfen, darf der Landeszuschuss nicht als Nutzen angesetzt werden, da er zwar auf der Einnahmen-Seite der Hochschule steht, jedoch der entsprechende Nutzen über die bereit gestellten Studienplätze an anderer Stelle angesetzt wird. Eine Betrachtung ist aus diesem Grund obsolet. Die anderen beiden Einnahmepositionen, die einen zusätzlichen Nutzen schaffen, finden in die Kosten-Nutzen-Rechnung Eingang. Darüber hinaus sind für die Andersen-Hochschule auch die entfallenden Mietkosten als kurzfristiger Nutzen (als eingesparte Kosten) zu betrachten.[117] Damit berechnen sich die kurzfristigen Nutzenbeträge wie folgt:
Für den Ausbau der Andersen-Hochschule:
55.000 € + 1.148.550 € + 5.850 € + = 1.209.400 €.
Für die Neugründung der FH Morgenthal:
230.000 € + 3.750.000 € + = 3.980.000 €.

---

[117] In Anlehnung an Otruba, H. (1991), S. 185.

Langfristiger Nutzen

*7a. In dem Presseartikel „Der vergessene Goldesel" sind verschiedene mone-
täre Sachverhalte erwähnt. Welche davon werden für die Kosten-Nutzen-
Analyse angesetzt? Für welche Studenten sind die jeweiligen Effekte anzusetzen?*

In dem Pressetext werden verschiedene Aspekte angesprochen. Davon sind
folgende relevant:

- die gesteigerte Produktivität derjenigen Studierenden, die durch die Senkung der Drop-Out-Quote zusätzlich einen akademischen Abschluss erlangen
- die höhere Produktivität von zusätzlich ausgebildeten Akademikern gegenüber Nicht-Akademikern
- die eingesparten Ressourcen durch eine Verkürzung der Studiendauer[118]

Es ist zu berücksichtigen, dass die jeweiligen Effekten für verschiedene Gruppen anzusetzen sind. Im Abschnitt „Datengrundlage" dieser Fallstudie wurde
hervorgehoben, dass lediglich die Hälfte der neu geschaffenen Studienplätze
auch tatsächlich zu zusätzlichen Studenten führt. Die andere Hälfte der neu
geschaffenen Studienplätze führt nicht dazu, dass es mehr Studenten gibt als
zuvor, sondern entspannt die Kapazitäten der Hochschulen. Dies gilt sowohl
für die FH Morgenthal als auch für die Andersen-Hochschule. Darüber hinaus
sind bei den Berechnungen für die Andersen-Hochschule jedoch auch die
3.500 bereits vorhandenen Studenten zu berücksichtigen. Die genannten Effekte sind folglich für folgende Studierendenzahlen anzusetzen:
FH Morgenthal: 50 Prozent der geschaffenen Studienplätze
= 0,5 × 3.000 = 1.500 Studierende.
Andersen-Hochschule: 3.500 bereits vorhandene Studierende plus 50 Prozent der geschaffenen Studienplätze = 3.500 + 0,5 × 1.500 = 4.250 Studierende.

*7b. Wie ist der langfristige Nutzen zu beziffern, der entsteht, wenn die Drop-
Out-Quote von 20 Prozent auf 17 Prozent gesenkt wird? Welches Prinzip
kommt hierbei zum Tragen? Ziehen Sie in Ihre Überlegungen die Ergebnisse aus 7a mit ein.*

Die Drop-Out-Quote wird um 3 Prozent gesenkt. Es sind jedoch nicht die Kosten in Höhe von 5.500 Euro pro Student als Nutzen anzusetzen, wenn 3 Prozent weniger Studienabbrecher anfallen. Hier kommt das Mit-und-Ohne-
Prinzip zum Tragen (siehe Kapitel 1.1), d. h. dass die Kosten für die Zeit des

---

[118] In Anlehnung an Otruba, H. (1991), S. 186 ff.

Studiums unabhängig davon anfallen, ob das Studium beendet wird oder nicht. Ein anderer Aspekt kann jedoch als Nutzen verbucht werden: Die zusätzlichen 3 Prozent der Studierenden, die nun ihr Studium doch beenden, weisen als Akademiker wiederum eine höhere Produktivität von 100.000 € im Vergleich zu Nicht-Akademikern. Diese erhöhte Produktivität ist anzusetzen. Wie in 7a deutlich wurde, gilt dies sowohl für die bereits vorhandenen Studienplätze als auch für die Hälfte der neuen Studienplätze, d. h. 1.500 Studierende (FH Morgenthal) bzw. 4.250 Studierende (Andersen-Hochschule). Davon sind jeweils 3 Prozent betroffen.

Somit ergibt sich für die FH Morgenthal eine erhöhte Produktivität durch die Senkung der Drop-Out-Quote in Höhe von 4.500.000 € (= 1.500 × 0,03 × 100.000 €) und für die Andersen-Hochschule in Höhe von 12.750.000 € (= 4.250 × 0,03 × 100.000 €).

7c. Für die nachfolgenden Berechnungen wird angenommen, dass nicht alle Studierenden das Studium erfolgreich abschließen. Sowohl bei der Andersen-Hochschule als auch der FH Morgenthal wird davon ausgegangen, dass nur 83 Prozent ihr Studium beenden. Die jeweilige Absolventenquote dient damit als quantitative Grundlage der Berechnung. Wie viele Studenten jeder Alternative schließen unter diesen Umständen jedes Jahr ihr Studium ab? Berechnen Sie die Absolventenzahl auf Grundlage Ihrer Ergebnisse aus 7a.

Für die FH- Morgenthal ergibt sich eine Absolventenquote von 1.245 Studierenden (1.500 × 0,83 = 1.245). An der Andersen-Hochschule schließen rund 3.528 junge Erwachsene ihr Studium ab (4.250 × 0,83 = 3.527,5).

7d. Welche Einsparungen ergeben sich für die FH Morgenthal auf Grund der besseren Studienbedingungen, wenn 70 Prozent der in 7c berechneten Anzahl an Studierenden ihr Studium statt in 8 Semestern in der Regelstudienzeit von 6 Semestern abschließen?

Für die Berechnung sind drei Informationen relevant:
1) Was kostet ein extra Studienjahr?
2) Wie viele Studenten schließen ihr Studium ab?
3) Wie viele sind 70 Prozent dieser Absolventen?

Die erste Information kann dem Presseartikel von Rena Richten entnommen werden. Ein Studienjahr (zwei Semester) schlägt mit 3.200 € zu Buche. Der Berechnung von 7c folgend, schließen 1.245 Personen das Studium tatsächlich ab. Von diesen Personen beenden rund 872 (1.245 * 0,7 = 871,5) Studierende ihr Studium in der Regelstudienzeit von 6 Semestern.

83

Aus diesen Daten ergibt sich die Berechnung wie folgt: 3.200 € * 871,5 = 2.788.800 € Einsparungen, d.h. langfristiger Nutzen durch die auf diese Weise frei gewordenen Ausbildungsressourcen, pro Jahr für die FH Morgenthal.

7e. Wie verhält sich der gleiche Fakt für die Andersen-Hochschule?
Die Berechnungsmodalitäten sind analog zu 7d. An der Andersen-Hochschule werden voraussichtlich rund 2.470 Personen pro Jahr ihr Studium in der Regelstudienzeit abschließen (3.527,5 × 0,7 = 2.469,25).
Das heißt: 3.200 € × 2.469,25 = 7.901.600 €.

7f. Welcher gesamtwirtschaftliche Nutzen resultiert für die FH Morgenthal und Andersen-Hochschule jeweils aus der erhöhten Produktivität von Akademikern gegenüber Nicht-Akademikern? Berücksichtigen Sie dabei die Ergebnisse aus 7a, 7b und 7c.
Für diese Berechnungen sind die Daten der Pressemitteilung „Der vergessene Goldesel" zu entnehmen. Es wird angeführt, dass der gesamtwirtschaftliche Nutzen einer akademischen Ausbildung der Volkswirtschaft mit 100.000 Euro pro Akademiker zugutekommt. Diese ist für die Hälfte der neu geschaffenen Studienplätze anzusetzen. 83 Prozent dieser Studenten schließen ihr Studium ab. In Aufgabe 7b wurde jedoch bereits für 3 Prozent der Studenten eine erhöhte Produktivität angesetzt (bedingt durch die Senkung der Drop-Out-Quote). Folglich sind diese 3 Prozent in der Rechnung nun nicht mehr zu berücksichtigen – es erfolgt eine Berechnung für 80 Prozent der neu geschaffenen Studienplätze (1.500 für bzw. 750).
Für die FH Morgenthal ergibt sich somit: 1.500 × 0,8 × 100.000 = 120.000.000 €. Für die Andersen-Hochschule ergibt sich: 750 × 0,8 × 100.000 = 60.000.000 €

7g. Kalkulieren Sie auf Grundlage der Ergebnisse aus 7b bis 7f den langfristigen Gesamtnutzen beider Alternativen.
Die ermittelten Daten werden der Übersichtlichkeit halber in einer Tabelle dargestellt:

Nutzen-Position	Neugründung der FH Morgenthal	Ausbau der Andersen-Hochschule
Senkung der Drop-Out-Quote	4.500.000 €	12.750.000 €
Verkürzung der Semesterzahl	2.788.800 €	7.901.600 €
Erhöhte Produktivität	120.000.000 €	60.000.000 €
Summe	**127.288.800 €**	**80.651.600 €**

Abb. A-6: Langfristiger Gesamtnutzen der Alternativen[119]

---

[119] Quelle: Eigene Darstellung.

Berechnung des Barwerts der Alternativen durch Diskontierung

Bei der Diskontierung der Kosten- und Nutzenbeträge ist zu beachten, wann die einzelnen Positionen anfallen und wie sie sich ggf. im zeitlichen Verlauf entwickeln. So sind bspw. die laufenden Kosten jährlich um 3 Prozent zu erhöhen.

Diskontierung der Kosten mit einer Diskontierungsrate von 3 Prozent
Kosten für den Anbau der Andersen-Hochschule

Jahr	Position 1	Betrag	Position 2	Betrag	Summe	Diskontierte Summe
0	Grundstücks-kosten	150.000 €	Baukosten	12.500.000,00 €	12.650.000,00 €	12.650.000,00 €
1			Baukosten	12.500.000,00 €	12.500.000,00 €	11.467.889,91 €
2	Erstausstattung	1.200.000 €	Lfd. Kosten	5.169.400,00 €	6.369.400,00 €	5.360.996,55 €
3	Lfd. Kosten	5.324.482,00 €			5.324.482,00 €	4.111.477,04 €
4	Lfd. Kosten	5.484.216,46 €			5.484.216,46 €	3.885.157,20 €
5	Lfd. Kosten	5.648.742,95 €			5.648.742,95 €	3.671.295,34 €
6	Lfd. Kosten	5.818.205,24 €			5.818.205,24 €	3.469.205,69 €
7	Lfd. Kosten	5.992.751,40 €			5.992.751,40 €	3.278.240,24 €
8	Lfd. Kosten	6.172.533,94 €			6.172.533,94 €	3.097.786,65 €
9	Lfd. Kosten	6.357.709,96 €			6.357.709,96 €	2.927.266,28 €
10	Lfd. Kosten	6.548.441,26 €			6.548.441,26 €	2.766.132,36 €
11	Lfd. Kosten	6.744.894,50 €			6.744.894,50 €	2.613.868,19 €
12	Lfd. Kosten	6.947.241,33 €			6.947.241,33 €	2.469.985,54 €
13	Lfd. Kosten	7.155.658,57 €			7.155.658,57 €	2.334.023,03 €
14	Lfd. Kosten	7.370.328,33 €			7.370.328,33 €	2.205.544,70 €
15	Lfd. Kosten	7.591.438,18 €			7.591.438,18 €	2.084.138,57 €
					SUMME KOSTEN	**68.393.007,27 €**

Abb. A-7: Diskontierung der Kosten der Andersen-Hochschule[120]

---

[120] Quelle: Eigene Darstellung.

Kosten für die Neugründung der FH Morgenthal

Jahr	Position 1	Betrag	Position 2	Betrag	Summe	Diskontierte Summe
0	Grundstücks- kosten	1.800.000 €	Baukosten	23.375.000 €	25.175.000,00 €	25.175.000,00 €
1			Baukosten	23.375.000 €	23.375.000,00 €	21.444.954,13 €
2			Baukosten	23.375.000 €	23.375.000,00 €	19.674.269,84 €
3			Baukosten	23.375.000 €	23.375.000,00 €	18.049.788,85 €
4	Erstausstattung	15.800.000 €	Lfd. Kosten	15.980.000 €	31.780.000,00 €	22.513.753,21 €
5	Lfd. Kosten	16.459.400 €			16.459.400,00 €	10.697.480,66 €
6	Lfd. Kosten	16.953.182 €			16.953.182,00 €	10.108.628,51 €
7	Lfd. Kosten	17.461.777,46 €			17.461.777,46 €	9.552.190,25 €
8	Lfd. Kosten	17.985.630,78 €			17.985.630,78 €	9.026.381,61 €
9	Lfd. Kosten	18.525.199,71 €			18.525.199,71 €	8.529.516,57 €
10	Lfd. Kosten	19.080.955,70 €			19.080.955,70 €	8.060.001,89 €
11	Lfd. Kosten	19.653.384,37 €			19.653.384,37 €	7.616.332,06 €
12	Lfd. Kosten	20.242.985,90 €			20.242.985,90 €	7.197.084,43 €
13	Lfd. Kosten	20.850.275,48 €			20.850.275,48 €	6.800.914,64 €
14	Lfd. Kosten	21.475.783,74 €			21.475.783,74 €	6.426.552,37 €
15	Lfd. Kosten	22.120.057,25 €			22.120.057,25 €	6.072.797,19 €
					SUMME KOSTEN	196.945.646,21 €

Abb. A-8: Diskontierung der Kosten der FH Morgenthal[121]

8a. Tragen Sie alle relevanten Positionen und Werte für die Jahre 0 bis 3 ein. Beachten Sie dabei die in der Fallstudie aufgeführten Annahmen für die Berechnung der Wirtschaftlichkeit.

8b. Füllen Sie die restliche Tabelle aus. Beachten Sie dabei ebenso die Annahmen für die Berechnung der Wirtschaftlichkeit und darüber hinaus die progressive Entwicklung der Kosten.

8c. Bilden Sie jeweils die Summe aller diskontierten Beträge für die Kosten. Prüfen Sie, ob die Kosten für die einzelnen Alternativen jeweils im Rahmen des vorhandenen Budgets liegen.

Beide Projekte liegen innerhalb des vorhandenen Budgets von 200 Mio. Euro.

Diskontierung der Nutzen mit einer Diskontierungsrate von 3 Prozent

Nutzen des Ausbaus der Andersen-Hochschule

Jahr	Position 1	Betrag	Position 2	Betrag	Summe	Diskontierte Summe
0	–					
1	–					
2	Kurzfr. N. 60 %	725.640,00 €			725.640,00 €	610.756,67 €
3	Kurzfr. Nutzen	1.209.400,00 €			1.209.400,00 €	933.878,70 €
4	Kurzfr. Nutzen	1.221.494,00 €			1.221.494,00 €	1.085.281,60 €
5	Kurzfr. Nutzen	1.233.708,94 €			1.233.708,94 €	1.064.208,17 €
6	Kurzfr. Nutzen	1.246.046,03 €	Langfr. Nutz.	80.651.600,00 €	81.897.646,03 €	68.587.989,21 €
7	Kurzfr. Nutzen	1.258.506,49 €	Langfr. Nutz.	80.651.600,00 €	81.910.106,49 €	66.600.412,28 €
8	Kurzfr. Nutzen	1.271.091,55 €	Langfr. Nutz.	80.651.600,00 €	81.922.691,55 €	64.670.529,21 €
9	Kurzfr. Nutzen	1.283.802,47 €	Langfr. Nutz.	80.651.600,00 €	81.935.402,47 €	62.796.663,42 €
10	Kurzfr. Nutzen	1.296.640,49 €	Langfr. Nutz.	80.651.600,00 €	81.948.240,49 €	60.977.187,09 €
11	Kurzfr. Nutzen	1.309.606,90 €	Langfr. Nutz.	80.651.600,00 €	81.961.206,90 €	59.210.519,72 €
12	Kurzfr. Nutzen	1.322.702,97 €	Langfr. Nutz.	80.651.600,00 €	81.974.302,97 €	57.495.126,80 €
13	Kurzfr. Nutzen	1.335.930,00 €	Langfr. Nutz.	80.651.600,00 €	81.987.530,00 €	55.829.518,42 €
14	Kurzfr. Nutzen	1.349.289,30 €	Langfr. Nutz.	80.651.600,00 €	82.000.889,30 €	54.212.248,01 €
15	Kurzfr. Nutzen	1.362.782,19 €	Langfr. Nutz.	80.651.600,00 €	82.014.382,19 €	52.641.911,07 €
					SUMME NUTZEN	606.716.230,36 €

Abb. A-9: Diskontierung des Nutzens der Andersen-Hochschule[122]

---

[121] Quelle: Eigene Darstellung.
[122] Quelle: Eigene Darstellung.

Nutzen der Neugründung der FH Morgenthal

Jahr	Position 1	Betrag	Position 2	Betrag	Summe	Diskontierte Summe
0	–					
1	–					
2	–					
3	–					
4	Kurzfr. Nutzen 60 %	2.388.000,00 €			2.388.000,00 €	2.121.707 €
5	Kurzfr. Nutz.	3.980.000,00 €			3.980.000,00 €	3.433.183 €
6	Kurzfr. Nutz.	4.139.200,00 €			4.139.200,00 €	3.466.515 €
7	Kurzfr. Nutz.	4.263.376,00 €			4.263.376,00 €	3.466.515 €
8	Kurzfr. Nutz.	4.391.277,28 €	Langfr. Nutz.	127.288.800,00 €	131.680.077,28 €	103.949.468,98 €
9	Kurzfr. Nutz.	4.523.015,60 €	Langfr. Nutz.	127.288.800,00 €	131.811.815,60 €	101.022.781,00 €
10	Kurzfr. Nutz.	4.658.706,07 €	Langfr. Nutz.	127.288.800,00 €	131.947.506,07 €	98.181.336,35 €
11	Kurzfr. Nutz.	4.798.467,25 €	Langfr. Nutz.	127.288.800,00 €	132.087.267,25 €	95.422.652,23 €
12	Kurzfr. Nutz.	4.942.421,27 €	Langfr. Nutz.	127.288.800,00 €	132.231.221,27 €	92.744.318,13 €
13	Kurzfr. Nutz.	5.090.693,90 €	Langfr. Nutz.	127.288.800,00 €	132.379.493,90 €	90.143.993,76 €
14	Kurzfr. Nutz.	5.243.414,72 €	Langfr. Nutz.	127.288.800,00 €	132.532.214,72 €	87.619.407,00 €
15	Kurzfr. Nutz.	5.400.717,16 €	Langfr. Nutz.	127.288.800,00 €	132.689.517,16 €	85.168.351,89 €
					SUMME NUTZEN	**766.740.229,03 €**

Abb. A-10: Diskontierung des Nutzens der FH Morgenthal[123]

9a. Wie hoch sind die Werte für den kurzfristigen und langfristigen Nutzen jeweils in den Jahren 0 bis 4? Tragen Sie die Werte jeweils in die Tabellen ein.

9b. Füllen Sie die restliche Tabelle aus. Beachten Sie dabei ebenso die Annahmen für die Berechnung der Wirtschaftlichkeit und darüber hinaus die progressive Entwicklung der Nutzenbeträge.

9c. Bilden Sie jeweils die Summe aller diskontierten Beträge für den Nutzen.

Evaluation der Alternativen

10. Berechnen Sie für beide Alternativen die Differenz aus Kosten und Nutzen.
Der Ausbau der Andersen-Hochschule kostet in 15 Jahren rund 68.393.007 €, der monetarisierte Nutzen beträgt ca. 606.716.230 €. Die Differenz ergibt einen Saldo der Habenseite von rund 538.323.223 €.

Für die Neugründung der FH Morgenthal wurden die Kosten für 15 Jahre mit rund 196.945.646 € errechnet. Der Nutzen, bzw. die Einnahmen belaufen

---

[123] Quelle: Eigene Darstellung.

sich auf ca. 766.640.229 €. Die positive Differenz zugunsten der Nutzenseite beläuft sich auf 569.794.583 €.

11. Vergleichen Sie die beiden Ergebnisse aus 10. miteinander. Welche Alternative weist den höheren Nettogegenwartswert aus?
Die Neugründung der FH Morgenthal weist einen höheren volkswirtschaftlichen Nutzenüberschuss gemäß der Kosten-Nutzen-Analyse auf. Als finale Ergebnisse ist bei dem Ausbau der Andersen-Hochschule ein Nettogegenwartswert von etwa 538 Mio. € zu statuieren. Für die FH Morgenthal ist nach 15 Jahren ein Nettogegenwartswert von 570 Mio. € vorzuweisen.

12. Dem Text sind nicht-quantifizierbare Nutzen, sogenannte intangible Effekte, zu entnehmen. Welche sind das und wie könnten sie sich auswirken?
Als intangibler Effekt ist zum Beispiel der Architekturwettbewerb für die Konzeption der FH Morgenthal anzuführen. Es ist unter vertretbarem Aufwand nicht möglich den Nutzen dieser Maßnahme zu quantifizieren. Allerdings kann davon ausgegangen werden, dass sich langfristig positive Nutzeneffekte für die Hochschule ergeben. Diese können sich zum Beispiel in einer überregionalen Bekanntheit durch die zu erwartende multimediale Aufmerksamkeit zeigen. Ein weiterer intangibler Effekt ist die Auswirkung von verstärkter Forschung. Wenn die Professoren von Lehrtätigkeiten entlastet werden und sich zunehmend ihre Forschungsaufgaben widmen können, hat das zum Beispiel zur Folge, dass in den Lehrveranstaltungen verstärkt auf aktuelle Studien hingewiesen werden kann. Dadurch verbessert sich die Qualität der Lehre.[124]

13. Sprechen Sie eine Empfehlung aus, welche Alternative auf Grundlage der Antwort aus Aufgabe 11 zu bevorzugen ist. Begründen Sie Ihre Antwort.
Beide Varianten, der Ausbau der Andersen-Hochschule und die Neugründung der FH Morgenthal, sind im Sinne der Kosten-Nutzen-Analyse volkswirtschaftlich rentabel. Es ergibt sich allerdings auf Grund des höheren Nettogegenwartswerts die Empfehlung für die Neugründung der FH Morgenthal.

14. Berechnen Sie jeweils den Nutzen-Kosten-Quotient für beide Alternativen.
Der Nutzen-Kosten-Quotient beträgt für den Ausbau der Andersen-Hochschule 8,87 (= 606.716.230,36 € / 68.393.007,27 €) und für die Neugründung der FH Morgenthal 3,89 (= 766.640.229,03 / 196.945.646,21 €).

---

[124] Vgl. Otruba, H. (1991), S. 194.

Die Berechnung des Nutzen-Kosten-Quotienten ist sinnvoll, da er das Verhältnis von Nutzen und Kosten betrachtet und damit unabhängig vom Projektumfang (siehe dazu Kapitel 1.2.2, Abschnitt ad g)) ist.

15. *Würde sich Ihre Empfehlung unter Einbeziehung der Ergebnisse aus Aufgabe 14 ändern? Begründen Sie Ihre Antwort.*

Der Ausbau der Andersen-Hochschule weist einen höheren Nutzen-Kosten-Quotienten auf als die Neugründung der FH Morgenthal. Dementsprechend wäre es aufgrund der höheren Effizienz durchaus sinnvoll, die FH Morgenthal auszubauen, anstatt eine neue Hochschule zu gründen. Allerdings ist der absolute Nutzenüberschuss der FH Morgenthal höher. Daher sollte sich die Empfehlung zunächst nicht ändern. Denkbar wären beispielsweise auch andere Alternativen, zum Beispiel der Ausbau der Andersen-Hochschule und zusätzlich der Ausbau einer weiteren, bereits bestehenden Hochschule, sofern dieser ebenfalls so rentabel wäre. Damit könnten zwei rentable Projekte realisiert werden und das Budget von 200 Mio. € könnte stärker ausgeschöpft werden als bei einem einzelnen Ausbau.

Fallstudie (B)
Kosten-Nutzen-Analyse für eine geplante gesetzliche Einführung der
0,0 Promillegrenze für alle Verkehrsteilnehmer
Karsten Rückriem, Sandro Sicorello und Sebastian Wendt

Die besondere Herausforderung dieser Fallstudie liegt in der Monetarisierung des menschlichen Lebens bzw. von Gesundheitsschäden. Diese Form der Wertmessung ist in der Gesellschaft moralisch sowie ethisch sehr umstritten. Häufig wird die These vertreten, das menschliche Leben sei unendlich wertvoll und daher ökonomisch nicht bewertbar. Monetarisierung ist jedoch manchmal notwendig, um volkswirtschaftlich rationale Entscheidungen zu fällen und daraus gegebenenfalls Investitionen abzuleiten. Unterstellt man einen unendlichen Wert für das menschliche Leben, wäre es unabdingbar, unendliche Kosten für die Erhaltung jedes einzelnen Menschen in Kauf zu nehmen. Beispielsweise müsste man einen unendlichen Betrag in die Krebs- oder AIDS-Forschung investieren. Dieses entspricht aber nicht der Realität. Vertritt man andererseits die These, dass solche intangiblen Effekte nicht in eine Kosten-Nutzen-Analyse einbezogen werden sollten, wäre dies gleichbedeutend mit der Aussage, dass ein menschliches Leben in einer Volkswirtschaft den Wert null annimmt.

1. Situationsbeschreibung – „Story"

Im Folgenden wird die fiktive Entstehungsgeschichte dieser Fallstudie beschrieben, in welcher eine Kosten-Nutzen-Analyse eingesetzt wird, um eine politische Entscheidung mit ökonomischen Argumenten zu untermauern.

Die RSW-Partei

Die RSW-Partei entwickelte sich seit ihrer Gründung zu einer Volkspartei. Seitdem steht sie für Gemeinwohl, Sicherheit, Chancengleichheit und Toleranz innerhalb der Gesellschaft. Bislang war sie stets in der Opposition. Erstmals konnte zur vergangenen Bundestagswahl die absolute Mehrheit an Stimmen erzielt werden und somit stellt die RSW-Partei die neue Regierung. Der charismatische Parteivorsitzende der RSW-Partei, Dr. Frank Walter Holzmeier, genießt ein hohes Ansehen sowohl innerhalb der Partei als auch in der Gesellschaft. Bereits vor sechs Jahren wurde ein Alkoholverbot, die 0,0 Promillegrenze für junge Fahranfänger bis zur Vollendung des 21. Lebensjahres bzw. innerhalb der Führerscheinprobezeit eingeführt. Die RSW-Partei um Dr. Frank Walter Holzmeier sprach sich im Wahlkampf für eine Ausweitung dieses Gesetzes zur Einführung der 0,0 Promillegrenze für alle Verkehrsteilnehmer aus. Aufgrund dieser Ausweitung erschien im Verkehrsmagazin Deutschland in der Ausgabe 49 ein Interview mit Dr. Frank Walter Holzmeier zu diesem Thema.

Das Interview

VMD: Herr Dr. Holzmeier, was waren die Gründe für den überraschenden Wahlsieg ihrer RSW-Partei?

Dr. Holzmeier: Wir haben es geschafft, die Wählerschaft von der Bedeutung eines Regierungswechsels und damit eines politischen Umbruches zu überzeugen. Dies gelang uns durch unser Wahlprogramm mit dem Inhalt der umfassenden Steuer- und Rentenreform.

VMD: Was sind Ihre ersten Schritte nach der Bildung des Kabinetts?

Dr. Holzmeier: Zunächst einmal wird die Vereinfachung der Steuergesetzgebung angegangen. Unser Ziel ist es Transparenz im Steuersumpf zu schaffen. Hierzu ist die Bildung mehrerer Arbeitskreise und eines Ausschusses unabdingbar. Des Weiteren werden wir in Kürze die von uns versprochene Rentenreform auf den Weg bringen.

VMD: Sehr geehrter Herr Dr. Holzmeier, vielen Dank für diese Informationen, jedoch sind unsere Leser auch an dem von Ihnen gegebenen Wahlversprechen, der Einführung der 0,0 Promillegrenze, interessiert. Zunächst einmal die Frage an Sie: Wie kam es zu diesem Gedanken?

Dr. Holzmeier: Weil die RSW-Partei sich für das Gemeinwohl einsetzt, ist es für uns offensichtlich notwendig, die 0,0 Promillegrenze einzuführen. Seit der Reduzierung der Promillegrenze von 0,8 auf 0,5 Promille vor zehn Jahren hat sich innerhalb kürzester Zeit die Anzahl an alkoholbedingten Unfällen um die Hälfte verringert. Gleichzeitig konnten im selben Zeitraum die Todesfälle aufgrund von Alkohol im Straßenverkehr um 75 % reduziert werden. Vor sechs Jahren wurde ein Alkoholverbot, die 0,0 Promillegrenze für junge Fahranfänger bis zur Vollendung des 21. Lebensjahres bzw. in der Führerscheinprobezeit, eingeführt. Durch diese Maßnahme ist die Zahl der alkoholisierten Autofahrer in der Gruppe der Fahranfänger bei Unfällen mit Personenschäden bis heute um 70 % zurückgegangen. Dies zeigt deutlich, welcher Beitrag zum Gemeinwohl durch diese Gesetzeseinführung erreicht werden kann.

VMD: Wann soll das Gesetz verabschiedet werden?

Dr. Holzmeier: Auf unserer Agenda steht auch diese vergleichsweise kleine Gesetzesänderung im Zeitplan relativ weit oben. Deshalb soll die Einführung so schnell wie möglich realisiert werden.

VMD: Welche Effekte erhoffen Sie sich von der Einführung dieses Gesetzes?

Dr. Holzmeier: Im Vordergrund steht selbstverständlich die Sicherheit unserer Bürger im Straßenverkehr. Die Vergangenheit zeigt deutlich, dass die durch Trunkenheit verursachten Unfälle signifikant gesenkt werden konnten. Aber auch die volkswirtschaftlichen Folgekosten wie z. B. die Sachschäden, die Heil- und Pflegekosten aus diesen Unfällen unter Alkoholeinfluss konnten erheblich reduziert werden. Mit der gesetzlichen Einführung der 0,0 Promillegrenze, den entsprechenden polizeilichen Kontrollen zur Einhaltung des Gesetzes, der Bestrafung der Uneinsichtigen, aber auch mit der Vernunft der Autofahrer wird es uns gelingen, zukünftig bedeutend weniger Unfälle unter Alkoholeinfluss zu verzeichnen. Die Unversehrtheit des menschlichen Lebens ist die stärkste Motivation zur Einführung des Gesetzes. Lediglich neun Staaten in Europa haben bereits eine 0,0 Promilleregelung für alle Verkehrsteilnehmer eingeführt. Hierzu gehören u. a. Tschechien, die Slowakei und Ungarn. Damit wäre Deutschland der erste Staat in Mittel- und Westeuropa mit einer solchen Promillebeschränkung und könnte so als Vorbild für die restlichen Staaten dienen.

VMD: Ist eine solche Gesetzeseinführung nicht auch mit Kosten verbunden, beispielsweise für erhöhte Polizeikontrollen oder erhöhte Verwaltungskosten der Bußgeldstellen?

Dr. Holzmeier: Das haben Sie richtig erkannt. Für die größten Kostenpositionen liegen uns bereits Schätzungen vor. Die Kosten für Polizeikontrollen werden auf 65.000 Euro, die Kosten für erhöhten Verwaltungsaufwand auf 48.000 Euro und die Kosten für die Anschaffung modernster Alkomaten auf 28.000 Euro geschätzt. Verglichen mit der Möglichkeit, Menschenleben zu retten, sind dies allerdings sehr geringe Kosten.

VMD: Obwohl eine deutliche Mehrheit der Bevölkerung ihren Gesetzesvorschlag unterstützt, gibt es jedoch auch noch eine große Zahl von Zweiflern. Wie planen Sie, noch mehr Akzeptanz in der Gesellschaft für die 0,0 Promillegrenze zu schaffen?

Dr. Holzmeier: Selbstverständlich sind wir auf die Akzeptanz und Unterstützung der gesamten Bevölkerung bei dieser Gesetzeseinführung angewiesen, um die von uns angestrebten Ziele auch erreichen zu können. Es wurden unabhängige Experten damit beauftragt, eine Kosten-Nutzen-Analyse zu der Einführung dieses Gesetzes durchzuführen. Die Ergebnisse dieser Analyse sollen den Nutzen für die gesamte Gesellschaft verdeutlichen und somit zu mehr Akzeptanz in der Bevölkerung führen.

VMD: Bestehen alternative Gesetzesvorschläge zu der Einführung der sofortigen 0,0 Promillegrenze, beispielsweise eine sukzessive Herabsetzung der Promillegrenze über mehrere Jahre?

Dr. Holzmeier: Nein. Einen solchen Vorschlag halten wir für nicht sinnvoll. Wir sind davon überzeugt, dass nur eine sofortige Einführung des Gesetzes sinnvoll ist. Sollte jedoch durch die Kosten-Nutzen-Analyse herausgefunden werden, dass der Nutzen für die Gesellschaft durch die Gesetzeseinführung nicht signifikant steigt, wird an der jetzigen Gesetzeslage festgehalten.

VMD: Eine solche Berechnung stelle ich mir sehr komplex vor. Wie kann man sich den Ablauf einer solchen Analyse vorstellen?

Dr. Holzmeier: Dies ist in der Tat eine komplexe Aufgabe und daher auch der Grund, weshalb wir unabhängige Experten damit beauftragt haben. Die Analyse beinhaltet im Großen und Ganzen Sach- und Personenschäden. Jedoch ist hierbei der zentrale Punkt das Leben eines Menschen, die körperliche Unversehrtheit, mit der schwierigen Fragestellung der Möglichkeit der Bepreisung. An dieser Stelle würde ich gerne darauf hinweisen, dass das Wohl der Gesellschaft über der individuellen Freiheit des Alkoholkonsums im Straßenverkehr steht. Aus diesem Grund werden auch genau solche Effekte in dieser Kosten-Nutzen-Analyse vernachlässigt.

VMD: Vielen Dank für das Interview. Wir werden den Weg zur Einführung der 0,0 Promillegrenze verfolgen und wünschen Ihnen dabei viel Erfolg.

Dr. Holzmeier: Vielen Dank!

2. Datenbasis

Der persönliche Referent von Dr. Holzmeier wurde damit beauftragt, sich mit den volkswirtschaftlichen Kosten durch Straßenverkehrsopfer zu beschäftigen. Nach dem Besuch eines internationalen Kongresses zu diesem Thema hat er folgende Hintergrundinformationen aufbereitet, welche die Vorgehensweise einer solchen Kosten-Nutzen-Analyse beschreiben.

Grundsätzliche Vorgehensweise

Die Analyse basiert auf den Ergebnissen der Unfallstatistik im Straßenverkehr der Bundesanstalt für Straßenwesen aus dem vergangenen Jahr. Mit Hilfe eines Berechnungsmodells wurden Unfallkosten[125] ermittelt, die nach dem Schweregrad der Personenschäden[126] bzw. nach Unfällen mit ausschließlich Sachschäden[127] unterteilt sind. Die volkswirtschaftlichen Kosten von Personen- und Sachschäden werden durch die Verknüpfung der schweregradabhängigen Unfallkostensätze mit der Häufigkeit ihres Auftretens im Bemessungsjahr ermittelt. Die Unfallkosten werden in die nachfolgend beschriebenen Kategorien unterteilt.

---

[125] Euro je Unfall bzw. Euro je Personenschaden.
[126] Für eine Definition siehe Kategorisierung der Unfallschäden.
[127] Für eine Definition siehe Kategorisierung der Unfallschäden.

Reproduktionskosten sind die Kosten, die aufgewendet werden, um eine äquivalente Situation wie vor dem Verkehrsunfall herstellen zu können. Dazu zählen die Kosten für medizinische, verwaltungstechnische und andere Maßnahmen. Sie lassen sich weitergehend in *direkte* und *indirekte Reproduktionskosten* unterteilen.

Direkte Reproduktionskosten setzen sich normalerweise aus medizinischen und beruflichen Rehabilitationskosten der Unfallopfer zusammen. Jedoch wird in dieser Kosten-Nutzen-Analyse aufgrund der Datenlage nur auf die medizinischen Reproduktionskosten eingegangen. Die zum Schluss ermittelten Kosten stellen aufgrund dieser Vereinfachung lediglich eine Kostenuntergrenze der volkswirtschaftlichen direkten Reproduktionskosten dar. Kosten für stationäre und ambulante Behandlungen sowie der Transport und die Nachbehandlungen der Unfallopfer fließen in diese Berechnung mit ein. Weiterhin fließen in die Berechnung der direkten Reproduktionskosten die Kosten der Sachschäden mit ein. Diese untergliedern sich in Sachschadenkosten, sonstige Sachschadenkosten und sonstige, adäquat, kausale Sachschadenkosten.

Indirekte Reproduktionskosten: Um die ursprüngliche Rechtslage wieder herstellen zu können, werden grundsätzlich die Kosten für die Polizei, Rechtssprechungskosten, Neubesetzungskosten, Verwaltungskosten der Versicherungsgesellschaften und Bestattungskosten angesetzt. Kosten der Rechtsprechung beinhalten zwei verschiedene Kostenarten. Zum einen die Kosten für Strafprozesse und Bußgeldsachen in Verbindung mit Verkehrsunfällen und zum anderen Kosten für Verkehrsunfallprozesse vor Zivilgerichten. Diese Kostenposition ist verhältnismäßig niedrig und wird daher in dieser Analyse vernachlässigt. Neubesetzungskosten entstehen für Arbeitgeber, weil die getöteten oder schwerverletzten Unfallopfer eine Lücke an ihrem Arbeitsplatz hinterlassen. Um diese Lücke zu schließen, müssen neue Arbeitskräfte angeworben, ausgebildet und eingearbeitet werden. Hierfür existieren keine aussagekräftigen, verwertbaren Daten. Diese Kosten werden daher ebenfalls nicht berücksichtigt.

Ressourcenausfallkosten: Abgeleitet aus den Verkehrsunfällen mit Personenschäden wird die entgangene produktive Wertschöpfung für die Volkswirtschaft berechnet. Diese setzt sich aus den Ausfallzeiten und den Einkommensverlusten der Verunglückten zusammen.

Unter außermarktlichen Wertschöpfungsverlusten sind alle Teile der Produktion von Gütern und Leistungen zu erfassen, welche nicht Bestandteil des ausgewiesenen Sozialproduktes sind. Diese können in drei Teilbereiche gegliedert werden: Die Schattenwirtschaft, die Haushalts- und Selbstversorgungswirtschaft und die Untergrundwirtschaft.

Humanitäre Kosten umfassen Kosten, die nicht in den Reproduktionskosten und den Ressourcenausfallkosten enthalten sind. Hierzu zählen Unfallfolgen wie beispielsweise Schmerz und Leid der Opfer, psychische Beeinträchtigungen und der Verlust an Lebensqualität.

Eine Kategorisierung der Unfallschäden für Personen und Sachen kann mit den nachfolgenden Abbildungen B-1 und B-2 erfolgen.

Getötete	Personen, die innerhalb von 30 Tagen an den Unfallfolgen starben
Schwerverletzte	Personen, die unmittelbar, mindestens 24 Stunden, zu einer stationären Behandlung in ein Krankenhaus aufgenommen wurden
Leichtverletzte	Unfall ohne bleibende körperliche Schäden und ohne stationären Aufenthalt

Abb. B-1: Kategorisierung der Unfallschäden[128]

Ausmaß der Sachschäden je Unfall

Sonstige Sachschäden	Mittlere Kosten der Schäden an z. B. Bäumen und Leitplanken.
Sonstige, adäquat, kausale Sachschäden	Mittlere Kosten für z. B. Abschleppkosten, Entsorgungen.
Fahrzeugschäden	Mittlere Sachschadenshöhe je unfallbeschädigtem Fahrzeug.

Abb. B-2: Ausmaß der Sachschäden je Unfall[129]

Bewertung der Unfallkosten

Im folgenden Teil erläutert der persönliche Referent von Dr. Holzmeier in einer Präsidiumssitzung der RSW-Partei gemeinsam mit dem unabhängigen Expertenteam das Vorgehen bei der Berechnung der Unfallkosten und erklärt das zugrundeliegende Datenmaterial.

Grundsätzlich gibt es drei Verfahren um die Kosten zu ermitteln. Hierzu zählen der *Schadenskostenansatz*, der *Vermeidungskostenansatz* und der *Zahlungsbereitschaftsansatz*. In dieser Studie wird die Berechnung nach dem Schadenskostenansatz verwendet. Diese Berechnungsmethode ergibt sich aus der Ermittlung der tatsächlichen Schäden und stützt sich auf eine weitgehend objektive und wirtschaftliche Erfassung der Kosten. Der Ansatz stellt die wirtschaftlichen Ressourcenverluste dar, indem er den entstandenen Schaden in

---

[128] Quelle: Eigene Darstellung in Anlehnung an: Statisches Bundesamt (2011b), Web.

[129] Quelle: Eigene Darstellung in Anlehnung an: Baum, H.; Kranz, T.; Westerkamp, U. (2010), S. 24 f.

monetären Werten ermittelt. Diese Bewertungsmethode ist eine sachgerechte Maßgröße für die Kosten. Im Gegensatz zu den anderen Ansätzen, orientiert sich dieser Ansatz an den tatsächlichen wirtschaftlichen Verlusten. Im Folgenden wird nicht weiter auf die anderen Ansätze eingegangen.

In den vorliegenden Statistiken sind lediglich Verkehrsunfälle enthalten, welche polizeilich registriert wurden. Bei aktuellen Unfallstatistiken besteht das Problem des so genannten „underreporting". Dies bedeutet, dass Unfälle nicht erfasst oder Unfallzahlen als zu gering ausgewiesen werden. Aufgrund der gesetzlichen Regelungen in Deutschland tritt ein „underreporting" bei Unfällen mit Personenschaden nicht auf.[130] Bei kleineren Sachschäden kann es vorkommen, dass sich die Unfallbeteiligten einvernehmlich privat[131] einigen. Diese Abweichungsgröße ist bei der vorliegenden Berechnung allerdings zu vernachlässigen. Innerhalb der Unfallstatistik werden alle Unfälle nach dem Inlandskonzept aufgeführt. Das Inlandskonzept besagt, dass sämtliche Unfälle, unabhängig von der Nationalität der Unfallbeteiligten, die auf deutschen Straßen entstanden sind, einbezogen werden. Dem Expertenteam lagen für die Kalkulation die folgende Daten und Statistiken vor.

Schadensart	Anzahl der Personen
Unfälle Gesamt	*2.411.271*
Davon:	
Mit nur Sachschaden	2.122.974
Mit Personenschaden	*288.297*
Davon:	
Getötete	3.605
Schwerverletzte	54.055
Leichtverletzte	230.637

Abb. B-3: Unfälle gesamt mit Aufteilung nach Schadensarten[132]

Abbildung B-3 zeigt, dass im vergangenen Jahr insgesamt 2.411.271 Unfälle polizeilich erfasst wurden. Davon entfallen 2.122.974 auf Unfälle, mit nur Sachschäden. Es gab 288.297 Unfälle mit Personenschäden, diese unterteilen sich in 3.605 mit Getöteten, 54.055 mit Schwerverletzten und 230.637 mit Leichtverletzten.

---

[130] Weil in Deutschland eine Meldepflicht für Unfälle mit Personenschaden bei der Polizei und weitergehend eine gesetzliche Krankenversicherungspflicht besteht, ist davon auszugehen, dass jeder Personenschaden im Straßenverkehr auch registriert wird.

[131] d. h. ohne Einschaltung der Polizei.

[132] Quelle: Eigene Darstellung in Anlehnung an: Statistisches Bundesamt (2011b), Web.

Unfallursachen

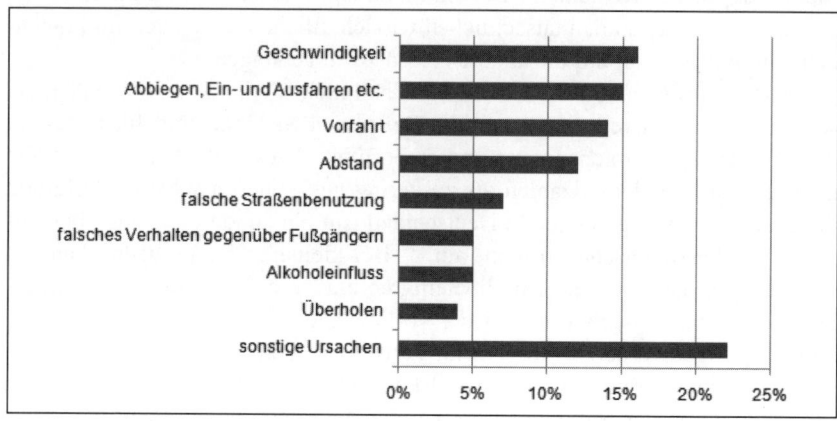

Abb.B- 4: Unfallursachen im Straßenverkehr[133]

Des Weiteren hat sich die Expertenrunde um Zahlen bemüht, die aufzeigen sollen, welches die häufigsten Ursachen für Unfälle im Straßenverkehr sind. Eine zu hohe Geschwindigkeit ist die häufigste Ursache für Verkehrsunfälle mit 16 %. Mit 15 % folgt das Abbiegen, Ein- und Ausfahren sowie die Vorfahrtsmissachtungen mit 14 % und zu geringer Abstand mit 12 %. 5 % der Unfälle sind durch alkoholbedingte Einflüsse verursacht worden. Hierbei ist zusätzlich zu beachten, dass 30 % aller alkoholbedingten Unfälle auf Fahranfänger entfallen, für die bereits eine 0,0 Promillegrenze gilt. Auch die Kategorie der sonstigen Ursachen mit 22 % kann vernachlässigt werden. Hier sind sehr individuelle, außergewöhnliche und nicht zu kategorisierende Unfallursachen ohne Alkoholeinfluss enthalten.

Direkte Reproduktionskostensätze für Personenschäden

Kosten für stationären Aufenthalt und Reha	3.939,14
Kosten für ambulante ärztliche Behandlung	65,33
Transportkosten	706,44

Abb. B-5: Direkte Reproduktionskostensätze je Getöteten in Euro[134]

---

[133] Quelle: Eigene Darstellung in Anlehnung an: Statistisches Bundesamt (2011a), S. 25.

[134] Quelle: Eigene Darstellung in Anlehnung an: Baum, H.; Kranz, T.; Westerkamp, U. (2010), S. 29.

Hier werden die durchschnittlichen direkten Reproduktionskostensätze je Getötetem in Euro dargestellt. Diese Kosten fallen bei jedem Verkehrsunfall mit Getöteten in vollem Umfang an.

Kosten für stationären Aufenthalt und Reha	5.715,36
Kosten für ambulante ärztliche Behandlung	421,53
Kosten für Hilfsmittel	213,69
Kosten für Nachbehandlung (Physiotherapie)	438,14
Transportkosten	641,67
Pflegekosten	146,60

Abb. B-6: Direkte Reproduktionskostensätze je Schwerverletzten in Euro[135]

Abbildung B-6 stellt die durchschnittlichen direkten Reproduktionskostensätze je Schwerverletzten in Euro dar. Hier sind zusätzliche Faktoren zu beachten, wie beispielsweise die Kosten für Hilfsmittel, oder Kosten für Nachbehandlung. Auch hierbei fallen bei jedem Verkehrsunfall mit Schwerverletzten die gesamten angesetzten Kosten aus Abbildung 6 an.

Kosten für ambulante ärztliche Behandlung	142,13
Kosten für Hilfsmittel	11,19
Kosten für Nachbehandlung (Physiotherapie)	40,91
Transportkosten	81,31
Pflegekosten	0,24

Abb. B-7: Direkte Reproduktionskostensätze je Leichtverletzten in Euro[136]

Abbildung B-7 stellt die durchschnittlichen direkten Reproduktionskostensätze je Leichtverletzten in Euro dar. Auch hier sind die Kosten in vollem Umfang pro Leichtverletzten anzusetzen.

---

[135] Quelle: Eigene Darstellung in Anlehnung an: Baum, H.; Kranz, T.; Westerkamp, U. (2010), S. 29.

[136] Quelle: Eigene Darstellung in Anlehnung an: Baum, H.; Kranz, T.; Westerkamp, U. (2010), S. 29.

Direkte und sonstige Reproduktionskostensätze für Sachschäden

Unfall mit Getöteten	20.560,10
Unfall mit Schwerverletzten	9.580,38
Unfall mit Leichtverletzten	6.261,06
Unfall nur mit Sachschaden	5.932,27

Abb. B-8: Sachschadenkostensätze je Unfall in Euro[137]

Abbildung B-8 gibt die direkten Reproduktionskostensätze für Sachschäden je Unfall, unterteilt in die verschiedenen Unfallkategorien wieder. Diese Werte basieren auf den Reparaturkostenschätzungen der Polizei für Fahrzeuge.

Unfall mit Getöteten	480,12
Unfall mit Schwerverletzten	175,39
Unfall mit Leichtverletzten	83,45
Unfall mit nur Sachschaden	133,55

Abb.B- 9: Sonstige Sachschadenkostensätze je Unfall in Euro[138]

In Abbildung B-9 finden sich die Reproduktionskostensätze für die sonstigen Sachschäden je Unfall, unterteilt in die verschiedenen Unfallkategorien. Diese Kosten beinhalten Schäden an beispielsweise Bäumen, Leitplanken oder Verkehrsschildern.

Unfall mit Getöteten	1.461,08
Unfall mit Schwerverletzten	1.009,35
Unfall mit Leichtverletzten	553,67
Unfall mit nur Sachschaden	445,66

Abb. B-10: Sonstige, adäquat, kausale Sachschadenkostensätze je Unfall in Euro[139]

Abbildung B-10 stellt die Reproduktionskostensätze für die sonstigen, adäquat, kausalen Sachschäden je Unfall, unterteilt in die verschiedenen Unfallkategorien, dar. Hier sind beispielsweise Abschleppkosten oder Kosten der Entsorgung enthalten. Alle Arten der Sachschadenkosten beinhalten durchgehend gemittelte Schadenwerte und die Höhe der Kosten ist differenziert nach ihrer Unfallkategorie.

---

[137] Quelle: Eigene Darstellung in Anlehnung an: Baum, H.; Kranz, T.; Westerkamp, U. (2010), S. 31.

[138] Quelle: Eigene Darstellung in Anlehnung an: Baum, H.; Kranz, T.; Westerkamp, U. (2010), S. 31.

[139] Quelle: Eigene Darstellung in Anlehnung an: Baum, H.; Kranz, T.; Westerkamp, U. (2010), S. 31.

Indirekte Reproduktionskosten

Unfall mit Getöteten	270,62
Unfall mit Schwerverletzten	147,37
Unfall mit Leichtverletzten	113,73
Unfall mit nur Sachschaden	90,22

Abb. B-11: Polizeikostensätze für Sach- und Personenschäden je Unfall in Euro[140]

Aus Abbildung B-11 lassen sich die Polizeikostensätze für Sach- und Personenschäden im Straßenverkehr je Unfall in Euro ablesen. Der polizeiliche Bearbeitungsaufwand ergibt sich aus der Summe der Parameter: Zeitaufwand pro Unfall, der Schwerekategorien und den Unfallzahlen. Dabei ist die Bearbeitungszeit für Sach- und Personenschäden unterschiedlich. Die dargestellten Werte sind das vereinfachte Ergebnis dieser Berechnungsmethode.

Kostensätze	Unfall mit Getöteten	Unfall mit Schwer- verletzten	Unfall mit Leicht- verletzten	Unfall mit nur Sach- schäden
Kranken- und Pflegeversicherung	260,15	260,15	160,70	0
Private Unfallversicherung	1.457,38	1.457,38	0	0
Gesetzliche Unfallversicherung	881,76	881,76	136,94	0
Rechtsschutz	408,72	339,15	156,65	37,48
Kraftfahrthaftpflichtversicherung	11.918,76	8.081,76	1.469,14	2.067,05
Fahrzeugvollversicherung	4.208,95	1.968,15	1.362,44	2.414,29
Fahrzeugteilversicherung	1.078,44	504,29	349,09	309,30
Kraftfahrtunfallversicherung	107,65	107,65	0	0

Abb. B-12: Verwaltungskostensätze der Versicherungen für Sach- und Personenschäden in Euro[141]

Abbildung B-12 gibt die Verwaltungskosten der verschiedenen Versicherungen je Unfall in den jeweiligen Schadenskategorien in Euro wieder. Den Versicherungsgesellschaften entstehen nicht nur Kosten durch die Regulierung

---

[140] Quelle: Eigene Darstellung in Anlehnung an: Baum, H.; Kranz, T.; Westerkamp, U. (2010), S. 35.

[141] Quelle: Eigene Darstellung in Anlehnung an: Baum, H.; Kranz, T.; Westerkamp, U. (2010), S. 38 f.

der Unfallschäden in Form einer Zahlung[142], sondern damit einhergehend entstehen auch Verwaltungskosten bei den Umverteilungsleistungen der Verkehrsunfälle. Zu den indirekten Reproduktionskosten gehören auch die Bestattungskosten. Durchschnittlich entfallen auf jeden Getöteten Bestattungskosten in Höhe von 6.989,63 Euro. Diese beinhalten die gemittelten Kosten für Leichenschau, Bestattung und Überführung.

Ressourcenausfallkosten

Unfälle mit Getöteten	521.420,61
Unfälle mit Schwerverletzten	40.293,65
Unfälle mit Leichtverletzten	836,64

Abb. B-13: Ressourcenausfallkosten durch Personenschäden in Euro[143]

Die Abbildung B-13 stellt die Ressourcenausfallkostensätze für die jeweiligen Schadenskategorien in Euro dar. Zum Verständnis soll im Folgenden kurz dargelegt werden, wie sich diese Werte berechnen. Um die Ressourcenausfallkosten je Getöteten zu berechnen, ist es zunächst erforderlich die Zeit zu erfassen, in der die Unfallopfer der Gesellschaft ohne den Unfall weiterhin produktiv zur Verfügung gestanden hätten. Diese Zeitspanne richtet sich zum einen nach der Restlebenserwartung des Unfallopfers, zum anderen muss beachtet werden, ob das Unfallopfer in dieser Zeitspanne auch als Erwerbsperson für die Produktion zur Verfügung gestanden hätte. Dies ist notwendig, da die Berechnung des Produktionspotentials von einer Beschäftigung aller Erwerbspersonen ausgeht. Hierzu werden die Unfallopfer in Altersklassen unterteilt und diesen Erwerbsquoten in Prozent[144] zugeordnet. Aufgrund der unterschiedlichen Erwerbsquoten von Männern und Frauen müssen diese differenziert betrachtet werden. Um die Ausfallzeiten der Getöteten im Straßenverkehr bestimmen zu können, müssen alle folgenden produktivnutzbaren Zeiten der Lebensabschnitte ab dem Alter addiert werden, ab dem sich der Unfall ereignet hat. Die Altersklasse, in der sich die Unfallopfer zum jeweiligen Zeitpunkt des Unglücks befinden, wird nur zur Hälfte berücksichtigt[145], die folgenden Lebensabschnitte bis zum Renteneintrittsalter werden voll berücksichtigt. Um die

---

[142] Diese Werte sind bereits im Abschnitt direkte Reproduktionskosten erfasst.

[143] Quelle: Eigene Darstellung in Anlehnung an: Baum, H.; Kranz, T.; Westerkamp, U. (2010), S. 50 ff.

[144] Anteil der Erwerbspersonen zur Gesamtbevölkerung.

[145] Die Annahme hierbei ist, dass ein Unfallopfer schon einen Teil des Lebensabschnittes durchlebt hat. Beispiel: Einem Getöteten der Altersklasse 25–30 Jahre werden für diesen Lebensabschnitt nur 2,5 Jahre angerechnet.

Ressourcenausfallkosten durch ein produktionstheoretisches Verfahren zu bewerten, wird eine Cobb-Douglas-Produktionsfunktion[146] angenommen.

Die Ausfallzeiten je Schwerverletztem setzen sich aus der Dauer des stationären Aufenthaltes und den damit verbundenen Rehabilitationsmaßnahmen zusammen. Diese Ausfallzeiten werden im nächsten Schritt in Ressourcenausfallkosten umgerechnet und als Kostensatz je Schwerverletztem ausgewiesen. Die Ressourcenausfallkosten der Leichtverletzten werden über die durchschnittliche Arbeitsunfähigkeitsdauer bestimmt. Für die Altersgruppen bis 15 Jahre werden keine Ausfallzeiten mit einberechnet, da diesen Gruppen statistisch gesehen eine Erwerbsquote von 0 % gegenüber steht. Die verletzungsbedingte Ausfallzeit der Leichtverletzten ergibt sich aus der Anzahl der Personen in dieser Schadenskategorie multipliziert mit den durchschnittlichen Ausfallzeiten in Jahren. Der dadurch errechnete Potentialverlust in Jahren wird folgend in Ressourcenausfallkosten pro Leichtverletztem in Euro umgerechnet. Eine tiefer gehende Betrachtung dieser Berechnung ist nicht Gegenstand dieser Analyse.

Unfälle mit Getöteten	415,16
Unfälle mit Schwerverletzten	138,93
Unfälle mit Leichtverletzten	108,93
Unfälle mit nur Sachschäden	148,03

Abb. B-14: Ressourcenausfallkosten durch Sachschäden je Unfall in Euro[147]

Abbildung B-14 geht auf die Ressourcenausfallkostensätze durch Sachschäden je Unfall in Euro ein. Die Berechnung der Ressourcenausfallkosten durch Sachschäden ist methodisch ähnlich den Ressourcenausfallkosten für Personenschäden. Ressourcenausfallkosten durch Sachschäden entstehen nur im Zusammenhang mit gewerblichen Fahrzeugen, daher ist zunächst die Gesamtsumme der gewerblich genutzten Fahrzeuge zu ermitteln. Im Gegensatz zu den Ressourcenausfallkosten von Personenschäden sind die Ausfallzeiten bei Fahrzeugen auf wenige Wochen beschränkt. Dies gilt sowohl für totalbeschädigte als auch für reparaturfähige Fahrzeuge. Nachdem die Ausfallzeiten bestimmt und mit der Anzahl der beschädigten Fahrzeuge multipliziert wurden, lassen sich unfallbedingte Ressourcenausfallkosten durch Sachschäden ermitteln.

---

[146] Für eine tiefer gehende Erläuterung siehe: Deutsche Bundesbank: Zur Entwicklung des Produktionspotentials in Deutschland, Monatsbericht März 2003, S. 43–45, Frankfurt 2003.

[147] Quelle: Eigene Darstellung in Anlehnung an: Baum, H.; Kranz, T.; Westerkamp, U. (2010): S. 54.

Außermarktliche Wertschöpfung

Unfälle mit Getöteten	80.298,77
Unfälle mit Schwerverletzten	6.205,22
Unfälle mit Leichtverletzten	128,84

Abb. B-15: Schattenwirtschaftliche Verluste durch Personenschäden in Euro[148]

Abbildung B-15 stellt die schattenwirtschaftlichen Verluste durch Personen-schäden in Euro dar. Die Schattenwirtschaft stellt legale Güter unter illegalen Umständen her. Das beste Beispiel hierfür ist die Schwarzarbeit. Diese kann einen erheblichen Teil der gesellschaftlichen Wertschöpfung ausmachen und sollte daher bei der Erhebung der volkswirtschaftlichen Kosten durch Straßen-verkehrsunfälle berücksichtigt werden. Die Schätzung des Ausmaßes der schattenwirtschaftlichen Wertschöpfung ist ein komplexes Forschungsfeld und es existieren verschiedene Schätzverfahren.

Zum einen gibt es direkte Ansätze, die versuchen über Befragungen das Ausmaß dieser Wertschöpfung zu schätzen. Indirekte Ansätze hingegen sollen Aussagen über das Ausmaß durch die auftretenden Differenzen in der volks-wirtschaftlichen Gesamtrechnung oder durch den Bargeldumlauf ableiten. Die hier vorliegenden Werte wurden über einen Modellansatz berechnet, der an den theoretischen Wirkungszusammenhängen der Schwarzarbeit ansetzt. In diesem Modell werden unterschiedliche Determinanten der Entstehung von Schwarzarbeit mit einbezogen.[149] Für die hier vorliegenden Daten wurde der Umfang der schattenwirtschaftlichen Wertschöpfung auf 15,4 % des Brutto-inlandsproduktes geschätzt.

Unfall mit Getöteten	356.729,96
Unfall mit Schwerverletzten	21.429,97
Unfall mit Leichtverletzten	242,67

Abb. B-16: Außermarktliche Wertschöpfungsverluste durch Haushaltsproduktion und un-bezahlte Arbeit durch Personenschäden[150] in Euro

Abbildung B-16 zeigt die durchschnittlichen außermarktlichen Wertschöp-fungsverluste durch Haushaltsproduktion und unbezahlte Arbeit je Personen-

---

[148] Quelle: Eigene Darstellung in Anlehnung an: Baum, H.; Kranz, T.; Westerkamp, U. (2010), S. 56.

[149] Determinanten in diesem Modell sind beispielsweise Steuerlast, Regulierung, tarifliche Vereinbarungen.

[150] Quelle: Eigene Darstellung in Anlehnung an: Baum, H.; Kranz, T.; Westerkamp, U. (2010), S. 58 f.

schaden in Euro. Um diese Wertschöpfungsverluste zu messen, wurde auf die Zeitbudgeterhebung des Statistischen Bundesamtes zurückgegriffen. Diese Erhebung analysiert die Verwendung der verfügbaren Zeit in der Bevölkerung. Folgende Aktivitäten inklusive der damit verbundenen Wege- und Transportzeiten gingen in die Erhebung ein: (a) *Haushaltsführung;* Beispiel: Haus- und Gartenarbeit, handwerkliche Tätigkeiten, Einkaufen. (b) *Pflege und Betreuung;* Beispiel: Kinderbetreuung, Pflege erwachsener Haushaltsmitglieder. (c) *Ehrenamt und informelle Hilfen;* Beispiel: Ehrenamt, informelle Hilfe für andere Haushaltsmitglieder.

Die Berechnung erfolgt analog zu den Ressourcenausfallkosten. Die Ausfallkosten in den verschiedenen Schadenskategorien werden auf Basis der Altersstruktur der Bevölkerung, differenziert nach Geschlecht, errechnet. Für die monetäre Bewertung wird hier der Generalistenansatz[151] herangezogen.

Unfälle mit Getöteten	228,34
Unfälle mit Schwerverletzten	118,86
Unfälle mit Leichtverletzten	93,19
Unfälle mit nur Sachschaden	99,12

Abb. B-17: Schattenwirtschaftliche Verluste durch Sachschäden[152] in Euro

In Abbildung B-17 findet man die schattenwirtschaftlichen Verluste durch Sachschäden je Unfallopfer in Euro. Analog zu den schattenwirtschaftlichen Verlusten durch Personenschäden werden für Sachschäden die Verluste potentieller schattenwirtschaftlicher Wertschöpfung durch Straßenverkehrsunfälle ausgewiesen. Der Umfang beträgt hierbei ebenfalls 15,4 % des Bruttoinlandsproduktes.

Unfälle mit Getöteten	253,20
Unfälle mit Schwerverletzten	229,96
Unfälle mit Leichtverletzten	220,83
Unfälle mit nur Sachschaden	287,01

Abb. B-18: Außermarktliche Wertschöpfungsverluste durch Haushaltsproduktion und unbezahlte Arbeit durch Sachschäden[153] in Euro

---

[151] Hier erfolgt die Monetarisierung aufgrund des Lohns einer Berufsgruppe, die mehrere Haushaltstätigkeiten ausführen kann.

[152] Quelle: Eigene Darstellung in Anlehnung an: Baum, H.; Kranz, T.; Westerkamp, U. (2010), S. 60.

[153] Quelle: Eigene Darstellung in Anlehnung an: Baum, H.; Kranz, T.; Westerkamp, U. (2010), S. 61.

Aus Abbildung B-18 lassen sich die durchschnittlichen außermarktlichen Wertschöpfungsverluste durch Sachschäden je Unfallkategorie in Euro ablesen. Die Berechnung erfolgt analog zu den Wertschöpfungsverlusten durch Personenschäden. Obwohl Schätzungen bezüglich der Höhe der Untergrundwirtschaft bestehen, ist jedoch mehr als fraglich, ob ein Rückgang illegaler, gesellschaftlich nicht erwünschter Aktivitäten, beispielsweise Drogenhandel oder Menschenhandel, als Verlust bezeichnet werden kann. Weil diese Tätigkeiten die Leistungsfähigkeit der Gesellschaft negativ beeinträchtigen[154] und deren Bekämpfung die gesellschaftliche Leistungsfähigkeit schmälern, ist deren Ansetzung bei der Analyse volkswirtschaftlicher Kosten mehr als fraglich. Die Untergrundwirtschaft wird wegen ihrer negativen gesellschaftlichen Folgen aus dieser Betrachtung ausgeschlossen.

Humanitäre Kosten

Unfälle mit Getöteten	31.542,66
Unfälle mit Schwerverletzten	12.278,53
Unfälle mit Leichtverletzten	1.952,24

Abb. B-19: Kostensatz für humanitäre Kosten nach Schadenskategorie in Euro [155]

Abschließend kann man aus Abbildung B-19 den Kostensatz für humanitäre Kosten je Schadenskategorie in Euro ablesen. Die Schmerzensgeldzahlungen für Getötete berücksichtigen den Leidensweg des Verunglückten und der Angehörigen. Für Getötete wird ein Schmerzensgeld für den Zeitraum zwischen dem Unfallereignis und dem Eintreten des Todes gezahlt. Durchschnittlich bedeutet dies eine Zahlung von 10.923,07 Euro. Zahlungen an die Angehörigen belaufen sich im Durchschnitt auf 20.619,59 Euro. Diese Kosten werden je Getöteten zur Vereinfachung zusammengefasst. In der Kategorie der schwerverletzten Verkehrsteilnehmer erfolgt die Bestimmung der Schmerzensgeldhöhe nach der Schwere der Verletzung. Hierbei variieren die Werte sehr stark.[156]

---

[154] Hier seien beispielsweise der Drogenhandel und der damit verbundene Konsum genannt.

[155] Quelle: Eigene Darstellung in Anlehnung an: Baum, H.; Kranz, T.; Westerkamp, U. (2010), S. 76.

[156] Die Untergrenze dieser Zahlung liegt bei 800,14 Euro, die Obergrenze der Schmerzensgeldzahlungen bei 375.554,20 Euro.

3. Fragestellungen zur strukturierten Bearbeitung der Fallstudie

Rahmenbedingungen

1. Wer sind die Entscheidungsträger?
2. Wer sind die Betroffenen?
3. Welche Handlungsalternativen sind zu vergleichen?
4. Welchen Zweck verfolgt die RSW-Partei mit der Kosten-Nutzen-Analyse?

Kosten-Nutzen-Betrachtungen

5. Welche Kosten-Nutzen-Effekte sind die Grundlage der Fallstudie?
6. Wie sind diese Effekte zu monetarisieren?
7. Wie hoch sind die volkswirtschaftlichen Kosten durch Straßenverkehrsunfälle je Kopf?
8. Wie hoch sind die volkswirtschaftlichen Kosten durch Straßenverkehrsunfälle insgesamt?
9. In der Fragestunde des Bundestages zur Ratifizierung des Gesetzes zur 0,0 Promillegrenze fragt ein Abgeordneter der Oppositionspartei nach, ob man es denn erreichen könnte, dass alle Verkehrsteilnehmer sich an dieses Gesetz halten werden. Er fragt in diesem Zusammenhang ob die Fallstudie eine Aussage darüber trifft, mit welchem Durchsetzungsgrad zu rechnen sei.
10. Wie hoch ist der Betrag, der tatsächlich eingespart werden könnte?
11. Stellen Sie Kosten und Nutzen gegenüber und entscheiden Sie, ob sich die Einführung der 0,0 Promillegrenze lohnt.
12. Ein Parteimitglied der RSW-Partei fragt nach, ob das Gesetz auch eingeführt werden sollte, wenn die Unfälle um lediglich 40 % zurückgehen. Berechnen Sie den Wert der Einsparung und entscheiden Sie, ob sich die Einführung des Gesetzes nach Kosten-Nutzen-Aspekten immer noch lohnt.
13. Welche Handlungsempfehlung ist dem Entscheidungsträger auszusprechen?

Berechnung des Barwerts (Diskontierung) und Pekuniäre Kosten

14. Ein Mitglied der RSW-Partei, welches in seinem Studium selbst Kosten-Nutzen-Analysen durchgeführt hat, fragt nach der Präsentation der Ergebnisse, ob es nicht üblich sei, eine Diskontierung von Kosten und Nutzen vorzunehmen. Begründen Sie weshalb eine Diskontierung bei dieser Fallstudie nicht erfolgen muss.
15. Dasselbe Mitglied meldet Zweifel an der Richtigkeit des Ansetzens der humanitären Kosten (Schmerzensgeld) an, da diese ja nur reine Transferzahlungen wären und den Güterberg der Gesellschaft nicht veränderten. Was halten Sie von diesem Argument?

4. Musterlösung zu den Fragestellungen
Rahmenbedingungen

1. Wer sind die Entscheidungsträger?
Der Entscheidungsträger in dieser Fallstudie ist die RSW-Partei. Die RSW-Partei ist die regierungsbildende Partei und kann daher im Rahmen einer Gesetzeseinführung, über das Parlament, die 0,0 Promillegrenze verabschieden.

2. Wer sind die Betroffenen?
Von der Gesetzesänderung sind alle Verkehrsteilnehmer auf den deutschen Straßen betroffen, d. h. jede Person, unabhängig von der Nationalität und dem Aufenthaltsland, welche deutsche Straßen befährt und nicht mehr zu den Fahranfängern zählt.

3. Welche Handlungsalternativen sind zu vergleichen?
Es ist für eine Kosten-Nutzen-Analyse wichtig, Handlungsalternativen zu nennen. Daher wird in dieser Fallstudie abgewogen, ob eine 0,0 Promillegrenze für Verkehrsteilnehmer einzuführen ist, oder die gegenwärtige Gesetzeslage beibehalten wird.

4. Welchen Zweck verfolgt die RSW-Partei mit der Kosten-Nutzen-Analyse?
Das Werkzeug der Kosten-Nutzen-Analyse soll, durch die Ergebnisse, die Akzeptanz der Gesellschaft gegenüber dieser Gesetzesänderung erhöhen. Die RSW-Partei würde aber auch – bei entsprechendem Ergebnis – auf die Gesetzeseinführung verzichten.

Kosten-Nutzen-Betrachtungen

5. Welche Kosten-Nutzen-Effekte sind die Grundlage der Fallstudie?
Folgende Nutzen-Effekte, in Form von eingesparten Kosten, werden analysiert und bilden die Grundlage dieser Fallstudie:
– Reproduktionskosten (gegliedert in direkte und indirekte),
– Ressourcenausfallkosten (sowohl für Personen- als auch für Sachschäden),
– Außermarktliche Wertschöpfungsverluste (gegliedert in Schattenwirtschaft, die Haushalts- und die Selbstversorgungswirtschaft),
– Humanitäre Kosten.

Kosteneffekte:
Die Einführung der 0,0 Promillegrenze ist mit folgenden Kosten verbunden:
– Kosten für zusätzliche Polizeikontrolle
– Kosten für den gestiegenen Verwaltungsaufwand der Bußgeldstellen
– Kosten für die Anschaffung moderner Alkomaten

6. Wie sind diese Effekte zu monetarisieren?
Die hier aufgeführten Effekte werden in Kostensätzen pro Schadensfall (z. B. Unfall, Getöteter, etc.) dargestellt. Um die Effekte für die jeweilige Schadenskategorie zu monetarisieren, müssen die verschiedenen Kostensätze aufsummiert und mit der jeweiligen Anzahl der Unfälle je Schadenskategorie multipliziert werden.

7. Wie hoch sind die volkswirtschaftlichen Kosten durch Straßenverkehrsunfälle je Kopf?
Um die volkswirtschaftlichen Kosten durch Straßenverkehrsunfälle je Kopf berechnen zu können, wird aus Abbildung B-3 (Unfälle gesamt mit Aufteilung nach Schadensarten) errechnet, wie viele Unfälle für die Gesetzeseinführung grundlegend relevant sind. Es ist zu beachten, dass lediglich 5 % aller Unfälle auf Alkohol zurück zu führen sind. Darin enthalten ist bereits der 30 %ige Anteil der Unfälle der alkoholisierten Fahranfänger, für die bereits eine 0,0 Promillegrenze gilt. Somit ist diese Gruppe von Autofahrern von der neuen Gesetzgebung nicht betroffen. Die Unfallzahlen müssen daher um diese Gruppe bereinigt werden.

	5 % Unfälle aufgrund von Alkohol	davon entfallen 30 % auf Fahranfänger	Ergebnis der Anzahl der zu berücksichtigenden Unfälle	Ergebnis gerundet
Unfälle insgesamt	2.411.271	120.563,55	36.169,07	84.394,49	84.395
nur Sachschaden	2.122.974	106.148,70	31.844,61	74.304,09	74.304
mit Personenschaden	288.297	14.414,85	4.324,46	10.090,40	10.090
getötet	3.605	180,25	54,08	126,18	126
schwerverletzt	54.055	2.702,75	810,83	1.891,93	1.892
leichtverletzt	230.637	11.531,85	3.459,56	8.072,30	8.072

Abb. B-20: Übersicht der Anzahl der Unfälle im Jahr 2012

Nachfolgend werden die Kosten für jede personenbezogene Unfallart ermittelt.

	Getötete	Schwer-verletzte	Leicht-verletzte	Sach-schaden
Direkte Reproduktionskostensätze	4.710,91	7.576,99	275,78	
Sachschadenskostensätze	20.560,10	9.580,38	6.261,06	5.932,27
sonstige Sachschadenskostensätze	480,12	175,39	83,45	133,55
sonstige adäquat kausale Sachschadenskostensätze	1.461,08	1.009,35	553,67	445,66
Summe direkte Reproduktionskosten	**27.212,21**	**18.342,11**	**7.173,96**	**6.511,48**
Polizeikostensätze für Sach- und Personenschäden	270,62	147,37	113,73	90,22
Verwaltungskostensätze der Versicherungen für Sach- und Personenschäden	20.321,81	13.600,29	3.634,96	4.828,12
Bestattungskosten	6.989,63			
Summe indirekte Reproduktionskosten	**27.582,06**	**13.747,66**	**3.748,69**	**4.918,34**
Ressourcenausfallkosten durch Personenschäden	521.420,61	40.293,65	836,64	
Ressourcenausfallkosten durch Sachschäden	415,16	138,93	108,93	148,03
Summe Ressourcenausfallkosten	**521.835,77**	**40.432,58**	**945,57**	**148,03**
Schattenwirtschaftliche Verluste durch Personenschäden	80.298,77	6.205,22	128,84	
Außermarktliche Wertschöpfungsverluste durch Haushaltsproduktion	356.729,96	21.429,97	242,67	
Schattenwirtschaftliche Verluste durch Sachschäden	228,34	118,86	93,19	99,12
Außermarktliche Wertschöpfungsverluste durch Sachschäden	253,20	229,96	220,83	287,01
Summe außermarktliche Wertschöpfungsverluste	**437.510,27**	**27.984,01**	**685,53**	**386,13**
Summe humanitäre Kosten	**31.542,66**	**12.278,53**	**1.952,24**	
Summe	**1.045.682,97**	**112.784,89**	**14.505,99**	**11.963,98**

Abb. B-21: „Bepreisung" der volkswirtschaftlichen Kostenarten in Euro

Abbildung B-21 zeigt, dass eine getötete Person im Straßenverkehr 1.045.682,97 Euro, ein Schwerverletzter 112.784,89 Euro und ein Leichtverletzter 14.505,99 Euro kostet. Bei Unfällen mit reinem Sachschaden fallen Kosten in Höhe von 11.963,98 Euro an.

8. Wie hoch sind die volkswirtschaftlichen Kosten durch Straßenverkehrsunfälle insgesamt?

In der Abbildung B-21 werden die Kosten je verunglückter Person aufgezeigt. Multipliziert man diese Kosten mit der Anzahl der Opfer je Schadenskategorie[157], kommt man zu den Gesamtkosten der jeweiligen Kategorie.

	Getötete	Schwer-verletzte	Leicht verletzte	Nur Sachschäden
Direkte Reproduktions-kosten	3.428.738,46	34.703.272,12	57.908.205,12	483.829.009,92
Indirekte Reproduktions-kosten	3.475.339,56	26.010.572,72	30.259.425,68	365.452.335,36
Ressourcen-ausfallkosten	65.751.307,02	76.498.441,36	7.632.641,04	10.999.221,12
Außermarktliche Wertschöpfung	55.126.294,02	52.945.746,92	5.533.598,16	28.691.003,52
Humanitäre Kosten	3.974.375,16	23.230.978,76	15.758.481,28	
Summe	131.756.054,22	213.389.011,88	117.092.351,28	888.971.569,92

Abb. B-22: volkswirtschaftlicher Gesamtschaden in Euro

Halten sich alle Verkehrsteilnehmer an die 0,0 Promillegrenze, wären die Ergebnisse aus der Abbildung B-22 idealtypisch diejenigen Kosten, welche die Volkswirtschaft als Kosten vermeiden könnte.

9. In der Fragestunde des Bundestages zur Ratifizierung des Gesetzes zur 0,0 Promillegrenze fragt ein Abgeordneter der Oppositionspartei nach, ob man es denn erreichen könnte, dass alle Verkehrsteilnehmer sich an dieses Gesetz halten werden. Er fragt in diesem Zusammenhang ob die Fallstudie eine Aussage darüber trifft, mit welchem Durchsetzungsgrad zu rechnen sei.

---

[157] Siehe Lösung zu 4.7.,Abbildung 20.

Das Expertenteam definiert das Ergebnis des Rückgangs der alkoholbedingten Unfälle mit alkoholisierten Autofahrern, in der Gruppe der Fahranfänger, nach der Einführung der 0,0 Promillegrenze vor sechs Jahren, als Prognose-Indikator. Aufgrund des empirisch festgestellten 70%igen Rückgangs der Zahl dieser Unfälle, erwartet das Expertenteam einen Rückgang der Alkoholunfälle nach der Einführung des Gesetzes der 0,0 Promillegrenze für alle Verkehrsteilnehmer im gleichen Maße.

10. Wie hoch ist der Betrag, der tatsächlich eingespart werden könnte?

Abbildung B-22 zeigt idealtypische Ergebnisse, die nur dann zu realisieren wären, wenn sämtliche Verkehrsteilnehmer auf deutschen Straßen der Gesetzesänderung folgen würden. Davon ist leider nicht auszugehen. Aus diesem Grund werden diese Beträge mit dem Faktor 0,3 multipliziert. Damit wird aus der Erfahrung der Einführung der 0,0 Promillegrenze für Fahranfänger unterstellt, dass durch die Einführung des Gesetzes der 0,0 Promillegrenze für alle Verkehrsteilnehmer, weiterhin 30 % der Unfälle unter Alkoholeinfluss entstehen. Im Umkehrschluss bedeutet dies eine Reduzierung der Unfallzahlen unter Alkohol um 70 %.

Die Zusammenfassung stellt die Abbildung B-23 dar.

	Getötete	Schwerverletzte	Leichtverletzte	Sachschäden
Gegenwärtige Kosten	131.756.054,22	213.389.011,88	117.092.351,28	888.971.569,92
Ersparnis	92.229.237,95	149.372.308,32	81.964.645,90	622.280.098,94

Abb. B-23: Realisierbare volkswirtschaftliche Einsparungen in Euro

Das heißt, pro Jahr könnten Kosten in Höhe von 92.229.237,95 Euro für Getötete im Straßenverkehr vermieden werden; für Schwerverletzte 149.372.308,32 Euro; für Leichtverletzte 81.964.645,90 Euro und für Sachschäden 622.280.098,94 Euro.

11. Stellen Sie Kosten und Nutzen gegenüber und entscheiden Sie, ob sich die Einführung der 0,0 Promillegrenze lohnt.

Kosten	141.000,00
Nutzen	945.846.291,11
Kosten-Nutzen-Quotient	6708

Abb. B-24: Gegenüberstellung Kosten / Nutzen in Euro, bei 70 % Rückgang

Bei der prognostizierten Einsparung um 70 % zeigt der Kosten-Nutzen-Quotient, dass der Nutzen der Gesetzeseinführung die damit verbundenen Kosten bei weitem übersteigt.

12. *Ein Parteimitglied der RSW-Partei fragt nach, ob das Gesetz auch einge-führt werden sollte, wenn die Unfälle um lediglich 40 % zurückgehen. Be-rechnen Sie den Wert der Einsparung und entscheiden Sie, ob sich die Ein-führung des Gesetzes nach Kosten-Nutzen-Aspekten immer noch lohnt.*

Kosten	141.000,00
Nutzen	540.483.594,92
Kosten-Nutzen-Quotient	3833

Abb. B-25: Gegenüberstellung Kosten / Nutzen in Euro, bei 40 % Rückgang

Auch wenn die Verkehrsunfälle durch Trunkenheit nur um 40 % zurückgehen würden, lohnt sich die Gesetzeseinführung.

13. *Welche Handlungsempfehlung ist dem Entscheidungsträger auszusprechen?*

Das Expertenteam empfiehlt, auf der Grundlage der vorstehenden Kosten-Nutzen-Analyse, der RSW-Partei, die 0,0 Promillegrenze einzuführen.

14. *Ein Mitglied der RSW-Partei, welches in seinem Studium selbst Kosten-Nutzen-Analysen durchgeführt hat, fragt nach der Präsentation der Er-gebnisse, ob es nicht üblich sei, eine Diskontierung des Barwertes vorzu-nehmen. Begründen Sie weshalb eine Diskontierung bei dieser Fallstudie nicht erfolgte.*

Normalerweise wird bei einer Kosten-Nutzen-Analyse eine Diskontierung der zukünftigen Erträge auf den Zeitpunkt der Entscheidung durchgeführt. Auch in dieser Fallstudie ist die Diskontierung die richtige Methode. Diese Fallstu-die ist allerdings keine Zeitreihenstudie, sondern errechnet lediglich die volks-wirtschaftlichen Einsparungen für ein typisches Jahr. Somit ist eine Diskon-tierung überflüssig.

15. *Dasselbe Mitglied meldet Zweifel an der Richtigkeit des Ansetzens der hu-manitären Kosten (Schmerzensgeld) an, da diese ja nur reine Transferzah-lungen wären und den Güterberg der Gesellschaft nicht veränderten. Was halten Sie von diesem Argument?*

Die Schmerzensgeldzahlungen an sich stellen in der Tat einen reinen pekun-niären Effekt dar. In dieser Studie werden sie jedoch lediglich dazu eingesetzt,

113

den Schaden in der persönlichen Wohlfahrt zu monetarisieren, der einem verletzten Verkehrsteilnehmer entsteht. Insofern ist der Ansatz korrekt.

Nachtrag

Während einer Bundestagsdebatte fasst Dr. Frank Walter Holzmeier die Ergebnisse der Analyse zusammen.

Es ist grundlegend sowohl moralisch, als auch ethisch sehr fragwürdig Menschenleben „ zu bepreisen". Allein wegen der Grundsätze unserer Partei: „Sicherheit und Gemeinwohl", müsste die 0,0 Promillegrenze eingeführt werden, wenn auch nur ein Menschenleben gerettet werden könnte, unabhängig von den Ergebnissen einer Kosten-Nutzen-Analyse. Auch die objektive Sichtweise des Expertenteams zeigt, dass das Gesetz zur 0,0 Promillegrenze für alle Verkehrsteilnehmer sofort eingeführt werden muss. Der durch die Gesetzeseinführung generierte Nutzen übersteigt die damit verbundenen Kosten deutlich. Selbst wenn ein Rückgang der aufgrund von Alkohol verursachten Verkehrsunfälle von nur 40 % realisiert werden sollte, sind die volkswirtschaftlichen Einsparungen nach wie vor immens. Mit den Ergebnissen dieser Analyse sollte es uns gelingen die Bürger für die extremen Risiken von Alkohol im Straßenverkehr und den damit verbundenen volkswirtschaftlichen Kosten zu sensibilisieren. Somit ist es möglich, einen Großteil der Bevölkerung als Befürworter der Gesetzeseinführung zu gewinnen.

„Jeder von uns hat nur ein Leben."[158]

---

[158] Marcus Aurelius, Römischer Kaiser, 26.4.121 bis 17.3.180.

Fallstudie (C)

Das Schwerölverbot für die Schifffahrt – eine ökomische Bewertung der Umwelt

Sandra Giereth und Stefanie Hoffmann

1. Situationsbeschreibung – „Story"

Der Umweltschutz hat sich zu einem der wichtigsten Themen der heutigen Zeit entwickelt und wird auch für die nächsten Jahre auf der Top-Agenda von Politik und Unternehmen stehen.[159] In Presse, Rundfunk, Fernsehen und Internet wird immer wieder vor den bestehenden und erwarteten Umweltschäden gewarnt und zum schnellen Handeln aufgefordert. Typische Themen sind dabei der Treibhauseffekt und die damit verbundene Klimaerwärmung, die fortschreitende Verschmutzung der Luft und des Wassers, die Vergrößerung des Ozonlochs oder auch die allgemeine Abfallproblematik. Als einer der größten Umweltverschmutzer gilt die Industrie.[160] Neben dem generellen Wertschöpfungsprozess (von der Produktentwicklung bis zum Recycling/ Wiederverwertung) stellt dabei der Transport über die gesamte Supply Chain einen besonderen Diskussionspunkt dar.[161] Als Lösungsmöglichkeit hat sich hier in den letzten Jahren das Prinzip des intermodalen Verkehrs etabliert (Modal Split).[162] Dieser sieht sowohl eine Kombination verschiedener als auch die vermehrte Nutzung alternativer Transportmittel – wie Schiff- und Eisenbahnverkehr anstelle des traditionellen Lkw- und Flugzeugtransports – vor.[163] Doch auch diese Möglichkeit des Umweltschutzes ist nicht unumstritten. Vor allem die Schifffahrt bleibt trotz guter Energieeffizienz und CO_2-Bilanz von Vorwürfen bezüglich zu hoher Umweltbelastungen nicht verschont. Die Problematik liegt dabei in der Verwendung von Schweröl begründet.[164] Das eigentliche Raffinerieabfallprodukt sorgt – gegenüber der Nutzung von Diesel – für eine stärkere Belastung der Umwelt durch Schwefel- und Stickoxide, sowie Feinstaub. Jährlich emittieren die Schiffe hierbei ca. 13 Mio. T SO_2 – 100mal so viel wie Flugzeuge.[165] Relativiert sich der hohe CO_2-Ausstoß (ca. 800 Mio. T jährlich)

---

[159] Vgl. Garrod, G. / Willis, K. (1999), S. 3.

[160] Vgl. Hoffmann, S. (2010), S. 1.

[161] Vgl. Hoffmann, S. (2010), S. 23.

[162] Vgl. Hoffmann, S. (2010), S. 27.

[163] Vgl. Hoffmann, S. (2010), S. 27.

[164] Vgl. Lemper, B. (2010), S. 1–1.

[165] Vgl. Hövel, J. (2011).

noch, indem man die Emission pro Transporteinheit betrachtet[166], so ist das in Bezug auf die Schwefeloxide nicht möglich, da an Land für Schwefel und Ruß viel strengere Vorschriften gelten.[167] Die erhöhte Belastung durch vor allem Schwefeloxide hat dabei nicht nur für die Umwelt hinsichtlich der Artenvielfalt und der Luft- und Wasserqualität gravierende Folgen, sondern auch nachgewiesenen negativen Einfluss auf die Gesundheit der Menschen, die in Hafennähe leben. Fallende Immobilienpreise in Hafennähe, die drohende Gefahr der Aberkennung des Status als Luftkurort und Heilbad sowie die damit verbundenen rückläufigen Touristenzahlen sind weitere Effekte, die sich aus der Umweltbelastung ergeben.[168] Ein alarmierendes Szenario, das regionales und globales Handeln unerlässlich macht.

Der Grund, weshalb die Reedereien trotz der hohen Umweltbelastung an dem Verbrauch von Schweröl festhalten – von den ca. 120.000 Schiffen weltweit werden ca. 90 % mit Schweröl betrieben[169] – liegt in der generellen Kostenstruktur der Reedereien begründet. Schon derzeit – trotz der Verwendung des billigeren Schweröls – weisen die Transportkosten in der Schifffahrt einen Anteil von ca. 30 Prozent an den Gesamtkosten auf und reichen damit weit in den Milliardenbereich.[170] Ein Umstieg auf z. B. Schiffsdiesel würde die Kosten nochmals ansteigen lassen.

Des Weiteren verschärft sich die Problematik dahingehend, dass es sich bei der Umwelt um ein öffentliches Gut handelt, d. h. dass weder die Möglichkeit des Ausschlusses vom Konsum noch derzeit die Rivalität im Konsum gegeben ist. Folglich würden auch Unternehmen, die sich nicht für den Umweltschutz einsetzen, durch die Umweltschutzaktivitäten anderer Unternehmen profitieren. Diese Tatsache führt bei einem profitstrebenden Unternehmen natürlich zu der Frage der Sinnhaftigkeit von Umweltschutzmaßnahmen, insbesondere wenn dadurch die eigene wirtschaftliche Konkurrenzfähigkeit geschwächt wird. Ein Eingreifen des Staates über ein Anreizsystem zur Neutralisation externer Effekte ist unerlässlich.[171] Dies kann je nach Ausprägung des externen Effekts z. B. durch Steuern (negative Externalitäten wie Treibhausgasemission) oder Subventionen (positive Externalitäten wie Erneuerbare Energien) gesche-

---

[166] Der CO2-Ausstoß pro Kilo Lebensmittel und tausend Kilometer liegt bei einem Flugzeug bei 1000 Gramm, bei einem LKW bei 200 Gramm, bei der Bahn bei 80 Gramm und bei dem Schiff bei lediglich 30 Gramm (Hövel, J. (2011)).

[167] Vgl. Hövel, J. (2011).

[168] Dies betrifft z. B. das Ostseeheilbad Lübeck/Travemünde.

[169] Vgl. Kulik, G. (2008).

[170] Vgl. Lemper, B. (2010), S. 5–7 und Nersesian, R. (2007), S. 2.

[171] Vgl. Hoffmann, S. (2010), S. 7.

hen.[172] Erst ein „Preis" für schädliche Schiffsemissionen wird demnach dafür sorgen, dass mit dem Thema „Klimawandel" effizient umgegangen wird.[173]

Dass ein Verbot von Schweröl aus ökologischen Gesichtspunkt sinnvoll ist, bleibt sicherlich unumstritten. Allerdings sind mit der Seefahrt auch wirtschaftliche Interessen verbunden, die bei der Entwicklung von möglichen Lösungsszenarien nicht vernachlässigt werden dürfen. Im Folgenden soll deshalb nun mithilfe einer Kosten-Nutzen-Analyse überprüft werden, inwiefern aus ökologischen und ökonomischen Gesichtspunkten Nutzen- und Kosteneffekte aus dem Verbot von Schweröl resultieren und inwiefern dann ein eventuelles totales Verbot sinnvoll und tragbar erscheint. Hierzu wurde exemplarisch ein nicht-existierendes Land konstruiert. Allerdings wurde bei der Erstellung der Datenbasis darauf geachtet, dass sich die Kosten- und Nutzenangaben soweit wie möglich an realistischen Daten und Verhältnissen orientieren. Dass es sich bei der vorliegenden Fallstudie um ein durchaus brisantes Thema handelt, das auch in der EU nicht nur medial diskutiert wird, sondern bereits gesetzlich verankert ist, zeigt der nachstehende Exkurs in die aktuellen Gesetzeslage der EU.

Exkurs EU

Auf EU-Ebene gibt es seit einiger Zeit Bemühungen, vor allem den Schwefelausstoß in der Schifffahrt zu reduzieren. Federführend ist dabei die International Maritime Organisation (IMO). Im Rahmen des internationalen Marpolabkommens zum Schutz der Meere erarbeitete die IMO eine Änderung des ANNEX VI, die im Oktober 2008 beschlossen wurde, zum 1. Juli 2010 in Kraft getreten ist und strenge Richtlinien bezüglich der zulässigen Schwefelemissionswerte in der Schifffahrt festlegt.[174]

Für die globale Schifffahrt gilt ein Schwefelgehalt von heute bis zu 4,5 %, der auf max. 3,5 % ab 1. Januar 2012 und schließlich bis auf 0,5 % (2020/2025) abgesenkt werden soll. Darüber hinaus wurden sogenannten SECAs (Sox Emission Control Areas) ermittelt, die als besonders gefährdete und damit auch besonders schutzwürdige Gebiete eingestuft wurden. Hierzu zählen die Nord- und Ostsee sowie der Englische Kanal. Die noch weitaus strengeren Bestimmungen für die SECAs sehen dabei eine Absenkung von 1,5 % Schwefelgehalt auf 1,0 % ab Juli 2010 und ab Januar 2015 auf 0,1 % vor. Die Richtlinien gelten dabei für alle Schiffe, die Häfen in der EU anfahren.

---

[172] Vgl. Mankiw, N.G. (2004), S. 221 ff..

[173] Vgl. Hoffmann, S. (2010), S. 7.

[174] Vgl. Lemper, B. (2010), S. 2–1.

Des Weiteren ist seit dem 1. Januar 2010 mit der EU Sulphur Directive 2005/33/EC für alle Schiffe, die in EU Häfen für mehr als zwei Stunden anlegen, die Nutzung eines Brennstoffes mit weniger als 0,1 % Schwefelgehalt vorgeschrieben.[175]

Werte, die auf den ersten Blick mikroskopisch klein wirken, die aber im Verhältnis zu Diesel mit einem Schwefelgehalt von 0,001 % immer noch sehr hoch angesetzt[176] und bei der weiteren Verwendung von Schweröl nicht realisierbar sind.[177]

Die EU sieht folgende Möglichkeiten für die Schifffahrt, um den neuen Anforderungen gerecht zu werden:

- Gebrauch von HSFO abwechselnd mit LSFO oder Destillaten, wofür ein doppeltes System von Tanks, Leitungen etc. benötigt wird (Dual Fuel Operation). Diese Option gilt nur bis 2015
- Der Gebrauch von Destillaten (Single Fuel Operation)
- Der Gebrauch von Schweröl verbunden mit Abgasnachbehandlung[178]

2. Datenbasis

Nun wurden Sie als Consultingunternehmen mit der Aufgabe betraut, eine Kosten-Nutzen-Analyse für das Land „Sealand" zu erstellen. Der Präsident des Landes hat bereits zusammen mit seinem Parlament einen enumerativen Katalog der zu prüfenden Alternativen erarbeitet. Man kam zu dem Entschluss, dass vorläufig lediglich ein Vergleich der derzeitigen Situation mit der hypothetischen Annahme eines totalen Verbotes von Schweröl für alle Schiffe, die die Häfen des Landes anfahren, erfolgen soll. Dies beinhaltet die Kernfrage, ob bei einem generellen Verbot von Schweröl der erzielte Nutzen überhaupt die entstehenden Kosten decken wird und inwiefern man überhaupt die Umwelt bzw. die Auswirkungen auf die Luft- und Wasserqualität monetär bewerten kann. Allen Beteiligten – dem Parlament, den Wirtschaftsunternehmen und den Naturschützern – war und ist es dabei von größter Wichtigkeit, dass eventuelle Maßnahmen nicht nur realistisch und ökologisch sinnvoll, sondern auch wirtschaftlich tragbar sind. Die Wettbewerbsfähigkeit des Landes Sealand darf durch ein Verbot von Schweröl für die Schifffahrt nicht gefährdet werden.

---

[175] Vgl. Lemper, B. (2010), S. 3–5.
[176] Vgl. Hövel, J. (2011).
[177] Vgl. Lemper, B. (2010), S. 2–1.
[178] Lemper, B. (2010), S. 3–5.

Zur Erarbeitung einer entsprechenden Kosten-Nutzen-Analyse stehen folgende Informationen zur Verfügung:
- Kurzübersicht über die Landesdaten Sealand
- Angaben zur Natur, Wirtschaft und Bevölkerung des Landes
- Weitere Daten, die im Vorfeld von Experten hinsichtlich einer Kosten-Nutzen-Analyse erhoben wurden

Der Präsident bittet Sie, von einem Zeithorizont von 15 Jahren (Nutzungsdauer eines Schiffes) zuzüglich des Jahres 0 (Entscheidungszeitpunkt) und dem üblichen Diskontierungssatz für Umweltbetrachtungen von 3 % auszugehen.[179] Insofern es notwendig erscheint, eine Bewertung des menschlichen Lebens mit in die Kosten-Nutzen-Analyse aufzunehmen, soll sich am wissenschaftlichen Prinzip des Humankapitalansatzes[180] orientiert werden und somit die Ermittlung des Wertes über das Restlebenseinkommen der Verstorbenen erfolgen. Dieses Verfahren wurde bereits in der Vergangenheit eingesetzt und soll deshalb weitergeführt werden.

Kurzübersicht Sealand

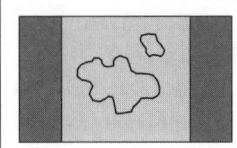

Land: Sealand
Hauptstadt: Macadamia
Fläche: 338.456 km²
Einwohner: 5,1 Millionen
Amtssprache: Englisch
Währung: Sealand Dollar (SD)

Sealand, mit der Hauptstadt Macadamia, liegt im Norden New Colors und zählt rund 5,1 Millionen Einwohner, die zu 65 % in den Städten und größeren Orten wohnen. Die Amtssprache ist Englisch und das offizielle Währungsmittel ist der Sealand Dollar. Nachbarländer sind das Blue Land, White Land, Green Land sowie das Red Land.

---

[179] Vgl. Umweltbundesamt (2007), S. 4.
[180] Vgl. Leiter, A./ Thöni, M./ Winner, H. (2011), S. 3.

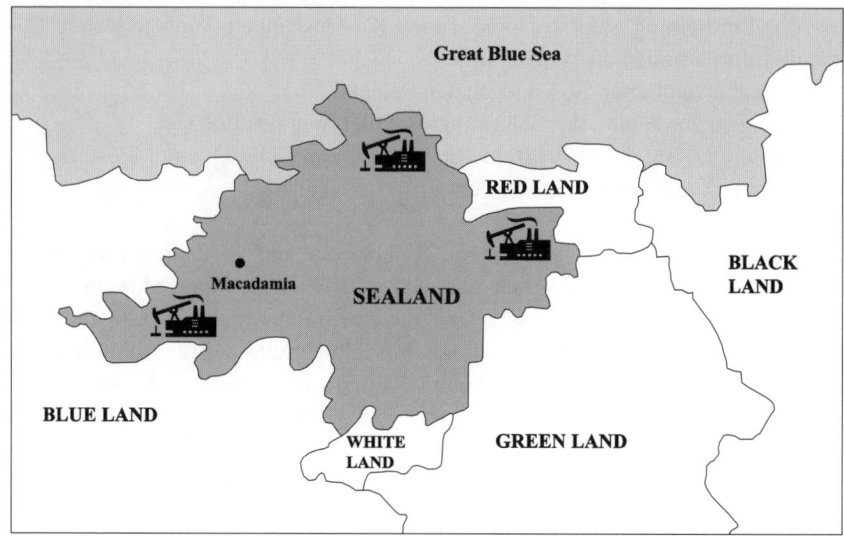

Natur: *Oberfläche.* Sealand erstreckt sich auf knapp 340.000 km² und ist vorwiegend von flachen Ebenen und wenigen Bergzügen geprägt. Die Nord-Süd-Ausdehnung beträgt 740 km, die Ost-West-Ausdehnung 960 km. Im Norden des Landes erstreckt sich die buchtenreiche Küste. Im Landesinneren ist die Natur insbesondere durch zahlreiche Seen und Flüsse gekennzeichnet.

Das Ackerland umfasst circa 8 %. Die höchste Erhebung des Landes ist der Berg „Berry Hill" mit einer Höhe von 1234 m. *Klima.* Das Klima ist gemäßigt kontinental, Richtung Norden abnehmende Temperatur. *Gewässer.* Knapp 10 % der Landesfläche sind mit Seen bedeckt. Das stromschnellenreiche Flusssystem ist zum größten Teil schiffbar. Der längste Fluss ist der „Honey River" mit einer Länge von 514 km. *Pflanzenwelt.* Etwa 60 % des Landes sind Wälder, davon rund 75 % Nadel- und 25 % Laubwald.

Wirtschaft: Sealand ist ein Industrieland, das insbesondere von der Schiffsindustrie lebt. Von derzeit ca. 120.000 Schiffen weltweit, fahren ca. 50.000 Schiffe die Häfen Sealands regelmäßig an. Auf den Werften werden unter anderem Container- und Spezialschiffe gebaut. Wichtiger Wirtschaftsfaktor ist zudem die Erdölförderung. Die Weiterverarbeitung erfolgt in den drei Raffinerien des Landes. Weitere Industriezweige sind die chemische, die Lebensmittel- und die Textilindustrie. Handelsgüter sind vor allem Maschinen, Schiffe und Konsumgüter. Ein weiterer wichtiger Wirtschaftsfaktor ist der Tourismus (rund 2 Millionen Touristen pro Jahr), der aufgrund der Anerkennung zahlreicher Städte als Luftkurort und Heilbad in den letzten Jahren überproportional angestiegen ist. Eine Entwicklungstendenz, die weiter verfolgt wird.

Bevölkerung: In Sealand leben durchschnittlich immer rund 5,1 Mio. Einwohner. Die durchschnittliche Bevölkerungsstruktur der letzten Jahre, die auch für die Zukunft so erwartet wird, stellt sich dabei wie folgt dar:

Altersgruppe		Anzahl
0–20 Jahre	Kinder/Jugendliche	2,04 Mio
21–70 Jahre	Erwerbstätige	2,04 Mio
71–88 Jahre	Rentner	1,02 Mio

Der Altersdurchschnitt der Bevölkerung liegt bei 35,3 Jahren, die durchschnittliche Lebenserwartung bei 88 Jahren[181]. Das Durchschnittseinkommen der Bevölkerung beträgt 32.000 SD pro Jahr, mit 71 Jahren beginnt die gesetzliche Rente, wobei das durchschnittliche Eintrittsalter in den Arbeitsmarkt 21 Jahre beträgt. Die Arbeitslosigkeit liegt aktuell bei 4 %. Ein Haushalt besteht aus durchschnittlich drei Personen. Die Einwohner des Landes sind vornehmlich in größeren Städten angesiedelt. 2/3 aller Wohneinheiten sind Mietobjekte, 1/3 Kaufobjekte. Des Weiteren befinden sich aufgrund der Industrie und des Tourismus lediglich 10 % aller Wohneinheiten in Küstennähe.

Zur Klärung der essentiellen Fragestellungen wurden bereits folgende Daten erhoben:

Kosten für Umrüstungsmaßnahmen[182]

– Die Kosten für den notwendigen Umbau von Raffinerien zur Produktion von Schiffsdiesel betragen 90 Mio. Sealand Dollar pro Raffinerie.

– Für bereits existierende Schiffe müssten Umbaumaßnahmen zur kombinierten Nutzung von Schiffsdiesel und Schweröl in Höhe von 100.000 Sealand Dollar pro Schiff erfolgen. Für den Neubau der Schiffe unter Berücksichtigung der Nutzung von Schiffsdiesel fallen keine signifikant höheren Kosten an, auch der zusätzliche Bedarf an Schmiermittel etc. kann vernachlässigt werden.

---

[181] Selbstverständlich leben in Sealand auch Menschen, die älter als 88 Jahre sind. Da dies aber im Verhältnis zur Gesamtbevölkerung eine verschwindend geringe Zahl ist, soll das für diese Fallstudie vernachlässigt werden.

[182] Vgl. Lemper, B. (2010), S. 3–12 und S. 3–12.

Entwicklungstendenzen für Treibstoffe
- Aufgrund der knappen Ressource Diesel werden die Kosten für den Treibstoff sich voraussichtlich wie folgt entwickeln (Angaben in Mrd. SD/t):

	2011	2012	2013	2014	2015	2016	2017	2018
Schweröl	365	376	387	399	411	423	436	449
Schiffsdiesel	383	395	407	419	431	444	458	471

	2019	2020	2021	2022	2023	2024	2025	2026
Schweröl	462	476	491	505	520	536	552	569
Schiffsdiesel	485	500	515	531	546	563	580	597

Die Treibstoffkosten für Schiffsdiesel errechnen sich dabei aus einer kombinierten Nutzung von Schweröl und Schiffsdiesel (80/20), da davon ausgegangen wird, dass die Schiffe, sobald sie die geschützte Zone verlassen, wieder auf das billigere Schweröl umstellen werden.

Entwicklungstendenzen für die Wirtschaft und Infrastruktur
(Ausgangspunkt Status quo)
- Ein Verlagerungsrisiko von Häfen auf den Straßenverkehr beträgt 22 %, d. h. es ist mit einem Mehrverkehr von 28 Mio. Lkw-Kilometern zu rechnen. Pro Tonne Treibstoff entstehen daraufhin 3 Tonnen CO_2-Emissionen. Es wird von einem Verbrauch von ca. 30 Litern pro 100 km ausgegangen. Eine Tonne CO_2 verursacht umgerechnet einen Schaden von 70 Sealand Dollar.[183]
- Ein Vergleich der Immobilienpreise hat folgendes ergeben:
  - Die Preise für die monatlichen Mieten liegen bei sonst gleichen Bedingungen im Landesinneren im Durchschnitt 100 Sealand Dollar über den Mietpreisen in Hafennähe.
  - Die Kaufpreise von Häusern in Hafennähe liegen mit 15.000 Sealand Dollar ebenfalls unter dem Durchschnittsverkaufspreis von vergleichbaren Häusern im Landesinneren.
- Es wird davon ausgegangen, dass ein Verbot von Schweröl dazu führen wird, dass sich der Fischbestand wieder erholt und somit der Nutzen für die Fischerei erheblich gesteigert werden kann. Folgende Daten wurden dazu ermittelt (Nutzen in Mio. SD pro Jahr):

---

[183] Vgl. Umweltbundesamt (2007), S. 3.

Variante	Best Case	Worst Case
Status Quo	44	12
Verbot	88	60

Das Parlament sieht sich selbst weder als risikofreudig, noch als risikoscheu. Durch eine Analyse von Entscheidungen der letzten 5 Jahren konnte allerdings ermittelt werden, dass man sich bei 50 von 500 Entscheidungen für die risikoreichere Variante entschieden hat.

– Experten schätzen, dass das Schwerölverbot im ersten Jahr aufgrund des erwarteten geringeren Handelsvolumens an den Landeshäfen zu einem wirtschaftlichen Schaden von 300 Mio. SD führen wird. Des Weiteren wird davon ausgegangen, dass dieser Betrag anschließend jährlich um die Inflationsrate von 1 % steigen wird, sodass für das Land über den betrachteten Zeitraum ein wirtschaftlicher Schaden von insgesamt 4 Mrd. Sealand Dollar entsteht (Betrag bereits diskontiert).[184]

– Aktuell wird das Land jährlich von 2 Mio. Touristen besucht, hiermit ist ein wirtschaftlicher Erfolg von 3 Mrd. Sealand Dollar verbunden. Nimmt die Schadstoffbelastung an Küstennähe nicht ab, verlieren die Städte ihren Status als Kur- und Heilbäder, dies würde zu einem jährlichen Rückgang der Touristenzahlen von 20 % führen. Kann der Status erhalten bleiben, wird der bislang positive Entwicklungstrend (22 %) fortgesetzt (Angaben in Mio.).

	2011	2012	2013	2014	2015	2016	2017	2018
Status Quo	2	1,6	1,28	1,02	0,82	0,66	0,52	0,42
Verbot	2	2,44	2,98	3,63	4,43	5,41	6,6	8,05

	2019	2020	2021	2022	2023	2024	2025	2026
Status Quo	0,34	0,27	0,21	0,17	0,14	0,11	0,09	0,07
Verbot	9,82	11,97	14,61	17,82	21,74	26,53	32,36	39,48

Man kann davon ausgehen, dass die positive Entwicklung tatsächlich auf den Kurortstatus zurückzuführen ist, da es ansonsten im Land keine weiteren Möglichkeiten gibt und diese Konsummöglichkeit ansonsten entfallen würde.

---

[184] Vgl. Lemper, B. (2010), S. 6-7.

Weitere Informationen
- Durch die erhöhte Belastung durch Schwefeloxide und Feinstaub sterben jährlich weltweit 1.000.000 Menschen[185] (Gesamtbevölkerung: 7 Mrd. Menschen, Todesfälle gleichmäßig über alle Altersgruppen verteilt)
- Zur Überprüfung der Schiffe müsste ab Jahr 1 eine vollzeitäquivalente Stelle im Zoll neu eingerichtet werden (Monatsgehalt 2.000 Sealand Dollar)
- Aus einer Umfrage in der Bevölkerung konnte ermittelt werden, dass jeder Bürger des Landes bereit wäre, einmalig 100 Sealand Dollar zu bezahlen, um die Artenvielfalt zu erhalten.

3. Fragenkatalog zur strukturierten Bearbeitung der Fallstudie
Um die Fallstudie zu lösen, können Sie sich an nachfolgender Vorgehensweise orientieren, die an dem dargestellten Gesamtprozess aus Kapitel 1.2.1 angelehnt ist.

Gleichzeitig erhalten Sie zur Kontrolle des theoretischen Wissens Fragen, die sich auf die allgemeine Anwendung der Kosten-Nutzen-Analyse beziehen.

1. Definition der Ausgangssituation
1. Welche Ziele werden mit der Fallstudie verfolgt?
2. Welche Nebenbedingungen gilt es zu beachten?
3. Nennen Sie bitte die zu überprüfenden Handlungsalternativen! Welche Handlungsalternativen wären darüber hinaus denkbar?

2. Ermittlung der relevanten Kosten- und Nutzeneffekte
4. Welche konkreten Kosten- und Nutzeneffekte sind in der Kosten-Nutzen-Analyse für ein totales Verbot anzusetzen? Wobei handelt es sich um zunächst intangible Effekte, d. h. welche Effekte können nicht auf Anhieb monetarisiert werden? Wie könnte man diese Effekte anhand der gegebenen Informationen monetarisieren?

EXKURS 1) Durch welche Effekte lassen sich die Wirkungen generell definieren? Welche dieser Effekte dürfen dabei angesetzt werden?

3. Monetarisierung der Effekte
5. Monetarisieren Sie die Wirkungen! Gibt es Effekte, bei denen eine Monetarisierung nicht möglich ist? Welche Vorgehensweise schlagen Sie vor?

---

[185] Vgl. Âgren, Ch. (2005), S. 4.

EXKURS 2) Zwischen welchen Entscheidungskriterien können Sie wählen?

6. Welches Entscheidungskriterium sollte verwendet werden? Welches monetäre Ergebnis erhalten Sie so?

4. Sensitivitätsanalyse

7. Wie verändern sich die Ergebnisse, wenn Sie davon ausgehen, dass die gegebenen Treibstoffpreise sehr pessimistisch geschätzt wurden und eine optimistischere Schätzung wie folgt aussieht? Welche weiteren Möglichkeiten einer Sensitivitätsanalyse können Sie in Betracht ziehen?

	2011	2012	2013	2014	2015	2016	2017	2018
Schweröl	350	357	364	371	379	386	394	402
Schiffs-diesel	360	368	375	383	390	398	406	414

	2019	2020	2021	2022	2023	2024	2025	2026
Schweröl	410	418	427	435	444	453	462	471
Schiffs-diesel	422	431	439	448	457	466	476	485

EXKURS 3) Erläutern Sie den Sinn und Zweck einer Sensitivitätsanalyse!

8. Gehen Sie nun davon aus, dass das Land statt 5,1 Mio. jetzt 51 Mio. Einwohner hat und das dadurch der Anteil der Wohneinheiten in Küstennähe (sowohl Miet- als auch Kaufobjekte) auf 35 % steigt. Alle weiteren Angaben bleiben konstant. Welche Schlussfolgerungen lassen sich daraus ziehen?

5. Entscheidungsempfehlung

9. Wie würde sich Ihre Empfehlung für den Präsidenten des Landes gestalten? Gibt es kritische Punkte, die es zu beachten gilt? Welche weitere Vorgehensweise schlagen Sie vor?

4. Musterlösung zu den Fragestellungen
1. Definition der Ausgangssituation

1. Welche Ziele werden mit der Kosten-Nutzen-Analyse verfolgt?
Mit der Kosten-Nutzen-Analyse soll überprüft werden, ob ein Schwerölverbot in der Schifffahrt zur Verringerung der Schwefel-, Feinstaub- und CO_2-Belastung für Sealand wirtschaftlich sinnvoll ist. Dabei soll auch der monetäre Nutzen für die Umwelt in Bezug auf die Luft- und Wasserqualität untersucht werden.

2. Welche Nebenbedingungen gilt es zu beachten?
Die geplanten Maßnahmen sollen nicht nur realistisch und ökologisch sinnvoll sein, sondern auch wirtschaftlich tragbar. Die Wettbewerbsfähigkeit des Landes Sealand darf durch ein Verbot von Schweröl für die Schifffahrt nicht gefährdet werden.

3. Nennen Sie bitte die zu überprüfenden Handlungsalternativen! Welche Handlungsalternativen wären darüber hinaus denkbar?
Der Präsident des Landes hat bereits einen enumerativen Katalog, d. h. abschließenden Katalog der Alternativen, vorgelegt. Dieser beinhaltet lediglich die Prüfung zweier Handlungsalternativen:
– Handlungsalternative 1: Status Quo
– Handlungsalternative 2: Verbot
Darüber hinaus wäre es natürlich denkbar, weitere Alternativen zu überprüfen. Hierzu gehören zum Beispiel:
– Schwerölverbot für neugebaute Schiffe
– Schwerölverbot für lediglich Schiffe des eigenen Landes
– Schwerölverbot für Schiffe ab einer bestimmten Größe/ Verbrauch
– Einführung von Richtlinien/ Einführung von Steuern etc.
Hierbei handelt es sich allerdings wirklich nur um Vorschläge für weitere Überprüfungen, sie sind jedoch nicht Bestandteil der aktuellen Kosten-Nutzen-Analyse.

2. Ermittlung der relevanten Kosten- und Nutzeneffekte
4. Welche konkreten Kosten- und Nutzeneffekte sind in der Kosten-Nutzen-Analyse für ein totales Verbot anzusetzen? Wobei handelt es sich um zunächst intangible Effekte, d. h. welche Effekte können nicht auf Anhieb monetarisiert werden? Wie könnte man diese Effekte anhand der gegebenen Informationen monetarisieren?

Kosten		Nutzen	
K1: Kosten für den Umbau (Schiff + Raffinerie)	Tangibel	N1: Verbesserung der Luftqualität	Intangibel
K2: Kosten für Treibstoff	Tangibel	N2: Verbesserung der Wasserqualität	Intangibel
K3: Kosten für benötigtes Personal zur Überprüfung	Tangibel		
K4:Wirtschaftlicher Ausfall für das Land	Tangibel		
K5:Zusätzliche Umweltschäden durch die Verlagerung des Transportes auf den Straßenverkehr	Intangibel		

K5, Zusätzliche Umweltschäden durch die Verlagerung des Transportes auf den Straßenverkehr:

Monetarisierung möglich durch die Ermittlung der zusätzlichen Lkw-Kilometer, den damit verbundenen erhöhten CO_2-Ausstausch und dem entsprechend bewerteten Schaden pro Tonne CO_2

N1, Verbesserung der Luftqualität:

Monetarisierung möglich durch die Ermittlung des vermiedenen Schadens für die Immobilienwirtschaft, den erhöhter Touristenzahlen, der Zahlungsbereitschaft zum Erhalt der Artenvielfalt sowie der Gesundheit der Menschen

N2, Verbesserung der Wasserqualität:

Monetarisierung analog zur Verbesserung der Luftqualität möglich, erweitert um den Nutzen aus der Fischerei

Anmerkung: Da beide Nutzeneffekte durch ähnliche Faktoren definiert werden, kann im Folgenden auch vom Nutzen für die Umwelt gesprochen werden.

EXKURS 1) Durch welche Effekte lassen sich die Wirkungen generell definieren? Welche dieser Effekte dürfen dabei angesetzt werden?

Reale und pekuniäre Effekte
Interne und externe Effekte
Tangible und intangible Effekte
Intermediäre und finale Effekte

> → *Pekuniären Effekte nicht ansetzbar*
> → *Interne und externe Effekte ansetzbar, insofern sie real sind*
> → *Vorsicht bei intermediären Effekten (z. B. Erhöhung der Produktionskosten) – diese dürfen nur einmal angesetzt werden; entweder als erhöhte Produktionskosten (dadurch indirekt als erhöhte Konsumentenpreise) oder sofort als finale Effekte im Sinne erhöhter Konsumentenpreise (niemals jedoch sowohl als höhere Produktionskosten als auch als erhöhte Konsumentenpreise)*
> *Siehe auch: Kapitel 1.2.2 ad c)*

3. Monetarisierung der Effekte

5. *Monetarisieren Sie die Wirkungen! Gibt es Effekte, bei denen eine Monetarisierung nicht möglich ist? Welche Vorgehensweise schlagen Sie vor?*

Kosten:

K1: Kosten für den Umbau

Einfach zu erfassen sind die zusätzlichen Kosten für den Umbau der Raffinerien und Schiffe. Die entstehenden Kosten können in vollem Umfang angesetzt werden, weil unter Annahme des vollkommenen Wettbewerbs davon ausgegangen werden kann, dass Erhöhungen im Bereich der Produktionskosten der Unternehmen komplett auf die Konsumenten umgelegt werden.[186] Dadurch können weniger Güter bei gegebenem Budget konsumiert werden.

Für beide Positionen (Umbau Raffinierien und Umbau Schiff) sind bereits konkrete monetäre Werte angegeben. Des Weiteren fallen die notwendigen Kosten für den Umbau bereits im Jahr 0 (2011) an, was bedeutet, dass die Diskontierung entfällt.

Im Land befinden sich derzeit 3 Raffinerien, der Umbau einer Raffinerie wird mit ca. 90 Mio. Sealand Dollar angesetzt, so dass zusätzliche Kosten in Höhe von 270 Mio. Sealand Dollar anfallen werden.

3 Raffinerien × 90 Mio. SD = **270 Mio. SD**

Der Umbau eines Schiffes wird mit ca. 100.000 SD veranschlagt. Bei ca. 50.000 Schiffen, die die Häfen des Landes anfahren, entstehen so Kosten von 5 Mrd. SD.

50.000 Schiffe × 100.000 SD = **5 Mrd. SD**

---

[186] Siehe Kapitel 1.1 a).

K2: Kosten für Treibstoff
Für die Treibstoffkosten existiert bereits eine Schätzung über die zukünftige Entwicklung.

	2011	2012	2013	2014	2015	2016	2017	2018
Schweröl	365	376	387	399	411	423	436	449
Schiffsdiesel	383	395	407	419	431	444	458	471

	2019	2020	2021	2022	2023	2024	2025	2026
Schweröl	462	476	491	505	520	536	552	569
Schiffsdiesel	485	500	515	531	546	563	580	597

Hierbei sind zwei Punkte zu beachten:
(1) Es dürfen lediglich die Kosten angesetzt werden, die durch die Nutzung von Schiffsdiesel **zusätzlich** anfallen, denn die Kosten für Schweröl müssten sowieso entrichtet werden. Lediglich die zusätzlichen Kosten könnten auch für die Nutzensteigerung von Individuen an anderer Stelle eingesetzt werden (Opportunitätskosten-Prinzip).[187]
(2) Die Zahlungsreihe muss diskontiert werden, da die Kosten für den Treibstoff natürlich über den gesamten betrachteten Zeitraum jährlich anfielen.
Es ergeben sich folgende diskontierte Differenzen (Angaben in Mrd. SD):

	2011	2012	2013	2014	2015	2016	2017	2018
Zusatzkosten	18	19	20	20	20	21	22	22
Diskontierung	18	18,4466	18,8519	18,3028	17,7697	18,1148	18,4247	17,8880

	2019	2020	2021	2022	2023	2024	2025	2026
Zusatzkosten	23	24	24	26	26	27	28	28
Diskontierung	18,1564	18,3940	17,8583	18,7830	18,2359	18,3857	18,5113	17,9721

Insgesamt belaufen sich die zusätzlichen Kosten somit auf
292.095.162.907,88 SD.

K3: Kosten für benötigtes Personal zur Überprüfung
Zur Überprüfung des verwendeten Treibstoffs muss ab Jahr 1 eine zusätzliche vollzeitäquivalente Stelle eingerichtet werden. Hierfür wird ein Bruttogehalt von 2.000 SD angenommen. Da es sich hierbei um eine qualifizierte Arbeitskraft handelt, bei der davon ausgegangen wird, dass sie in der Wirtschaft bereits eingesetzt wird und somit Opportunitätskosten anfallen, müssen die

---

[187] Siehe Kapitel 1.1 c).

Lohnkosten angesetzt werden. Da vereinfacht davon ausgegangen wird, dass der Lohn über den betrachteten Zeitraum konstant bleibt, handelt es sich um eine Zahlungsreihe mit gleich hohen Beträgen, deren Barwert man mit Hilfe des Rentenbarwertfaktors (Kapitel 1.2.2 ad f)) berechnen kann.

$$B_o = c \times Rbf$$

$$Rbf = \frac{(1+i)^n - 1}{i(1+i)^n}$$

$$Rbf = \frac{(1+0,03)^{15} - 1}{0,03(1+0,03)^{15}}$$

$$Rbf = 11,9379351$$

$$2.000 SD \times 11,9379351 = 23.875,87 SD$$

K4: Wirtschaftlicher Ausfall für das Land
Der wirtschaftliche Ausfall des Landes wird im ersten Jahr mit 300 Mio. SD geschätzt. Es wird angenommen, dass der Betrag jährlich um die Inflationsrate von 1 % steigen wird, sodass insgesamt über den betrachteten Zeitraum ein Verlust von **4 Mrd. SD** entstehen wird.

K5: Zusätzliche Umweltschäden durch die Verlagerung des Transportes auf den Straßenverkehr
Durch das generelle Verbot von Schweröl für die Schifffahrt und die somit erhöhten Kosten für die Reedereien und Logistikunternehmen kann eine Verlagerung des Transportes auf die Straße nicht ausgeschlossen werden. Für das Land wird jährlich mit zusätzlichen 28 Mio. Lkw-Kilometern gerechnet. Bei einem durchschnittlichen Verbrauch von 30 Litern auf 100 km und zusätzlichen Kosten von 70 SD/Tonne CO_2 (1 Tonne Treibstoff ergibt 3 Tonnen CO_2) ergibt sich folgende Rechnung:

Bedarf Treibstoff in Liter
28 Mio. km/ 100 = 280.000
280.000 × 30 Liter = 8,4 Mio. Liter

Bedarf Treibstoff in Tonnen (1.000 Liter = 1 Tonne)
8,4 Mio. Liter / 1000 = 8.400 Tonnen

Zusätzliche Kosten CO_2 (1 Tonne Treibstoff = 3 Tonnen CO_2)
8400 Tonnen Treibstoff = 25.200 Tonnen CO_2
25.200 Tonnen CO_2 × 70 SD/Tonne = 1.764.000,00 SD (pro Jahr)

Die Diskontierung kann wiederum über den Rentenbarwertfaktor erfolgen. Allerdings gilt es hier zu beachten, dass im Gegensatz zu den Personalkosten bereits Zahlungen im Jahr 0 anfallen, die im vollen Umfang zu addieren sind:

$B_0 = c \times Rbf$

$1.764.000,00$ SD $\times 11,9379351 = 21.058.517,49$ SD

$K_G = 21.058.517,49$ SD $+ 1.764.000,00$ SD $= \mathbf{22.822.517,49}$ **SD**

Nutzen:
Die Verbesserung der Luftqualität (N1) lässt sich anhand der gegebenen Daten durch die Veränderung der Immobilienpreise, den Status des Luft- und Heilkurortes und den damit verbundenen Touristenzahlen, der Zahlungsbereitschaft zum Erhalt der Artenvielfalt sowie der Gesundheit der Menschen ermitteln. Die Verbesserung der Wasserqualität (N2) kann durch dieselben Faktoren definiert werden, hinzu kommt hierbei noch der Nutzen aus der Fischerei. Da beide Effekte durch nahezu dieselben Faktoren definiert werden, wird im Folgenden eine Unterscheidung entfallen.

Artenvielfalt
Durch die ermittelte Zahlungsbereitschaft (willingness to pay)[188] zum Schutz der Artenvielfalt kann der Wert der Nutzenstiftung ermittelt werden. Da jeder Einwohner des Landes bereit wäre, direkt zu Beginn des Betrachtungszeitraumes eine einmalige Zahlung von 100 SD zu entrichten, entsteht so ein Nutzen von 510 Mio. SD.

5,1 Mio. Einwohner $\times 100$ SD $= \mathbf{510\ Mio.\ SD}$

Immobilienpreise
Zur Ermittlung der Nutzenstiftung für die Umwelt aus den Immobilienpreisen muss zuerst ermittelt werden, wie viele Miet- und Kaufobjekte des Landes für die Berechnung relevant sind.

5,1 Mio. Einwohner/ 3 Pers. pro Haushalt $= 1.700.000$ Wohneinheiten

Mietobjekte gesamt:
$1.700.000$ Wohneinheiten $\times 2/3 = 1.133.333$ Mietobjekte

Mietobjekte Küstennähe:
$1.133.333$ Mietobjekte $\times 0,1 = 113.333$ Mietobjekte Küstennähe

---

[188] Siehe Kapitel 1.2.2 ad e).

Kaufobjekte gesamt:

1.700.000 Wohneinheiten × 1/3 = 566.667 Kaufobjekte

Kaufobjekte Küstennähe:

566.667 Kaufobjekte × 0,1 = 56.667 Kaufobjekte Küstennähe

Für die Ermittlung des Nutzens hinsichtlich der Immobilienpreise müssen nun zwei separate Rechnungen durchgeführt werden. Für den Hauskauf konnte die Bereitschaft zur Zahlung von zusätzlichen 15.000 SD ermittelt werden. Die Ermittlung erfolgte hier über den Vergleich der Zahlungsbereitschaften für identische Häuser, die sich lediglich hinsichtlich ihrer Lage (Küste vs. Landesinnere) unterscheiden (hedonische Vorgehensweise). Vereinfacht wird angenommen, dass die Zahlung zu Beginn des Betrachtungszeitraumes anfällt. Da davon auszugehen ist, dass die Bewohner über einen längeren Zeitraum das Haus behalten werden, fällt die Zahlung lediglich einmal im Betrachtungszeitraum an.

56.667 Kaufobjekte × 15.000 SD = **850.005.000,00 SD**

Im Gegensatz zu den Kaufpreisen wirken die Mietpreise monatlich.

100 SD × 12 = 1.200,00 SD

1.200 SD × 113.333 Mietobjekte = 135.999.600,00 SD

Dies ergibt einen zusätzlichen Jahresbetrag von 1.200 SD pro Mietobjekt bzw. von rund 136 Mio. SD für alle Mietobjekte. Geht man davon aus, dass der Mietvertrag zu Beginn des Betrachtungszeitraumes über den gesamten Zeitraum mit konstantem Mietpreis geschlossen wird, so kann die Diskontierung der Werte wiederum über die Barwertermittlung für gleichhohe Zahlungen erfolgen.

135.999.600,00 SD × 11,9379351 = 1.623.554.396,63 SD

Der Wert des Nutzens ermittelt sich dann wiederum über die Addition des Nutzens aus dem Jahr 0.

N_G = 1.623.554.396,63 SD + 135.999.600,00 SD

N_G = **1.759.553.996,63 SD**

Nutzen Kurort

Aktuell wird das Land jährlich von 2 Mio. Touristen besucht, hiermit ist ein wirtschaftlicher Erfolg von 3 Mrd. SD verbunden. Nimmt die Schadstoffbelastung an Küstennähe nicht ab, verlieren die Städte ihren Status als Kur- und Heilbäder, dies würde zu einem jährlichen Rückgang der Touristenzahlen von 20 % führen. Kann der Status erhalten bleiben, wird der bislang positive Entwicklungstrend (22 %) fortgesetzt (Angaben in Mio.).

	2011	2012	2013	2014	2015	2016	2017	2018
Status Quo	2	1,6	1,28	1,02	0,82	0,66	0,52	0,42
Verbot	2	2,44	2,98	3,63	4,43	5,41	6,6	8,05

	2019	2020	2021	2022	2023	2024	2025	2026
Status Quo	0,34	0,27	0,21	0,17	0,14	0,11	0,09	0,07
Verbot	9,82	11,97	14,61	17,82	21,74	26,53	32,36	39,48

Da 2 Mio. Touristen einen Umsatz von 3 Mrd. SD generieren, müssen nun die erwarteten Besucherzahlen mit dem Faktor 1,5 multipliziert werden. Die Entwicklung der Einnahmen ergibt sich daraus wie folgt (in Mrd.):

	2011	2012	2013	2014	2015	2016	2017	2018
Status Quo	3	2,4	1,92	1,53	1,23	0,99	0,78	0,63
Verbot	3	3,66	4,47	5,445	6,645	8,115	9,9	12,075

	2019	2020	2021	2022	2023	2024	2025	2026
Status Quo	0,51	0,405	0,315	0,255	0,21	0,165	0,135	0,105
Verbot	14,73	17,955	21,915	26,73	32,61	39,795	48,54	59,22

Als Diskontierte Werte erhält man (in Mrd.):

	2011	2012	2013	2014	2015	2016	2017	2018
D Status Quo	3	2,3301	1,8098	1,4002	1,0928	0,8540	0,6532	0,5122
D Verbot	3	3,5534	4,2134	4,9829	5,9040	7,0001	8,2911	9,8181

	2019	2020	2021	2022	2023	2024	2025	2026
D Status Quo	0,4026	0,3104	0,2344	0,1842	0,1473	0,1124	0,0893	0,0674
D Verbot	11,6280	13,7610	16,3068	19,3103	22,8720	27,0985	32,0907	38,0111

Für den Status quo und Verbot ergibt so ein Gesamtwert von rund 13,2 Mrd. SD bzw. 227,84 Mrd. SD. Wichtig ist hierbei, dass aufgrund des Opportunitätskostenprinzips wieder nur die Differenz angesetzt werden kann, also ein bewerteter Nutzen der Umwelt von **214.641.064.814,50 SD.**

Nutzen Fischerei
Zur Ermittlung des Umweltnutzens durch das Schwerölverbot über den Nutzen aus der Fischerei gibt es drei Möglichkeiten – die Maximin, die Maximax und die Hurwicz-Regel. Da die Analyse der Entscheidungen ergeben hat, dass sich in den letzten Jahren bei 50 von 500 Entscheidungen für die risikoreichere Variante entschieden wurde, bietet es sich an, hier die Hurwicz-Regel mit einem $\alpha=0,1$ (50/500 = 0,1 = 10 %) zu verwenden.[189]

Variante	Best Case	Worst Case	Maximin-Regel	Maximax-Regel	Hurwicz-Regel mit α=0,1
Status Quo	44	12	12	44	15,2 (44×0,1+12×0,9)
Verbot	88	60	60	88	**62,8** (88×0,1+60×0,9)

Somit entsteht ein Nutzen pro Jahr von 62,8 Mio. SD. Auch hier gilt, dass gleichhohe Zahlungen über den gesamten Betrachtungszeitraum hinweg diskontiert werden müssen:

$B_0 = c \times Rbf$
62,8 Mio. SD $\times$ 11,9379351 = 749.702.323,00 SD
N_G = 749.702.323,00 SD + 62.800.000 SD
N_G = **812.502.323,45 SD**

Menschliches Leben
Im letzten Schritt muss nun der Wert der durch ein Verbot von Schweröl verlängerten menschlichen Lebensspanne bestimmt werden. Um diesen monetären Wert eines zusätzlichen, Lebensabschnitts im Sinne des Humankapitalansatzes[190] berechnen zu können, muss die Anzahl der Jahre ermittelt werden, die ein durchschnittlicher Sealänder durch ein Schwerölverbot länger leben und damit auch arbeiten würde. Diese Jahre werden anschließend mit dem durchschnittlichen Jahreseinkommen multipliziert, welches eine monetäre Nä-

---

[189] Siehe Kapitel 1.2.2 ad d).

[190] Auch wenn dieser Bewertungsansatz nicht unumstritten ist (vgl. z. B. Leiter/Thöni/ Winner (2011), S.3), so illustriert er für diese Fallstudie das grundsätzliche Vorgehen bei der monetären Bewertung des menschlichen Lebens.

herungsgröße für den in einem Jahr durch Arbeit geschaffenen Nutzen darstellt.

Aus den demographischen Daten des Landes ist ersichtlich, dass der durchschnittliche Sealandbürger 50 Jahre (21. Lebensjahr bis 70. Lebensjahr) erwerbstätig ist. Allerdings lässt sich dieser Wert nicht pauschal für alle Altersgruppen als entgangene Arbeitsjahre ansetzen, da je nach Alter bei Todeseintritt noch eine unterschiedliche Anzahl an Arbeitsjahren abzuleisten ist. Somit müssen im ersten Schritt die verloren Erwerbsjahre pro Altersgruppe ermittelt werden. Dabei wird vorausgesetzt, dass die durch Schweröl verursachten Todesfälle gleichmäßig über alle Altersgruppen auftreten. Darüber hinaus erscheint es zweckmäßig die Bevölkerungsstruktur in drei Altersklassen (0 bis 20 Jahre, 21 bis 70 Jahre, 71 bis 88 Jahre) einzuteilen, die gemäß der in diesen Gruppen durchschnittlich lebenden Menschen mit 2 : 2 : 1 gewichtet werden können.

Für die Gruppe der Kinder und Jugendlichen bis 20 Jahre gilt, dass pro Todesfall 50 Arbeitsjahre entfallen, denn egal in welchem Alter der Todesfall eintritt, die Kinder/Jugendlichen sind immer unter 21 Jahren und stehen somit noch vor ihrer Erwerbstätigkeit.

50 verlorene Arbeitsjahre × 21 Altersgruppen (0–20 Jahre)
= 1050 verlorene Arbeitsjahre gesamt Kinder und Jugendliche

Da die Gruppe der Kinder und Jugendlichen doppelt so stark vertreten ist, muss die Summe der verlorenen Arbeitsjahre für die spätere Gesamtbetrachtung mit 2 multipliziert werden.

1050 verlorene Arbeitsjahre gesamt × 2
= 2100 verlorene Arbeitsjahre Kinder und Jugendliche

Für die Altersgruppe der Erwerbstätigen können die ermittelten 50 Arbeitsjahre nicht pauschal angesetzt werden, denn schon mit 22 Jahren würden noch lediglich 49 Restarbeitsjahre bis zum Erreichen des durchschnittlichen Rentenalters (71 Jahre) verbleiben. Somit muss hier die Summe der Zahlenreihe von 1 bis 50 gebildet werden (Altersgruppe 21 = 50 verbleibende Arbeitsjahre bis Altersgruppe 70 = 1 verbleibendes Arbeitsjahr), wobei sich 1275 Jahre ergeben. Auch hier wird aufgrund des Gewichts der 50 Altersgruppen an der Gesamtbevölkerung mit 2 multipliziert.

1275 verlorene Arbeitsjahre gesamt Erwerbstätige × 2
= 2550 verlorene Arbeitsjahre Erwerbstätige

135

Die Todesfälle in den 18 Altersgruppen von über 70 bis 88 Jahre gehen mit 0 Arbeitsjahren in die Rechnung ein, da sie bereits das Rentenalter erreicht haben und somit keine weiteren Erwerbsjahre angesetzt werden können. Somit erhält man eine Gesamtsumme an verlorenen Erwerbsjahren von 4650 Jahren.

    2100 verlorene Arbeitsjahre Kinder und Jugendliche
    + 2550 verlorene Arbeitsjahre Erwerbstätige
    + 0 verlorene Arbeitsjahre Rentner
    = 4650 verlorene Arbeitsjahre gesamt

Um nun die durchschnittlichen verlorenen Arbeitsjahre pro Todesfall über alle Altersgruppen zu ermitteln, muss die Gesamtsumme der verlorenen Arbeitsjahre durch alle einbezogenen Fälle (Altersgruppen) geteilt werden. Hierbei gilt es zu beachten, dass die Altersgruppen Kinder/Jugendliche und Erwerbstätige aufgrund der demographischen Struktur bei der Bestimmung der Jahre doppelt berücksichtigt wurden. Dies muss nun auch bei der Ermittlung der relevanten Fälle berücksichtigt werden.

Altersgruppe		betrachtete Jahre pro Altersgruppe	doppelte Gewichtung
0–20 Jahre	Kinder/Jugendliche	21	42
21–70 Jahre	Erwerbstätige	50	100
71–88 Jahre	Rentner	18	–
	Gesamt		**160**

Insgesamt erhält man so 160 einzubeziehende Fälle, was unter den definierten Annahmen ein Ergebnis von durchschnittlich rund 29 verlorenen Arbeitsjahren pro Todesfall über alle Altersgruppen ergibt.

    $4650/160 = 29,0625$

Um den monetären Betrag zu ermittelt, der im durchschnittlichen Todesfall bei 29 verlorenen Arbeitsjahren entsteht, werden diese mit dem durchschnittlichen Jahreseinkommen multipliziert und über 29 Jahre (auf den jeweiligen Todeszeitpunkt) abdiskontiert. Hierbei ist wieder zu berücksichtigen, dass es sich um eine Zahlungsreihe mit gleichhohen Zahlungen handelt, deren Barwert mittels Multiplikation mit dem Rentenbarwertfaktor 19,188845459 (bei $n = 29$ und $i = 0,03$) ermittelt wird.

Bei einem Durchschnittseinkommen von 32.000 SD ergibt sich dann ein anzusetzender Barwert pro vermiedenen Todesfall von 614.030,55 SD.

$$32.000 \text{ SD} \times 19{,}18845459 = 614.030{,}55 \text{ SD}$$

Im Folgenden muss noch berechnet werden, wie viele Todesfälle in Sealand aktuell durch die Verschmutzung auftreten und wie viele Menschenleben (ausgehend von 100 % Rettung durch das Verbot) demzufolge gerettet werden könnten. Hierzu berechnet man zuerst den Anteil der Todesfälle an der Weltbevölkerung.

$$1.000.000 \text{ Tote} / 7 \text{ Mrd. Menschen} = 0{,}000143$$

Anschließend ermittelt man mit Hilfe des errechneten Prozentsatzes den Anteil der Bevölkerung in Sealand, der somit erwartungsgemäß durch die schiffsbedingte Umweltverschmutzung jährlich sterben wird und multipliziert diesen Wert mit errechnetem Barwert pro vermiedenen Todesfall.

$$5{,}1 \text{ Mio. Menschen} \times 0{,}000143 = 728 \text{ Menschen}$$
$$728 \text{ Menschen} \times 614.030{,}55 \text{ SD} = 447.014.238{,}13 \text{ SD}$$

Analog zur bekannten Vorgehensweise erhält man so über den Betrachtungszeitraum von 15 Jahren einen anzusetzenden, diskontierten Nutzen von **5.783.441.195,76 SD.**

$$B_0 = c \times Rbf$$
$$447.014.238{,}13 \text{ SD} \times 11{,}9379351 = 5.336.426.957{,}63 \text{ SD}$$
$$N_G = 5.336.426.957{,}63 \text{ SD} + 447.014.238{,}13 \text{ SD}$$
$$N_G = \mathbf{5.783.441.195{,}76 \text{ SD}}$$

Im Rahmen dieser Kosten-Nutzen-Analyse konnten alle ausgewiesenen Effekte monetarisiert werden. Wäre das nicht der Fall, so müssten alle nicht quantifizierbaren qualitativen intangiblen Effekte separat unter der Berechnung der monetären Effekte aufgelistet werden. [191]

---

[191] Siehe Kapitel 1.2.1 h).

Gegenüberstellung von Kosten und Nutzen

Kosten		Nutzen	
K1: Kosten für den Umbau	270 Mio. SD 5 Mrd. SD	Artenvielfalt	510 Mio. SD
K2: Kosten für den Treibstoff	292.095.162.907,88 SD	Immobilien-preise	850.005.000 SD 1.759.553.996,63 SD
K3: Kosten für Personal	23.875,87 SD	Kurort	214.641.064.814,50 SD
K4: Wirtschaftlicher Ausfall	4 Mrd. SD	Fischbestand	812.502.323,45 SD
K5: Verlagerung	22.822.517,49 SD	Menschliches Leben	5.783.441.195,76 SD
Summe Kosten	**301.388.009.301,24 SD**	**Summe Nutzen**	**224.356.567.330,33 SD**

EXKURS 2) Zwischen welche Entscheidungskriterien können Sie wählen?

- *Es können prinzipiell zwei verschiedene Kennzahlen unterschieden werden:*
- *Nettogegenwartswert/Kapitalwert (NG) als Differenz aller Gegenwartswerte der Kosten- und Nutzeneffekte*
- *Nutzen-Kosten-Quotient (NKQ) – die Rendite/Effizienz als Division der Summen aller Nutzen und Kostengegenwartswerte (nicht mehr valide, wenn es im Vorfeld Saldierungen gab)*
  (siehe Kapitel 1.2.1 g und Kapitel 1.2.2 ad g)

---

6. *Welches Entscheidungskriterium sollte verwendet werden? Welches monetäre Ergebnis erhalten Sie so?*

Da im Vorfeld weder Saldierungen vorgenommen wurden noch die Auswahl zwischen mehreren Handlungsalternativen erfolgen soll (von denen mehrere gleichzeitig realisiert werden können), kann die Wahl des Entscheidungskriteriums frei erfolgen. Es ist festzustellen, dass die erwarteten Kosteneffekte die Nutzeneffekte übersteigen.

NG = 224.356.567.330,33 SD – 301.388.009.301,24 SD
NG = – 77.031.441.970,91 SD
NKQ = 224.356.567.330,33 SD / 301.388.009.301,24 SD
NKQ = 0,74441105952

4. Sensitivitätsanalyse

7. Wie verändern sich die Ergebnisse, wenn Sie davon ausgehen, dass die gegebenen Treibstoffpreise sehr pessimistisch geschätzt wurden und eine optimistischere Schätzung wie folgt aussieht? Welche weiteren Möglichkeiten einer Sensitivitätsanalyse können Sie in Betracht ziehen?

	2011	2012	2013	2014	2015	2016	2017	2018
Schweröl	350	357	364	371	379	386	394	402
Schiffsdiesel	360	368	375	383	390	398	406	414

	2019	2020	2021	2022	2023	2024	2025	2026
Schweröl	410	418	427	435	444	453	462	471
Schiffsdiesel	422	431	439	448	457	466	476	485

Analog zur Berechnung unter 4e K2: Kosten für Treibstoff gilt es wiederum nur die Differenzen zu betrachten und die diskontierten Differenzen zu addieren.

	2011	2012	2013	2014	2015	2016	2017	2018
Zusatzkosten	10	11	11	12	11	12	12	12
Diskontierung	10	10,6796	10,3686	10,9817	9,7734	10,3513	10,0498	9,7571

	2019	2020	2021	2022	2023	2024	2025	2026
Zusatzkosten	12	13	12	13	13	13	14	14
Diskontierung	9,4729	9,9634	8,9291	9,3915	9,1179	8,8524	9,2556	8,9861

So erhält man einen neuen Betrag für Gesamtzusatzkosten für den Treibstoff von 155.930.393.033,42 SD.

Für die Gesamtbewertung würde das eine Senkung der Gegenwartswerte der Kosteneffekte um 136.164.769.874,47 SD auf 165.223.239.426,78 SD bedeuten. Somit wäre nun ein Nutzenüberschuss von 58.133.327.903,56 SD zu verzeichnen.

Weitere Möglichkeiten der Sensitivitätsanalyse wären:
- Bewertung des Nutzens aus dem Fischbestand über Maximin oder Maximax
- Optimistischere/ Pessimistischere Schätzung der Touristenzahlen
- Bewertung des menschlichen Lebens über Maximalgehalt/ Minimalgehalt

Diese Liste ist nicht abschließend, sondern lediglich als beispielhafte Aufzählung zu verstehen.

EXKURS 3) Erläutern Sie den Sinn und Zweck einer Sensitivitätsanalyse!

Bei der Erstellung von Kosten-Nutzen-Analysen wird oftmals auf Annahmen zurückgegriffen, die sich unter rationaler Betrachtungsweise in einem geschätzten Intervall möglicher Werte bewegen. Die damit verbundenen Unsicherheiten und Auswirkungen auf die Empfehlung lassen sich mit Hilfe einer Sensitivitätsanalyse deutlich machen. Durch Variierung des verwendeten Wertes innerhalb der Schwankungsbreite kann aufgezeigt werden, ob und wie sich das Ergebnis und damit die Empfehlung ändern würde. Die Sensitivitätsanalyse dient demnach sowohl der Validierung als auch der Einschätzung der Sensibilität der Ergebnisse (siehe Kapitel 1.2.1 j).

---

8. *Gehen Sie nun davon aus, dass das Land statt 5,1 Mio. jetzt 51 Mio. Einwohner hat und dass dadurch der Anteil der Wohneinheiten in Küstennähe (sowohl Miet- als auch Kaufobjekte) auf 35 % steigt. Alle weiteren Angaben bleiben konstant. Welche Schlussfolgerungen lassen sich daraus ziehen?*

Eine veränderte Einwohnerzahl beeinflusst die Nutzenpositionen Artenvielfalt, menschliches Leben und Immobilien. Zu beachten ist dabei vor allem auch, dass sich die Anzahl der zu betrachtenden Immobilien verändert.

Kosten		Nutzen	
K1: Kosten für den Umbau	270 Mio. SD 5 Mrd. SD	Artenvielfalt	5,1 Mrd. SD
K2: Kosten für den Treibstoff	292.095.162.907,88 SD	Immobilienpreise	61.584.576.188,23 SD 29.749.995.000,00 SD
K3: Kosten für Personal	23.875,87 SD	Kurort	214.641.064.814,50 SD
K4:Wirtschaftlicher Ausfall	4 Mrd. SD	Fischbestand	812.502.323,45 SD
K5:Verlagerung	22.822.517,49 SD	Menschliches Leben	57.874.133.394,38 SD
Summe Kosten	**301.388.009.301,24 SD**	**Summe Nutzen**	**369.762.271.720,55 SD**

Durch die erhöhte Einwohnerzahl kann ein Nutzenüberschuss von 68.374.262.419,31 SD erzielt werden. Dieses Ergebnis zeigt gleichzeitig auch das Potential einer länderübergreifenden Zusammenarbeit auf. Da es sich bei der Umwelt um ein globales öffentliches Gut handelt, müssen die Kosten dementsprechend auch gesamtgesellschaftlich getragen werden. So wird aus dem auf dem ersten Blick abzulehnenden Konzept für ein einzelnes Land, ein praktikables und tragbares Vorhaben für eine Union von Ländern.

5. Entscheidungsempfehlung

9. Wie würde sich Ihre Empfehlung für den Präsidenten des Landes gestalten? Gibt es kritische Punkte, die es zu beachten gilt? Welche weitere Vorgehensweise schlagen Sie vor?

Anhand der monetären Ergebnisse der Kosten-Nutzen-Analyse würde man von einem absoluten Schwerölverbot abraten, da die Kosten deutlich den Nutzen übersteigen und die Wettbewerbsfähigkeit als Nebenbedingung (ersichtlich durch den hohen wirtschaftlichen Schaden) gefährdet ist.

Allerdings war und ist die Analyse nicht frei von Kritikpunkten, hierzu zählen zum Beispiel die Möglichkeiten der Nutzung unterschiedlicher Verfahren zur Bewertung des menschlichen Lebens oder des Nutzens aus dem Fischbestand. Des Weiteren sollte man bedenken, dass auch die Diskontierung der qualitativen Effekte nicht unkritisch ist – die Umwelt ist entsprechend des Verfahrens heute mehr Wert als in 15 Jahren. Durch die Sensitivitätsanalyse ist zusätzlich der Einfluss der Schätzung der Preisentwicklung ersichtlich. Diese ist von vielen Unsicherheiten geprägt, die Bandbreite ist dementsprechend groß. Erschwerend kommt hinzu, dass gerade auch die Position der Treibstoffkosten der wichtigste Kostentreiber ist. Wie durch die Sensitivitätsanalyse gezeigt, kann sich das Ergebnis bei entsprechender optimistischerer Schätzung auch umkehren.

Für Sealand muss des Weiteren klar definiert werden, in welche Richtung die Entwicklung des Landes gehen soll. Für den Tourismus wäre ein Verbot essentiell, für die Schiffindustrie ist es mit Nachteilen verbunden. Wenn davon auszugehen ist, dass Sealand dennoch gerne Aktivitäten hinsichtlich des Umweltschutzes durchführen und die Belastung durch die Schifffahrt verringern möchte, besteht auch die Möglichkeit weitere Kosten-Nutzen-Analysen durchzuführen, die folgende Themen zum Inhalt haben könnten:

- Einführung von Richtlinien/Grenzwerten anstelle eines totalen Verbotes
- Einführung von Steuern/Emissionszertifikaten
- Einführung totales Schwerölverbot, aber Subvention für Dieseltreibstoff

Da es sich bei der Umwelt zusätzlich um ein globales öffentliches Gut handelt, würde es sich für Sealand zusätzlich auch anbieten, mit den Nachbarländern in Verhandlungen bezüglich einer einheitlichen Lösung zu treten und auf dieser Basis erneut eine Kosten-Nutzenanalyse durchzuführen. Die Sensitivitätsanalyse hinsichtlich der Einwohnerzahlen hat bereits gezeigt, dass die Anzahl der betroffenen Bevölkerung durchaus Einfluss auf das Ergebnis der Analyse hat.

Für die Empfehlung für den Präsidenten des Landes gibt es somit prinzipiell verschiedene Möglichkeiten, die je nach Auftragsstellung übergeben und diskutiert werden können.

Fallstudie (D)
Kosten-Nutzen-Analyse: Erholung oder Energiegewinnung?
Sabine Finger und Henry Thurisch

1. Situationsbeschreibung – „Story"

In der Mittelgebirgsregion Hirschau liegt in einem Tal das idyllisch eingebettete Städtchen Bad Neunkirchen. Die 45.000 Einwohner zählende Stadt liegt ungefähr 50 km entfernt von einem aufstrebenden Ballungsgebiet, das ca. 600.000 Einwohner umfasst. Dessen Bewohner nutzen gerne die angrenzenden Waldgebiete zur Erholung und gehen zum Beispiel am Wochenende auf den Plateaubergen wandern. Um Bad Neunkirchen herum liegen kleinere Städte und Dörfer, die insgesamt 105.000 Einwohner zählen. Im Stadtrat der Kreisstadt kommt es aktuell zu einer kontrovers geführten Diskussion über die Zukunft der Region.

Die derzeit knapp stärkste Stadtratsfraktion „Wind" möchte noch im Jahr 2010 in der Region einen umfangreichen und ertragsstarken Windpark auf neuestem Stand der Technik errichten und im Namen und auf Rechnung des Landkreises betreiben. Ihre Argumente sind, dass laut aktueller Trends und Entwicklungen die erneuerbaren Energien in Zukunft immer mehr Zuspruch erhalten werden. Daher sei jetzt der richtige Zeitpunkt, auf den Zug in die Zukunft aufzuspringen und sich dadurch eine Vorreiterrolle im Bereich der erneuerbaren Energien zu sichern. Hinzu käme, dass derzeit solche Vorhaben auch staatlich subventioniert würden. Ihre Vision ist es, das „Silicon Valley" der erneuerbaren Energien im Bereich Windpark zu werden.

Diesen Plänen steht die Bürgerinitiative „pro Natur" ausgesprochen ablehnend gegenüber. Ihre Anhänger setzen sich für die Entstehung eines neuen Naturparkes in der Region noch im Jahr 2010 ein. Die Mitglieder von „pro Natur" sind Gegner des Windparks, weil dieser zur Folge hätte, dass sich das gesamte Landschaftsbild verändern würde. Zusätzlich würden die Artenvielfalt und der Erholungsnutzen in dieser Mittelgebirgslandschaft stark in Mitleidenschaft gezogen, so dass die Gefahr besteht, dass Bad Neunkirchen unter anderem der Badstatus aberkannt werden würde. Der Bürgerverband wird auch durch die ansässigen Heilkliniken der Gesundbrunnen GmbH unterstützt, da diese ihre Existenz durch den Windpark gefährdet sehen.

Da sich die beiden Parteien nicht einigen können und der Konflikt zu eskalieren droht, wird ein Schlichter zurate gezogen. In dieser Rolle fungiert der unparteiische Bürgermeister von Bad Neunkirchen. Seine Idee ist es, durch eine Beratungsfirma eine Kosten-Nutzen-Analyse sowohl für den Naturpark als auch für den Windpark anfertigen zu lassen, da es ihm darum geht, die beste Lösung für die Region zu ermitteln. Aus den resultierenden Daten und Kennzahlen soll die Entscheidung abgeleitet werden, die der Region eine prosperierende Zukunft verspricht. Mit dieser Lösung gehen die beiden Parteien konform. Der Bürgermeister beauftragt das Beratungsunternehmen „Roland Schneider", eine Kosten-Nutzen-Analyse der beiden alternativ vorgeschlagenen Projekte durchzuführen.

Um den Beratern von „Roland Schneider" einen Einblick in die Region Hirschau zu ermöglichen, werden diese kurzerhand eingeladen, um sich ein Bild über den Ist-Zustand zu verschaffen. Die Route führt zu den wichtigsten Stationen des Landkreises. Zuerst besichtigen die Berater eine der drei ansässigen Gesundbrunnen Kurkliniken, die durch ein speziell entwickeltes Verfahren ihre Patienten mit der nur in Hirschau vorkommenden Heilerde von Gelenkschmerzen befreien. Anschließend besuchen sie das Moor, in dem die Heilerde nachhaltig abgebaut wird. Dabei entdecken sie einen der seltenen Apollofalter sowie den vom Aussterben bedrohten Bergadler. Der Weg führt weiter durch die angrenzenden Urwälder und Nutzwälder[192]. Sie fahren an Waldarbeitern vorbei, die neue Bäume für den Nutzwald pflanzen und intensiv mit der Waldpflege beschäftigt sind. Auf den angrenzenden Flurstücken sehen sie Kühe weiden und einen Bauern, der sein Feld bestellt. Als Nächstes besuchen die Berater eine weitere, wunderschön gelegene Kurklinik auf dem Plateau des Blankensteins. Die von dichtem Wald umschlossene Kurklinik zeichnet sich durch ihre Abgeschiedenheit und hohe Verbundenheit mit der Natur aus und wird von Atemwegserkrankten aufgrund der sauberen und wohltuenden Luft bevorzugt gewählt. Bei einem Spaziergang durch den Wald fallen den Beratern die vielen Kurgäste auf, die sie unterwegs antreffen.

Nach Ende der Besichtigung wird am darauf folgenden Tag eine Sitzung im Rathaus mit den beiden Parteien, „Wind" und „pro Natur", sowie dem Bürgermeister der Stadt Bad Neunkirchen einberufen. Hierbei wollen die Berater von „Roland Schneider" die Ziele und Nebenbedingungen, die für die Kosten-Nutzen-Analyse gelten sollen, mit dem beiden Parteien dezidiert ausarbeiten. Das Ergebnis der kontrovers geführten Diskussion hält der Schriftführer wie folgt fest:

Ziel soll sein, eine Kosten-Nutzen-Analyse für den Windpark und für den Naturpark zu erstellen, um die Kosten und die Nutzen der jeweiligen Option einander gegenüberzustellen. Als Nebenbedingungen, auf welche sich beide Seiten einigen konnten, werden festgestellt:

– Die Artenvielfalt der Mittelgebirgsregion darf nicht gefährdet werden bzw. muss erhalten bleiben.

---

[192] Dient dem Zweck der Wertschöpfung für den Menschen (Brennholz, Bauholz).

– Der Abbau der Heilerde muss weiterhin möglich sein.
– Bad Neunkirchen muss den Badstatus weiterhin behalten können.
– Eines der beiden Projekte muss durchgeführt werden. Nichts zu tun kann sich die Region nicht leisten.

2. Datenbasis

Die Fraktion „Wind", die sich für den Bau des Windparks einsetzt, führt aus, dass sie schon in Verhandlungen mit einem großen Windkraftanlagenbauer, der „InVento GmbH", stehe, der aufgrund der prädestinierten Plateaulage hervorragende Voraussetzungen für einen umfangreichen Windpark sieht. „InVento" erwartet eine baldige Zusage, da sie sonst ein ähnliches Windpark-Projekt im angrenzenden Ausland verwirklichen würde und auf absehbare Zeit keine Kapazitäten zur Errichtung der Anlage in Neunkirchen zur Verfügung hätte. Daher steht „Wind" unter enormen Zeitdruck und erwartet eine schnelle Entscheidung. Da Windkraftanlagen als umweltfreundlich gelten sowie sicher und ohne Abhängigkeit von Rohstoffen günstigen Strom produzieren, erscheinen diese Investitionen auch prospektiv von großer Bedeutung.

„pro Natur" hat eine ganze Reihe von Argumenten gegen die Errichtung des Windparks gesammelt und führt an, dass durch die Abholzung des Waldes auf den Plateaubergen der Erholungsnutzen der Menschen in den Kurkliniken sowie im Umland stark negativ beeinträchtig wird. Durch den Wegfall „der grünen Lunge" würden sich das Klima und die Luftqualität stark verändern. Die Abholzung könnte zu Bodenerosion führen und das Moorgebiet könnte austrocknen, was wiederum den Abbau der Heilerde negativ beeinflussen und den Apollofalter bedrohen würde. Die Zerstörung des Landschaftsbildes durch die Abholzung des Waldes und die Aufstellung der Windkraftanlagen, die das Landschaftsbild nachhaltig beeinträchtigen und zudem noch Lärm verursachen, stellen eine weitere Bedrohung dar. Der Bau der Windparks verursacht sehr hohe Anschaffungskosten und würde den Landkreishaushalt stark belasten.

Dagegen würden durch den Naturpark die Artenvielfalt und das Landschaftsbild erhalten bleiben. Die Bürgerinitiative möchte erreichen, dass eine weiträumige Erholungslandschaft entstehen kann, die jedem Bürger zur Verfügung steht. Daraus folgend würde der Erholungsfaktor erhalten bzw. sogar gesteigert werden können. Im Umkehrschluss wären die Kurkliniken in ihrer Existenz gesichert und könnten eventuell expandieren, wodurch eine sanfte Nutzung der Natur möglich wäre. Der Naturpark könnte maßgeblich dazu beitragen, dass Bad Neunkirchen sein Alleinstellungsmerkmal in Bezug auf die Heilerde und die besonders saubere Luft ausbauen könnte und sein positives

Image weit über die Landesgrenzen hinaus weiter verbessert würde. Durch die Installierung von Naturlehrpfaden und den Bau eines Naturinformationshauses kann zusätzlich ein wichtiges Bildungsangebot geschaffen werden. Darüber hinaus würden die Arbeitsplätze im Kurklinikbereich gesichert sowie in der Forstwirtschaft aufgrund der Landschaftspflege erhalten bleiben. Die landwirtschaftliche Nutzfläche kann wie bisher bestehen bleiben, darf aber nicht mehr vergrößert werden. Für den Anbau von Nutzpflanzen gelten insofern Einschränkungen, dass nur landestypische Nutzpflanzen angebaut werden dürfen. Diese Einschränkungen sind als unkritisch zu betrachten, da bereits heute viele Bauern ihre Äcker entweder nicht mehr bewirtschaften oder auch schon in der Vergangenheit nur landestypische Nutzpflanzen angebaut haben.

Eine Aufstellung der geschätzten Kosten für den Bau des Naturinformationshauses und der Unterhaltskosten für den Naturpark werden den Beratern von der Bürgerinitiative zur Verfügung gestellt. Anschließend tragen die Berater die bisher erhaltenen Angaben und Informationen zusammen und analysieren, welche Daten sie zusätzlich zu den bisherigen benötigen. Diese werden beschafft und zusammengestellt. Die „Roland Schneiders" untergliedern ihre Auflistung in Daten für den Naturpark sowie in Daten für den Windpark und in Informationen und Annahmen, welche allgemein benötigt werden.

(A) Allgemeine Daten
- Geschätzte, durchschnittliche Teuerungsrate über die nächsten Jahre: 2 Prozent
- Diskontierungszinssatz: 5 Prozent (entspricht dem derzeitigen Zinssatz für langfristige Staatsschuldverschreibungen zzgl. eines Risikoaufschlags)
- Prinzipiell für die beiden Projekte zur Verfügung stehende Fläche: 100.000 ha

(B) Daten für den Naturpark
Der Naturpark umfasst eine Fläche von 100.000 ha.

Im durch Vergleich mit ähnlichen Einrichtungen geschätzten Einzugsgebiet des Naturparks leben ungefähr 750.000 Einwohner. Die prognostizierte Bevölkerungswachstumsrate in der Region um Hirschau beträgt jährlich 1,4 Prozent.

Der Fremdenverkehr in der Region erreicht laut Fremdenverkehrsamt für das Jahr 2010 ca. 7,5 Millionen Besucher. Die geschätzte jährliche Wachstumsrate beträgt 2,5 Prozent.

Zusätzlich übermittelt die Gesundbrunnen GmbH die Zahl der Patienten, die in den drei Kurkliniken für 2010 erwartet werden. Laut der Geschäftsführerin der Gesundbrunnen GmbH wird in den nächsten 20 Jahren eine jährliche Steigerungsrate von 0,5 Prozent erwartet. Im letzten Jahr wurden 349.440

Kurgäste in den Kurkliniken beherbergt. Die Kurkliniken waren damit zu ca. 70 Prozent ausgelastet.

Die Bürgerinitiative „pro Natur" stellt den Beratern die folgenden Kostenschätzungen für den Naturpark zusammen:

Einmalig anfallende Investitionskosten
- Baukosten für das Naturinformationshaus: 2.100.000 €
- Bauzeit des Naturinformationshauses beträgt 1 Jahr.

Laufende Kosten für Personal, Telekommunikation, Material, Verbrauchsstoffe, Pflege von Wald- und Wanderwegen, Beschilderung, Werbung und Öffentlichkeitsarbeit etc.
- Im ersten Jahr: 2.640.000 €
- In den Folgejahren: 2.610.000 €[193]

Für die Forstwirtschaft sowie die Landwirtschaft ergeben sich laut Aussage des Bürgerverbandes „pro Natur" keine Nachteile in Form von Produktionsausfällen.

In einer groß angelegten Umfrage des „Instituts für Freizeitforschung" einer großen Universität hat man in einer ähnlich strukturierten Region ermittelt, dass 19 Prozent der Bevölkerung im Einzugsgebiet am Wochenende einen irgendwie gearteten Ausflug unternehmen. Insgesamt werden bei diesen Ausflügen 16 Ausflugstage pro Jahr absolviert. Weiterhin konnte man feststellen, dass 14 Prozent der Wochenendausflügler bei ihren Unternehmungen einen Naturpark in ihrer Nähe besuchen. 30 Prozent dieser „Naherholer" besuchen den Naturpark auch an Wochentagen. Darüber hinaus erwarten die Ersteller der Umfrage wegen des generellen Trends zu mehr Naturerlebnissen einen kontinuierlichen Anstieg der Besucherzahlen für Naturparke über das Bevölkerungswachstum hinaus von ca. 1,4 Prozent pro Jahr.

Weitere wissenschaftliche Untersuchungen haben verdeutlicht, dass die durchschnittliche Verweildauer mit der Länge des Anfahrtsweges korreliert. Je länger die Anfahrtsdauer ist, desto länger ist die Verweildauer im Naturpark. Die durchschnittliche Verweildauer im Naturpark wird aufgrund dessen um 0,5 Stunden in den nächsten 20 Jahren ansteigen. Die aktuellen durchschnittlichen Verweildauern in einigen anderen, ähnlichen Naturparken können der nachfolgenden Abbildung D-1 entnommen werden.

---

[193] Der Bürgerverband „pro Natur " geht davon aus, dass sich die Kosten für die Öffentlichkeitsarbeit nach dem ersten Jahr vermindern. Aus diesem Grund sind die Kosten für die Folgejahre geringer als im ersten Jahr.

Naturpark	Stunden
Fichtennaturpark	3,2
Eichennaturpark	4,5
Eschennaturpark	3,2
Birkennaturpark	2,7
Kastaniennaturpark	2,3
Ahornnaturpark	3,4
Rotbuchennaturpark	2,8
Tannennaturpark	1,9

Abb. D-1: Durchschnittliche Aufenthaltsdauer im Naturpark

Jahr	Besucherzahlen
2010	0
2011	6.254
2012	13.256
2013	16.584
2014	19.813
2015	22.361
2016	23.648
2017	24.651
2018	25.384
2019	25.892
2020	26.410
2021	26.938
2022	27.476
2023	28.026
2024	28.446
2025	28.873
2026	29.306
2027	29.746
2028	30.192
2029	30.645
2030	31.104

Abb. D-2: Besucherprognose für
das Naturinformationshaus

Jahr	Nutzerzeitwert pro h
2010	9,89 €
2011	10,09 €
2012	10,28 €
2013	10,48 €
2014	10,67 €
2015	10,87 €
2016	11,07 €
2017	11,26 €
2018	11,46 €
2019	11,65 €
2020	11,85 €
2021	12,04 €
2022	12,24 €
2023	12,43 €
2024	12,63 €
2025	12,82 €
2026	13,02 €
2027	13,22 €
2028	13,41 €
2029	13,61 €
2030	13,80 €

Abb. D-3: Nutzerzeitwert pro Freizeitstunde

Die Besucherzahlen für das geplante Naturinformationshaus sollen mithilfe der Daten des Fichtennaturparks errechnet werden. Dieser weist aufgrund seiner Lage, Größe, Struktur und seines Einzugsgebiets eine hohe Ähnlichkeit mit dem zukünftigen Naturpark Hirschau auf. Das Naturinformationshaus des

Fichtennaturparks besteht nun seit sechs Jahren, so dass man anhand seiner bisherigen Besucherzahlen die in Abbildung D-2 ablesbare positive Entwicklung auch für den prospektiven Naturpark Hirschau unterstellen kann.

In Abbildung D-4 sind die Eintrittspreise[194] vergleichbarer Naturinformationshäuser in den umliegenden Naturparks zusammengestellt.

Naturpark	Eintrittspreis
Fichtennaturpark	4,50 €
Eschennaturpark	4,20 €
Birkennaturpark	4,20 €
Ahornnaturpark	3,50 €
Rotbuchennaturpark	3,60 €
Tannennaturpark	4,00 €

Abb. D-4: Eintrittspreise für Naturinformationshäuser

Die Berater überlegen, ob Sie, um den Nutzen der Erholung im Naturpark monetär zu bewerten, die Bevölkerung im Einzugsgebiet hinsichtlich ihrer Zahlungsbereitschaft für einen Naturparkbesuch befragt sollen, da eine Marktbewertung (z. B. über Eintrittspreise) bei Naturparken nicht möglich ist. Dieses Vorhaben wird jedoch wegen des knappen Zeitbudgets und der damit verbundenen hohen Kosten verworfen. Stattdessen finden sie mehrere Ansätze, die den gesuchten Wert über den durchschnittlichen Konsumvorbereitungsaufwand je Nutzerstunde, den so genannten Nutzerzeitwert[195] abbilden. Dieser wird ermittelt, indem man alle über Preise bewerteten Kosten (z. B. Anfahrtskosten, Ausrüstungskosten etc.) pro Stunde ermittelt, die in einem Naturpark verbracht wird und stellt die Untergrenze für den Nutzen einer solchen Einrichtung dar.[196] Die Berater entscheiden sich für die Berechnung des Nutzerzeitwertes, um den Erholungsnutzen zu erfassen, da sie hierzu in der Universitätsbibliothek eine aktuelle Studie mit verwendbaren Nutzerzeitwerten pro Freizeitstunde auftreiben können (siehe Abbildung D-3).

(C) Daten für den Windpark

Die Region Hirschau stellt die Bedingung, dass der „Bad-Status" der Region bei der Projektrealisierung erhalten bleiben muss. Darüber hinaus sollen auch keine allzu großen negativen Wirkungen auf die zum Teil sehr seltene Flora

---

[194] Bei den gegebenen Eintrittspreisen handelt es sich um den Durchschnittspreis, der keine Ermäßigungen berücksichtigt.

[195] Vgl. zum Beispiel Ewers/Schulz (1982).

[196] Vgl. Kapitel 1.2.2 ad e) b).

149

und Fauna (z. B. Apollofalter, Seeadler) sowie die Abbaumöglichkeiten der Heilerde und die Gäste der Kurkliniken verursacht werden. Die Fläche für das gesamte verfügbare Areal beträgt 100.000 ha. Die von Experten des Landesumweltamts ermittelten Vorgaben lauten unter anderem, dass nur 50 Prozent der verfügbaren Fläche für den Windpark genutzt werden dürfen, um keine der oben genannten negativen Auswirkungen auszulösen. Dies entspricht einer Fläche von maximal 50.000 ha. Die Partei „Wind" schlägt vor, lediglich 40.000 ha der zur Verfügung stehenden Fläche für den Windpark zu nutzen.

Aufgrund der unterschiedlichen Höhenlagen, die der Gutachter bereits in der Beratung hinsichtlich der Windparkanlage berücksichtigt, wird mit Bezug auf die Fläche eine maximale Anzahl von 500 Windrädern errechnet. Diese stellen die Planungsgrundlage für die Anlage und damit auch für die Kosten-Nutzen-Analyse dar.

Die geschätzte Bauzeit für eine derartige Windkraftanlage beträgt im Durchschnitt 3–6 Monate.[197] Die Berater gehen von einer Dauer von durchschnittlich 5 Monaten aus, da Schwierigkeiten bezüglich der unterschiedlichen Höhenlagen und der Straßenbefestigungen zu erwarten sind.

Die Berater von „Roland Schneider" gehen für ihre Kalkulationen davon aus, dass sie 500 Windräder mit jeweils 1000 kw (entspricht 1 MW) Maximalleistung zur Energiegewinnung einsetzen können. Die durchschnittliche, tatsächliche Leistung eines solchen Windkraftwerks in den betreffenden topografischen Verhältnissen wird auf 85 Prozent der Maximalleistung angenommen, da mit stark wechselnden Windverhältnissen gerechnet werden muss.

Die potentiellen Windparkbetreiber von „Wind" haben bereits mit einem Stromanbieter für alternativ erzeugten Strom einen Einspeisevertrag für Windstrom mit einer Laufzeit von 20 Jahren ausgehandelt. Dieser bezahlt 0,12 € je Kilowattstunde, die dem Netz zugeführt wird.

Die Baukosten für die Windparkanlage setzen sich zusammen aus den Flächenplanierungsmaßnahmen (100.000 €) und den Anschaffungskosten für die Windparkanlage selbst (Windräder, Leitungen etc.). Die „InVento GmbH" schlägt vor, die Windanlage „Teon" für die Region zu nutzen. Ein Windrad „Teon" hat einen Anschaffungspreis von 400.000 €.

Als laufende Kosten für den Windpark werden die jährlich anfallenden Betriebskosten (Personal, Reparaturen, Ersatz etc.) in Höhe von 800.000 € angesetzt.

Die Windkraftanlagen haben eine geschätzte Betriebslaufzeit von 20 Jahren. Nach Beendung der Betriebslaufzeit müssen die Anlagen laut Pachtver-

---

[197] Vgl. Gasch, R. (2009), S. 523.

trag mit den Grundstücksbesitzern abgerissen werden. Der Windparkbetreiber schätzt die Abrisskosten auf 150.000 € pro Windrad.

Die Land- und Forstwirte der Region geben an, dass Sie bisher im Rahmen ihrer Arbeit jährlich ca. 250 € je Hektar an Nettoerträgen (Ertrag abzüglich Aufwand) erwirtschaften konnten. Diese entfallen, da auf dem von der Windkraftanlage genutzten Flächen die ursprüngliche Nutzung für die Land-und Forstwirtschaft nicht mehr möglich ist. Weiterhin sind Pachteinnahmen an die Grundstücksbesitzer der 40.000 ha zu verbuchen, wobei hier je Hektar Nutzfläche ein Betrag von 200 € fällig wird.

3. Fragenkatalog zur strukturierten Bearbeitung der Fallstudie

Rahmenbedingungen

1. Wer ist der Entscheidungsträger für die Projektentscheidung?
2. Welche Nebenbedingungen treten in dieser Fallstudie auf?
3. Bestimmen Sie für Ihre Berechnungen einen geeigneten Betrachtungszeitraum! Erklären Sie kurz, worauf ihre Entscheidung basiert!

Kosten und Nutzen für den Naturpark

Kosten
4. Wie hoch sind die Kosten für den Naturpark im ersten Jahr?
5. Berechnen Sie die Gesamtkosten für den Betrachtungszeitraum und ermitteln sie die Summe der Gesamtkosten für den Naturpark!

Nutzen
Der zukünftige Naturpark soll vor allen den Bürgern und den Kurgästen als Erholungsgebiet dienen. Um dies zu gewährleisten, ist es notwendig, den Naturpark mit gut ausgeschilderten Wander- und Radwegen zu erschließen und diese mit Informationstafeln zu versehen.

Der Nutzen, den der Besucher dadurch erfährt lässt sich durch den Nutzenzeitwert erfassen.

6. Berechnen Sie die Anzahl der Naturparkbesuche anhand der gegeben Daten. Grundlegend sind die Anzahl der Einwohner, die den Naturpark als Naherholungsgebiet nutzen können. Nutzen Sie dabei das Datenmaterial zu den jeweiligen Wochenendausflüglern, Naturparkbesuchern und dem Aufschlag für Wochentagbesucher.
7. Aufbauend auf der Ermittlung der Besucherzahlen im Jahr 2010, stellen Sie nun eine Prognose für die Besucherzahlen bis zum Ende des Betrachtungszeitraums auf.

8. Berechnen Sie die Nutzerstunden des Naturparkes.
9. Ermitteln Sie daraufhin die Veränderung der Nutzerstunden bis zum Ende des Betrachtungszeitraums, basierend auf der Annahme, dass sich die Verweildauer um 0,5 Stunden innerhalb der nächsten 20 Jahre erhöht (im Jahr 2030: 3,5 Stunden)!
10. Berechnen Sie nun den gesamten, monetär bewerteten Erholungsnutzen der Besucher des Naturparks!
11. Ermitteln Sie den Nutzen des Naturinformationshauses mit Hilfe der Eintrittspreise und der Besucherzahlen!
12. Ermitteln Sie den Gesamtnutzen des Naturparks für jedes Jahr des Betrachtungszeitraums!

Mit-Und-Ohne-Prinzip

13. Was versteht man im Rahmen der Kosten-Nutzen-Analyse unter dem „Mit-Und-Ohne-Prinzip"?
14. Welche Vorgehensweise bei der Ermittlung der Kosten und Nutzen des Naturparks könnte mit diesem Prinzip in Konflikt geraten? Beurteilen Sie diesen Sachverhalt!

Kosten-Nutzen-Analyse „Windpark"

Kosten

15. Ermitteln Sie die einmaligen Investitionskosten für den Windpark.
16. Für die Landwirtschaft und Forstwirtschaft entstehen Verluste durch Ertragsausfälle aufgrund der Fremdnutzung der Fläche für den Windpark. Warum sind diese anzusetzen? Ermitteln Sie die Summe der Verluste für den Betrachtungszeitraum!
17. Kalkulieren Sie die Kosten für den laufenden Betrieb. Beachten Sie dabei, den Beginn der Inbetriebnahme!
18. Für den Abriss der Windparkanlage fallen ebenfalls Kosten an. Berechnen Sie diese!
19. Ermitteln Sie die Gesamtkosten für den Windpark über den Betrachtungszeitraum.

Nutzen

20. Berechnen Sie die Einnahmen durch den Einspeisevertrag für den Windpark! Begründen Sie, warum diese als reale Effekte anzusetzen sind!
21. In welcher Höhe sind die Einnahmen durch die Pacht anzusetzen? Um welche Art von Effekt handelt es sich dabei?

Diskontierung

22. Diskontieren Sie sowohl die Gesamtkosten als auch den Gesamtnutzen jährlich mit der gegebenen Diskontierungsrate von 5 Prozent!

Projektentscheidung

23. Für die rationale Projektentscheidung kann man sich in einer Kosten-Nutzen-Analyse unterschiedlicher Entscheidungskriterien bedienen. Welches dieser Kriterien bietet sich hier an? Begründen Sie Ihre Entscheidung!

24. Berechnen Sie das entsprechende Entscheidungskriterium jeweils für die alternativen Projekte und geben Sie auf dieser Grundlage eine Empfehlung ab, für welches Projekt sich die Region entscheiden sollte.

4. Musterlösung zu den Fragestellungen
Rahmenbedingungen

1. Wer ist der Entscheidungsträger für die Projektentscheidung?
Entscheidungsträger der Entscheidung ist der Stadtrat von Neunkirchen.

2. Welche Nebenbedingungen treten in dieser Fallstudie auf?
Die Nebenbedingungen sind: Die Artenvielfalt muss erhalten bleiben. Der Abbau der Heilerde muss sichergestellt werden. Der Badstatus soll erhalten bleiben. Es muss eines der Projekte realisiert werden.

3. Bestimmen Sie für Ihre Berechnungen einen geeigneten Betrachtungszeitraum. Erklären Sie kurz, worauf ihre Entscheidung basiert.
Der Betrachtungszeitraum umfasst das Entscheidungsjahr 2010 und weitere 20 Jahre bis 2030. Hierfür wird die Betriebszeit des Windparks bis zum Abriss als Grundlage genommen.

Kosten-Nutzen-Analyse „Naturpark"
Kosten

4. Wie hoch sind die Kosten für den Naturpark im ersten Jahr?
Gesamtkosten für das Erste Jahr:
Investitionskosten + Laufende Kosten im Ersten Jahr
2.100.000€ + 2.640.000€ = 4.740.000€

5. Berechnen Sie die Gesamtkosten für den Betrachtungszeitraum und ermitteln sie die Summe der Gesamtkosten für den Naturpark!

Kosten für die Laufzeit von 21 Jahren in Abbildung D-5 – Beachtung der 2 % Teuerungsrate als Aufschlag jährlich auf die variablen Kosten!

Jahr	Kosten
2010	4.740.000,00 €
2011	2.610.000,00 €
2012	2.662.200,00 €
2013	2.715.444,00 €
2014	2.769.752,88 €
2015	2.825.147,94 €
2016	2.881.650,90 €
2017	2.939.283,91 €
2018	2.998.069,59 €
2019	3.058.030,98 €
2020	3.119.191,60 €
2021	3.181.575,44 €
2022	3.245.206.94 €
2023	3.310.111,08 €
2024	3.376.313,31 €
2025	3.443.839,57 €
2026	3.512.716,36 €
2027	3.582.970,69 €
2028	3.654.630,10 €
2029	3.727.722,71 €
2030	3.802.277,16 €
Summe Kosten	68.156.135,16 €

Abb. D-5: Gesamtkosten für den Naturpark im Betrachtungszeitraum

Nutzen

6. *Berechnen Sie die Anzahl der Naturparkbesuche anhand der gegeben Daten. Grundlegend sind die Anzahl der Einwohner, die den Naturpark als Naherholungsgebiet nutzen können. Nutzen Sie dabei das Datenmaterial zu den jeweiligen Wochenendausflüglern, Naturparkbesuchern und dem Aufschlag für Wochentagbesucher.*

750.000 Einwohner × 19 % Wochenendausflügler = 142.500 Wochenendausflüge

142.500 Wochenendausflüge × 16 Ausflugtage = 2.280.000 Wochenendausflugtage

2.280.000 Wochenendausflugstage $\times$ 14 % Naturparkbesuche = 319.200 Naturparkbesuche

319.200 Naturparkbesuche am Wochenende + 30 % Aufschlag für Wochentagbesucher = 414.960 Naturparkbesuche

7. *Aufbauend auf der Ermittlung der Besucherzahlen im Jahr 2010, stellen Sie nun eine Prognose für die Besucherzahlen bis zum Ende des Betrachtungszeitraums auf.*

Jahr	Besucher
2010	414.960
2011	420.769
2012	426.660
2013	432.633
2014	438.690
2015	444.832
2016	451.060
2017	457.374
2018	463.778
2019	470.271
2020	476.854
2021	483.530
2022	490.300
2023	497.164
2024	504.124
2025	511.182
2026	518.339
2027	525.595
2028	532.954
2029	540.415
2030	547.981
Summe	10.049.466

Abb. D-6: Prognose der Besucherzahlen im Betrachtungszeitraum

8. *Berechnen Sie die Nutzerstunden des Naturparkes.*

Anhand der in Abbildung D-1 gegebenen Erhebung der durchschnittlichen Aufenthaltsdauer der Besucher in verschiedenen Naturparken wird nun das arithmetische Mittel gebildet. Daraus ergibt sich eine durchschnittliche Verweildauer von 3 Stunden (im Jahr 2010).

155

9. *Ermitteln Sie daraufhin die Veränderung der Nutzerstunden bis zum Ende des Betrachtungszeitraums, basierend auf der Annahme, dass sich die Verweildauer um 0,5 Stunden innerhalb der nächsten 20 Jahre erhöht (im Jahr 2030: 3,5 Stunden)!*

Die Aufteilung der Steigerung auf 3,5 Nutzerstunden bis zum Jahr 2030 ergibt eine jährliche Steigerung um 0,025 Stunden.

Jahr	Stunden
2010	3,000
2011	3,025
2012	3,050
2013	3,075
2014	3,100
2015	3,125
2016	3,150
2017	3,175
2018	3,200
2019	3,225
2020	3,250
2021	3,275
2022	3,300
2023	3,325
2024	3,350
2025	3,375
2026	3,400
2027	3,425
2028	3,450
2029	3,475
2030	3,500

Abb. D-7: Anzahl der Nutzerstunden bis zum Jahr 2030

10. *Berechnen Sie nun den gesamten, monetär bewerteten Erholungsnutzen der Besucher des Naturparks!*

Mit den bekannten Daten können die Berater die Nutzerstunden berechnen, indem sie die Besucheranzahl mit der Verweildauer multiplizieren. Die errechneten Nutzerstunden werden anschließend mit dem Nutzerzeitwert (Siehe Abbildung D-3) multipliziert. Die errechnete Summe gibt dann den monetären Erholungsnutzen der Gesamtbesucheranzahl wieder.

Jahr	Besucher-zahlen	Verweil-dauer (in h)	Nutzer-stunden	Nutzerzeit-wert	Monetärer Erholungsnutzen
2010	414.960	3,000	1.244.880,00	9,89 €	12.311.863,20 €
2011	420.769	3,025	1.272.826,23	10,09 €	12.842.816,61 €
2012	426.660	3,050	1.301.313,00	10,28 €	13.377.497,64 €
2013	432.633	3,075	1.330.346,48	10,48 €	13.942.031,06 €
2014	438.690	3,100	1.359.939,00	10,67 €	14.510.549,13 €
2015	444.832	3,125	1.390.100,00	10,87 €	15.110.387,00 €
2016	451.060	3,150	1.420.839,00	11,07 €	15.728.687,13 €
2017	457.374	3,175	1.452.162,45	11,26 €	16.351.349,19 €
2018	463.778	3,200	1.484.089,60	11,46 €	17.007.666,82 €
2019	470.271	3,225	1.516.623,98	11,65 €	17.668.669,31 €
2020	476.854	3,250	1.549.775,50	11,85 €	18.364.839,68 €
2021	483.530	3,275	1.583.560,75	12,04 €	19.066.071,43 €
2022	490.300	3,300	1.617.990,00	12,24 €	19.804.197,60 €
2023	497.164	3,325	1.653.070,30	12,43 €	20.547.663,83 €
2024	504.124	3,350	1.688.815,40	12,63 €	21.329.738,50 €
2025	511.182	3,375	1.725.293,25	12,82 €	22.117.567,19 €
2026	518.339	3,400	1.762.352,60	13,02 €	22.945.830,85 €
2027	525.595	3,425	1.800.162,88	13,22 €	23.798.153,21 €
2028	532.954	3,450	1.838.691,30	13,41 €	24.656.850,33 €
2029	540.415	3,475	1.877.942,13	13,61 €	25.558.792,32 €
2030	547.981	3,500	1.917.933,50	13,80 €	26.467.482,30 €
Summe	10.049.465	68,25	32.788.653,33	248,79 €	393.508.704,91 €

Abb. D-8: Monetärer Erholungsnutzen des Naturparks

11. Ermitteln Sie den Nutzen des Naturinformationshauses mit Hilfe der Eintrittspreise und der Besucherzahlen!

Die Nutzenberechnung lässt sich bezüglich des Naturinformationshauses mithilfe des Eintrittspreises berechnen. Dazu kalkulieren die Berater den Mittelwert der verschiedenen Preise vergleichbarer Naturinformationshäuser von 4 Euro als Eintrittspreis für das zukünftige Naturinformationshaus, siehe dazu Abbildung D-4. Der Nutzen des Naturinformationshauses berechnet sich aus dem Eintrittspreis inklusive der Inflationsrate von 2 Prozent für die Folgejahre, multipliziert mit den prognostizierten Besucherzahlen des Naturinformationshauses (Werte Abbildung D-2), siehe Abbildung D-9.

Jahr	Besucherzahlen	Preis	Nutzen
2010	0	4,00 €	0,00 €
2011	6.254	4,08 €	25.516,32 €
2012	13.256	4,16 €	55.166,17 €
2013	16.584	4,24 €	70.396,29 €
2014	19.813	4,33 €	85.784,91 €
2015	22.361	4,42 €	98.753,40 €
2016	24.651	4,50 €	106.525,96 €
2017	25.384	4,59 €	113.265,00 €
2018	25.892	4,69 €	118.965,61 €
2019	26.410	4,78 €	123.771,82 €
2020	26.938	4,88 €	128.772,20 €
2021	27.476	4,97 €	133.974,60 €
2022	28.026	5,07 €	139.387,17 €
2023	28.446	5,17 €	145.018,51 €
2024	28.873	5,28 €	150.137,56 €
2025	29.306	5,38 €	155.437,42 €
2026	29.746	5,49 €	160.924,36 €
2027	30.192	5,60 €	166.604,99 €
2028	30.645	5,71 €	172.486,14 €
2029	31.104	5,83 €	178.547,90 €
2030		5,94 €	184.878,60 €

Abb. D-9: Jährlicher Nutzen des Naturinformationshauses im Betrachtungszeitraum

Da im ersten Jahr das Naturinformationshaus erbaut wird, können im Jahr 2010 keine Besucher gezählt werden.

12. Ermitteln Sie den Gesamtnutzen des Naturparks für jedes Jahr des Betrachtungszeitraums!

In Abbildung D-10 werden der bereits berechnete monetäre Erholungsnutzen und der Nutzen des Naturinformationshauses addiert. Dies bildet dann später die Berechnungsgrundlage für die Diskontierungsrechnung.

Jahr	Monetärer Erholungsnutzen	Nutzen des Naturinformationshauses	Summe
2010	12.311.863,20 €	0,00 €	12.311.836,20 €
2011	12.842.816,61 €	25.516,32 €	12.868.332,93 €
2012	13.377.497,64 €	55.166,17 €	13.432.663,81 €
2013	13.942.031,06 €	70.396,29 €	14.012,427,35 €
2014	14.510.549,13 €	85.784,91 €	14.596.334,04 €
2015	15.110.387,00 €	98.753,40 €	15.209.140,40 €
2016	15.728.687,13 €	106.525,96 €	15.835.213,69 €
2017	16.351.349,19 €	113.265,00 €	16.464.614,19 €
2018	17.007.666,82 €	118.965,61 €	17.126.632,43 €
2019	17.668.669,31 €	123.771,82 €	17.732.441,13 €
2020	18.364.839,68 €	128.772,20 €	18.493.611,88 €
2021	19.066.071,43 €	133.974,60 €	19.200.046,03 €
2022	19.804.197,60 €	139.387,17 €	19.943.584,77 €
2023	20.547.663,83 €	145.018,51 €	20.692.682,24 €
2024	21.329.738,50 €	150.137,56 €	21.479.876,06 €
2025	22.117.567,19 €	155.437,42 €	22.273.004,61 €
2026	22.945.830,85 €	160.924,36 €	23.106.755,21 €
2027	23.798.153,21 €	166.604,99 €	23.964.758,20 €
2028	24.656.850,33 €	172.486,14 €	24.829.336,47 €
2029	25.558.792,32 €	178.547,90 €	25.737.367,22 €
2030	26.467.482,30 €	184.878,60 €	26.652.360,90 €
Summe	393.508.704,91 €	2.514.341,83 €	396.023.046,74 €

Abb. D-10: Gesamtnutzen des Naturparks

Mit-Und-Ohne-Prinzip

13. *Was versteht man im Rahmen der Kosten-Nutzen-Analyse unter dem „Mit-Und-Ohne-Prinzip"?*
Es dürfen im Sinne des „Mit-Und-Ohne-Prinzips" nur solche Kosten und Nutzen angesetzt werden, die ausschließlich durch das bewertete Projekt entstehen.

14. *Welche Vorgehensweise bei der Ermittlung der Kosten und Nutzen des Naturparks könnte mit diesem Prinzip in Konflikt geraten? Beurteilen Sie diesen Sachverhalt!*
Es dürften im Sinne des „Mit-Und-Ohne-Prinzips" nur solche Kosten angesetzt werden, die dadurch entstehen, dass die Fläche als Naturpark genutzt wird. Da auch ohne den Naturpark eine ganze Reihe der angesetzten Kosten

159

(z. B. Pflege der Wege als forstwirtschaftliche Verpflichtung) anfällt, verstößt der Ansatz gegen das Prinzip. Dies würde allerdings auch für den komplett angesetzten Erholungsnutzen analog gelten, der teilweise auch ohne den Status des Naturparks vorhanden wäre. Da sich der Erholungsnutzen allein durch den Naturpark jedoch nicht separat errechnen lässt, werden sowohl die Kosten als auch der Nutzen voll angesetzt. Dabei kann man vermuten, dass sich die Effekte aufheben.

Kosten-Nutzen-Analyse „Windpark"
Kosten

15. Ermitteln Sie die einmaligen Investitionskosten für den Windpark!
Die Investitionskosten berechnen sich aus der Addition der Baukosten und der Anschaffungskosten für die Windanlage.
Das bedeutet:
100.000 € + (400.000 € × 500 Windräder) = 200.100.000 € (200,1 Mio. €)

16. Für die Landwirtschaft und Forstwirtschaft entstehen Verluste durch Ertragsausfälle aufgrund der Fremdnutzung der Fläche für den Windpark. Warum sind diese anzusetzen? Ermitteln Sie die Summe der Verluste für den Betrachtungszeitraum!
Für die Ermittlung der Kosten für den Ertragswegfall gilt das Opportunitätsprinzip. Hier sind die Kosten in Höhe von 250 € je Hektar anzusetzen, da diese nun weggefallenen Erträge bei alternativer Nutzung erzielbar wären. Die Pachteinnahmen für das betreffende Areal geben keinen marktrationalen Preis an und können daher zur Monetarisierung nicht verwendet werden.
Als Wert für den Ertragsausfall ergibt sich 40.000 ha × 250 € = 10.000.000 € / Jahr oder 210 Mio. € über den gesamten Betrachtungszeitraum.

17. Kalkulieren Sie die Kosten für den laufenden Betrieb. Beachten Sie dabei den Beginn der Inbetriebnahme.
Es entstehen laufende Betriebskosten in Höhe von 800.000 €, die sich aufgrund der Windparkanlagengröße ergeben. Im ersten Jahr errechnet sich lediglich ein Anteil von 7/12 der Betriebskosten für die Nutzung der Windparkanlage für 7 Monate:
Jahr 2010: 800.000 € /12 Monate × 7 Monate = 466.666,67 €

In Abbildung D-11 werden die Betriebskosten unter Berücksichtigung der Inflationsrate von 2 % jährlich aufgelistet.

Jahr	Betriebskosten
2010	466.666,67 €
2011	816.000,00 €
2012	832.320,00 €
2013	848.966,40 €
2014	865.945,73 €
2015	883.264,64 €
2016	900.929,94 €
2017	918.948,53 €
2018	937.327,50 €
2019	956.074,05 €
2020	975.195,54 €
2021	994.699,45 €
2022	1.014.593,44 €
2023	1.034.885,30 €
2024	1.055.583,01 €
2025	1.076.694,67 €
2026	1.098.228,56 €
2027	1.120.193,14 €
2028	1.142.597,00 €
2029	1.165.448,94 €
2030	1.188.757,92 €
Summe	20.293.320,43 €

Abb.D-11: Betriebskosten des Windparks im Betrachtungszeitraum

18. Für den Abriss der Windparkanlage fallen ebenfalls Kosten an. Berechnen Sie diese.

Die Windparkanlage umfasst 500 Windräder. Für jedes Windrad entstehen 150.000 € Abrisskosten im Jahr 2030. Somit ergibt sich eine Summe von 75.000.000 € Abrisskosten.

19. Ermitteln Sie die Gesamtkosten für den Windpark über den Betrachtungszeitraum.

Jahr	Investitions- /Abrisskosten	Ertragsausfall Forst- und Landwirtschaft	Betriebskosten	Gesamtkosten
2010	200,1 Mio. €	10 Mio. €	466.666,67 €	210.566.666,67 €
2011		10 Mio. €	816.000.00 €	10.816.000,00 €
2012		10 Mio. €	832.320,00 €	10.832.320,00 €
2013		10 Mio. €	848.966,40 €	10.848.966,40 €
2014		10 Mio. €	865.945,73 €	10.865.945,73 €
2015		10 Mio. €	883.264,64 €	10.883.264,64 €
2016		10 Mio. €	900.929,94 €	10.900.929,94 €
2017		10 Mio. €	918.948,53 €	10.918.948,53 €
2018		10 Mio. €	937.327,50 €	10.937.327,50 €
2019		10 Mio. €	956.074,05 €	10.956.074,04 €
2020		10 Mio. €	975.195,54 €	10.975.195,54 €
2021		10 Mio. €	994.699,45 €	10.994.699,45 €
2022		10 Mio. €	1.014.593,44 €	11.014.593,44 €
2023		10 Mio. €	1.034.885,30 €	11.034.885,30 €
2024		10 Mio. €	1.055.583,01 €	11.055.583,01 €
2025		10 Mio. €	1.076.694,67 €	11.076.694,67 €
2026		10 Mio. €	1.098.228,56 €	11.098.228,56 €
2027		10 Mio. €	1.120.193,14 €	11.120.193,14 €
2028		10 Mio. €	1.142.597,00 €	11.142.597,00 €
2029		10 Mio. €	1.165.448,94 €	11.165.448,94 €
2030	75 Mio. €	10 Mio. €	1.188.757,92 €	86.188.757,92 €
Summe	275,1 Mio. €	210 Mio. €	20.293.320,43 €	505.393.320,43 €

Abb.D-12: Gesamtkosten für den Windpark

Nutzen

20. Berechnen Sie die Einnahmen durch den Einspeisevertrag für den Windpark! Begründen Sie, warum diese als reale Effekte anzusetzen sind!
Ermittlung der Einnahmen durch den Einspeisevertrag:
    Die Einnahmen pro Jahr berechnen sich als:
    Anzahl Windräder × tatsächliche Leistung × Strompreis je kw/h
    Hierbei ist zu beachten, dass im ersten Jahr nur anteilig Stromeinnahmen für die letzten 7 Monate des Jahres berechnet werden dürfen, da die Windparkanlage 5 Monate Bauzeit benötigt. Daraus ergibt sich folgende Aufstellung der jährlichen Erträge:

Jahr	Einspeisevertrag
2010	1.085.875,00 €
2011	1.861.500,00 €
2012	1.861.500,00 €
2013	1.861.500,00 €
2014	1.861.500,00 €
2015	1.861.500,00 €
2016	1.861.500,00 €
2017	1.861.500,00 €
2018	1.861.500,00 €
2019	1.861.500,00 €
2020	1.861.500,00 €
2021	1.861.500,00 €
2022	1.861.500,00 €
2023	1.861.500,00 €
2024	1.861.500,00 €
2025	1.861.500,00 €
2026	1.861.500,00 €
2027	1.861.500,00 €
2028	1.861.500,00 €
2029	1.861.500,00 €
2030	1.861.500,00 €
Summe	38.315.875,00 €

Abb.D-13: Nutzen des Windparks durch den Einspeisevertrag

21. In welcher Höhe sind die Einnahmen durch die Pacht anzusetzen? Um welche Art von Effekt handelt es sich dabei?

Die Pachtgebühren stellen einen reinen pekuniären Effekt dar und dürfen nicht angesetzt werden. Sie könnten theoretisch zur Monetarisierung der entgangenen Erträge der Land- und Forstwirtschaft verwendet werden. Da diese aber nachgewiesenermaßen höher ausfallen, werden die Pachtgebühren in der KNA nicht benötigt.

Diskontierung

22. Diskontieren Sie sowohl die Gesamtkosten als auch den Gesamtnutzen für beide alternativen Projekte jährlich mit der gegebenen Diskontierungsrate von 5 Prozent!

Jahr	Gesamtnutzen	Diskontierte Summe	Gesamtkosten	Diskontierte Summe
2010	12.311.836,20 €	12.311.863,20 €	4.740.000,00 €	4.740.000,00 €
2011	12.868.332,93 €	12.255.555,17 €	2.610.000,00 €	2.485.714,29 €
2012	13.432.663,81 €	12.183.822,05 €	2.662.200,00 €	2.414.693,88 €
2013	14.012,427,35 €	12.104.461,59 €	2.715.444,00 €	2.345.702,62 €
2014	14.596.334,04 €	12.008.440,14 €	2.769.752,88 €	2.278.682,55 €
2015	15.209.140,40 €	11.916.759,47 €	2.825.147,94 €	2.213.577,34 €
2016	15.835.213,69 €	11.816.480,26 €	2.881.650,90 €	2.150.332,27 €
2017	16.464.614,19 €	11.701.093,91 €	2.939.283,91 €	2.088.894,20 €
2018	17.126.632,43 €	11.591.978,96 €	2.998.069,59 €	2.029.211,51 €
2019	17.732.441,13 €	11.469.166,19 €	3.058.030,98 €	1.971.234,04 €
2020	18.493.611,88 €	11.353.473,44 €	3.119.191,60 €	1.914.913,06 €
2021	19.200.046,03 €	11.225.869,26 €	3.181.575,44 €	1.860.201,27 €
2022	19.943.584,77 €	11.105.334,25 €	3.245.206.94 €	1.807.052,65 €
2023	20.692.682,24 €	10.973.771,19 €	3.310.111,08 €	1.755.422,58 €
2024	21.479.876,06 €	10.848.797,03 €	3.376.313,31 €	1.705.267,65 €
2025	22.273.004,61 €	10.713.696,04 €	3.443.839,57 €	1.656.545,72 €
2026	23.106.755,21 €	10.585.470,80 €	3.512.716,36 €	1.609.215,84 €
2027	23.964.758,20 €	10.455.744,62 €	3.582.970,69 €	1.563.238,24 €
2028	24.829.336,47 €	10.317.102,15 €	3.654.630,10 €	1.518.574,29 €
2029	25.737.367,22 €	10.185.150,17 €	3.727.722,71 €	1.475.186,46 €
2030	26.652.360,90 €	10.044.994,52 €	3.802.277,16 €	1.433.038,27 €
Summe	396.023.046,74 €	237.169.024,44 €	68.156.135,16 €	43.016.698,72 €

Abb. D-14: Diskontierungsrechnung Naturpark

Für den Naturpark ergibt sich nach 20 Jahren ein diskontierter Gesamtnutzen von 237.169.024,44 €. Dem gegenüber stehen die diskontierten Gesamtkosten in Höhe von insgesamt 43.016.698,72 €.

Bei dem Windpark lassen sich die diskontierten Werte aus Abbildung D-15 ablesen.

Jahr	Gesamtnutzen	Diskontierte Summe	Gesamtkosten	Diskontierte Summe
2010	1.085.875,00 €	1.085.875,00 €	210.566.666,67 €	210.566.666,67 €
2011	1.861.500,00 €	1.772.857,14 €	10.816.000,00 €	10.300.952,38 €
2012	1.861.500,00 €	1.688.435,37 €	10.832.320,00 €	9.825.233,56 €
2013	1.861.500,00 €	1.608.033,69 €	10.848.966,40 €	9.371.745,08 €
2014	1.861.500,00 €	1.531.460,66 €	10.865.945,73 €	8.939.440,44 €
2015	1.861.500,00 €	1.458.533,96 €	10.883.264,64 €	8.527.322,62 €
2016	1.861.500,00 €	1.389.079,96 €	10.900.929,94 €	8.134.441,76 €
2017	1.861.500,00 €	1.322.933,30 €	10.918.948,53 €	7.759.892,86 €
2018	1.861.500,00 €	1.259.936,47 €	10.937.327,50 €	7.402.813,77 €
2019	1.861.500,00 €	1.199.939,50 €	10.956.074,04 €	7.062.383,02 €
2020	1.861.500,00 €	1.142.799,52 €	10.975.195,54 €	6.737.818,00 €
2021	1.861.500,00 €	1.088.380,50 €	10.994.699,45 €	6.428.373,06 €
2022	1.861.500,00 €	1.036.552,85 €	11.014.593,44 €	6.133.337,77 €
2023	1.861.500,00 €	987.193,19 €	11.034.885,30 €	5.852.035,28 €
2024	1.861.500,00 €	940.183,99 €	11.055.583,01 €	5.583.820,68 €
2025	1.861.500,00 €	895.413,33 €	11.076.694,67 €	5.328.079,53 €
2026	1.861.500,00 €	852.774,60 €	11.098.228,56 €	5.084.226,38 €
2027	1.861.500,00 €	812.166,28 €	11.120.193,14 €	4.851.703,43 €
2028	1.861.500,00 €	773.491,70 €	11.142.597,00 €	4.629.979,20 €
2029	1.861.500,00 €	736.658,76 €	11.165.448,94 €	4.418.547,29 €
2030	1.861.500,00 €	701.579,77 €	86.188.757,92 €	32.483.636,40 €
Summe	38.315.875,00 €	24.284.279,55 €	505.393.320,43 €	375.422.449,19 €

Abb. D-15: Diskontierungsrechnung Windpark

Insgesamt ermittelt sich ein diskontierter Gesamtnutzen von 24.824.279,55 €. Demgegenüber steht ein diskontierter Gesamtkostenwert von 375.422.449,19 €.

Projektentscheidung

23. *Für die rationale Projektentscheidung kann man sich in einer Kosten-Nutzen-Analyse unterschiedlicher Entscheidungskriterien bedienen. Welches dieser Kriterien bietet sich hier an? Begründen Sie Ihre Entscheidung!*

Da sich die beiden einzigen Projekte gegenseitig ausschließen, würden sowohl der Nettogegenwartswert als auch der Nutzen-Kosten-Quotient zuverlässig die richtige Entscheidung nahelegen. Insofern sollen an dieser Stelle beide Kriterien berechnet und interpretiert werden.

24. Berechnen Sie das entsprechende Entscheidungskriterium jeweils für die alternativen Projekte und geben Sie auf dieser Grundlage eine Empfehlung ab, für welches Projekt sich die Region entscheiden sollte.

Naturpark:
NKQ= diskontierter Nutzen / diskontierte Kosten
NKQ= 237.169.024,44 € / 43.016.698,72 €
NKQ= 5,51

Windpark:
NKQ= diskontierter Nutzen / diskontierte Kosten
NKQ= 24.284.279,55 € / 375.422.449,19 €
NKQ= 0,0646

Es ergibt sich lediglich für den Naturpark ein NKQ > 1, während beim Windpark die Kosten deutlich überwiegen und somit einen NKQ < 1 bewirken. Daher sollte der Naturpark verwirklicht werden.

Dieses Verhältnis von Nutzen zu Kosten spiegelt sich auch beim Nettogegenwartswert wider, welcher für den Naturpark bei +194.152.325,72 € und beim Windpark bei -351.138.169,64 € liegt.

Fallstudie (E)
Jodprävention für den Fall nuklearer Störfälle:
Nutzen und Kosten einer Vorverteilung von Jodtabletten zum Schutz
gegen Schilddrüsenkrebs
Veronika Kölle und Martin Popall

1. Situationsbeschreibung – „Story"

Bei einem Störfall oder Unfall in einem Kernkraftwerk kann radioaktives Jod in die Umgebung gelangen. Dieses schlägt sich zum einen nieder und droht in Form von Nahrung oder Flüssigkeit aufgenommen zu werden. Zum anderen besteht die Gefahr einer Resorption über die Lunge. Die Aufnahme radioaktiven Jods in der Schilddrüse kann mittels einer Jodblockade verringert und somit eine Reduktion von Schilddrüsenkrebsfällen erreicht werden. Hierzu wird nicht-radioaktives, stabiles Jod in Tablettenform an die Bevölkerung ausgegeben. Eine Jodblockade bietet jedoch keinen allgemeinen Strahlenschutz oder Schutz vor anderen Krebserkrankungen. Zudem müssen die Tabletten möglichst vor oder unmittelbar nach einer Strahlenexposition eingenommen werden, da ansonsten die Schutzwirkung rasch sinkt. Bisher ist in Kernkraftwerken in Deutschland kein Störfall aufgetreten, welcher zur Auslösung einer Jodblockade geführt hätte.

Das Strahlenschutzvorsorgegesetz (StrVG) bildet die Grundlage für die Regelung der Aufgabenverteilung zwischen Bund und Ländern bezüglich der Strahlenschutzmaßnahmen. Im Jahr 2004 beschaffte die Bundesregierung 137 Millionen Jodtabletten, welche hauptsächlich in Zentrallagern vorgehalten werden.[198] Die Entscheidung über die Auslösung einer Jodblockade im Krisenfall obliegt gemäß dem StrVG dem Bundesminister für Umwelt, Naturschutz und Reaktorsicherheit – die jeweiligen Katastrophenschutzbehörden setzen die Maßnahmen dann um.[199] Die Verteilung der Jodtabletten im Radius bis 25 km um ein Kernkraftwerk ist Aufgabe der Länder, im Radius von 25–100 km ist der Bund zuständig. Dies äußert sich in der auf Landesebene unterschiedlichen Wahl der Verteilungsweise.

Da z. B. Hessen und Baden-Württemberg im 5-km-Radius um ein Kernkraftwerk Jodtabletten vorverteilen, Bayern aber nicht, soll eine Empfehlung des Bundes zur Handhabung der Jodausgabe im Nahgebiet um Kernkraftwerke gegeben werden. Außerdem soll geprüft werden, ob eine Vorverteilung im 5–25-km-Radius ebenfalls ratsam erscheint.

---

[198] Vgl. o.V. (2004a).
[199] Vgl. o.V. (o. Jg.).

Um das fiktive Kernkraftwerk Grauberge in Deutschland wohnen ca. 19 Tausend Menschen im Radius bis 5 km um das Kraftwerk und ca. 521 Tausend Menschen im 5–25-km-Radius. 7 Millionen Menschen zählt die Bevölkerung im 25–100-km-Radius um die Anlage.[200] Das Modell-Kernkraftwerk Grauberge, welches noch 8 Jahre am Netz bleiben wird, dient als Grundlage für die nachfolgende Betrachtung.

Innerhalb des Entscheidungsgremiums ist eine lebhafte Diskussion entbrannt, welche negativen Folgen die Vorverteilung im 5-km- und im 25-km-Radius haben könnte. Der bayrische Abgeordnete fürchtet, dass ängstliche Bürger die Tabletten aus überhöhter Angst einnehmen könnten und berichtet von einem Einzelfall, bei dem eine Frau einige Tage lang im Krankenhaus behandelt werden musste, nachdem sie eine Jodtablette zum Schutz vor möglichem Fallout der Fukushima-Katastrophe genommen haben soll. Mediziner bemängeln die bisher verwendete Datenlage zu Neuerkrankungen, Ingenieure diskutieren kontrovers die Wahrscheinlichkeit eines Störfalls. Und nicht zuletzt setzt sich der Förderverein für Brandschutz e.V. dafür ein, die für die Vorverteilung geplanten Finanzmittel für bessere Brandschutztüren in öffentlichen Gebäuden und damit geplanter zeitnaher Rettung von Menschenleben und nicht für Projekte mit einer Wahrscheinlichkeit von „eins zu einer Milliarde", wie er immerzu betont, einzusetzen. Weiterhin spottet er, dass z. B. im Fall eines raschen Windzugs selbst bei funktionierendem Katastrophenschutzplan für die meisten Menschen ohnehin keine Schutzwirkung mehr durch die Jodblockade zu erwarten sei und man eigentlich ohnehin nur beten könne, dass im Fall einer Katastrophe ein schöner Sommertag ohne Windzug sein würde.

Aufgrund der immer unübersichtlicheren Entscheidungsgrundlage werden Sie vom Bundesminister für Umwelt, Naturschutz und Reaktorsicherheit beauftragt, eine Kosten-Nutzen-Analyse durchzuführen. Diese soll Klarheit darüber schaffen, ob die entstehenden Kosten einer Vorverteilung von Jodtabletten von den entsprechenden Nutzen im 5 bzw. 5–25-km-Radius um Kernkraftwerke gerechtfertigt werden.

2. Datenbasis

Die aktuelle Gesetzeslage schreibt eine Ausgabe von Jodtabletten im Radius bis 25 km um das Kraftwerk für alle Personen unter 45 Jahren vor, wenn die entsprechenden Grenzwerte für radioaktives Jod in der Umwelt überschritten werden. Im Radius 25–100 km werden Jodtabletten nur für Minderjährige und Schwangere vorgehalten. Als Eingriffswert für die Initiierung einer Jod-

---

[200] Dies sind Mittelwerte der tatsächlichen Bevölkerungszahlen in den genannten Radien um die Kernkraftwerke in Deutschland. Vgl. Aisch, Gregor (2011).

blockade wird 50mS für unter 18-jährige und Schwangere und 250mS für Erwachsene bis 45 Jahre angegeben (Strahlen-Organdosis für die Schilddrüse in Millisievert), sofern radioaktives Jod in der Umwelt registriert wird.[201] Das Bundesamt für Strahlenschutz gibt auf seiner Webseite an, dass die Verteilung unabhängig von Tageszeit und Witterung in den in folgender Abbildung genannten Zeiträumen erfolgen können muss.[202]

Radius um ein Kraftwerk	Zeit für die Verteilung	Zuständigkeit
0–5 km	2 Stunden	Land
5–25 km	4 Stunden	Land
25–100 km	12 Stunden	Bund

Abb. E-1: Vorgaben des Strahlenschutzes bezüglich Verteilung der Tabletten

Kosten für die Tabletten

2004 beschaffte die Bundesregierung 137 Millionen Tabletten Kaliumjodid 65 mg für 2,8 Millionen €. Die Tablettenanzahl übersteigt die Einwohnerzahl Deutschlands, weil zum einen z. B. für Erwachsene eine Dosierung von zwei Tabletten notwendig ist und durch Verlust etc. ein höherer Bedarf pro Kopf zu erwarten ist.

Lagerung und Distribution der Tabletten

Der Wirkstoff der Jodtabletten, das stabile Kaliumjodid, ist nahezu unbegrenzt haltbar. Regelmäßige Kontrollen überprüfen den ausreichenden Jodgehalt der Tabletten über den Verlauf der Zeit. Für die Überprüfung wird angenommen, dass dies als Nebentätigkeit anfällt. Die Tabletten werden bundesweit in fünf der ohnehin bestehenden Lager der Bundespolizei aufbewahrt, weswegen für die zusätzlich zu beschaffenden Tabletten kaum Kosten entstehen. Vereinfacht werden für die Distribution in die Lager und die Lagerhaltung Kosten von insgesamt 10.000 € angenommen. Im Störfall erhöhen sich diese durch Eileinsätze und nötige Spezialausrüstung jedoch deutlich. Die Verteilung der Tabletten erfolgt mit der Information der Bevölkerung seitens der Polizei oder über Apotheken und Feuerwehren (5–25-km-Radius). Um den Mehraufwand (Logistik, Personal[203]) zu beziffern, werden Kosten für einen vergleichbaren

---

[201] Vgl. www.bfs.de (o.Jg.1).

[202] Vgl. www.bfs.de (o.Jg.2).

[203] Es ist zu beachten, dass Rettungskräfte im Fall einer Verteilung einer höheren Strahlendosis ausgesetzt werden. Unter der Annahme funktionierender Katastrophenschutzmaßnahmen werden jedoch die Grenzwerte eingehalten und daher keine gesundheitlichen Konsequenzen berechnet.

Katastrophenschutzeinsatz und vereinfacht 200.000 € für Information der Verteilstellen vorab, Eillieferung in Apotheken und Feuerwehren und weitere Maßnahmen im Radius von 5–25 km angesetzt. Die Entsorgungskosten der Tabletten werden als leichte Erhöhung der Herstellkosten vereinfacht, da der Zeitpunkt der Entsorgung unbekannt ist; ein Verkauf der Tabletten zum Restwert wird nicht vorgesehen. Es werden daher insgesamt 0,021 € pro Tablette veranschlagt.

Die Kosten für die Lagerung fallen unabhängig von einer Vorverteilung oder Verteilung im Krisenfall an. Es wird davon ausgegangen, dass über die Zeit Tabletten nachverteilt werden. Weiterhin muss auch für nicht wohnhafte, aber anwesende Personen im Katastrophengebiet Jod vorgehalten werden. Da man im Krisenfall nicht weiß, welche Personen bereits versorgt sind, muss trotz der Vorverteilung stets eine ausreichende Menge Jodtabletten eingelagert sein. Aus diesem Grund werden durch eine Vorverteilung die Lagerungskosten nicht geschmälert.

Zusätzliche Kosten bei Vorverteilung
Die Tabletten werden entweder mit Amtsblättern oder per Post als Warensendung à 45 Cent an die Haushalte verteilt; die Informationen zur Verwendung werden beigelegt. In einem Haushalt wohnen durchschnittlich 2,12 Personen. Da die Ermittlung der zu versorgenden Haushalte (Personen unter 45 Jahre, evtl. Beilage weiterer Blister ab einer bestimmten Personenzahl) einen zusätzlichen Aufwand bedeutet, werden die Kosten für die Verteilung nicht um Margeneffekte nach unten korrigiert. Zwar lassen sich die Haushalte nicht nach Altersgruppen zusammenfassen, jedoch werden ohnehin aufgrund der Dosierung zusätzliche Tabletten benötigt. Die vorab genannten Verteilungskosten werden wegen der schlechten Verfügbarkeit der Tabletten (nach Verlust oder Nichtauffindbarkeit) mit Faktor 1,1 angesetzt – zumal evtl. Tabletten aufgrund von Zuzügen oder Verlust zusätzlich nachverteilt werden müssen. Dies kann z. B. aufgrund von Einzelanfragen von Bürgern oder beispielsweise in Gebieten nach Hochwasserkatastrophen, bei denen von einem flächendeckenden Verlust der Tabletten ausgegangen werden muss, notwendig sein. Dies schließt die Unauffindbarkeit der Tabletten im konkreten Katastrophenfall jedoch noch nicht ein.

Durch die Vorverteilung besteht die Möglichkeit, dass Personen aus Furcht vor radioaktivem Fallout durch Störfälle in anderen Ländern wie nach Fukushima oder z. B. nach einem lauten Knall und Stromausfall die Tabletten ohne Anweisung der zuständigen Stellen bzw. ohne Notwendigkeit einnehmen. Hierbei handelt es sich um Einzelfälle; es wird angenommen, dass im gesamten betrachteten Zeitraum von 8 Jahren ein Promille der Personen eine einmalige Fehleinnahme vornimmt.[204] Hieraus entstehen Kosten für die Behandlung von Nebenwirkungen, welche im weiteren Verlauf aufgeschlüsselt werden.

Annahmen zur Verteilung im Krisenfall
Bei einer Verteilung im Krisenfall müssen die Jodtabletten durch die zuständigen Stellen ausgegeben werden. Bis 5 km um das Kernkraftwerk werden die Tablettenblister beispielsweise vor der Haustür abgelegt. Darüber hinaus müssen die Menschen zu den Verteilstellen gehen, um ihre Tabletten abzuholen, was zu einer höheren Exposition mit radioaktiven Substanzen führt.

Für den Fall einer rechtzeitigen Information der Bevölkerung wird keine erhöhte Strahlenbelastung angenommen, da für die Tablettenausgabe ausreichend Zeit bleibt. Für den Fall, dass radioaktives Jod bereits aus dem Kraftwerk entweicht, wird gemäß den Strahlenschutzvorschriften eine Verzögerung von 2 Stunden[205] für die behördlichen Wege plus 4 Stunden für die Verteilung der Tabletten im 5–25-km-Radius angenommen. Im Radius bis 100 km um ein Kraftwerk muss die Verteilung laut Katastrophenschutzplänen innerhalb von 12 Stunden erfolgen. Da 12 Stunden nach Exposition schon keine Einnahme der Tabletten mehr empfohlen wird, würde also im Fall eines Sturms und damit einer schnellen Verteilung von radioaktivem Jod der Nutzen der Maßnahme im ungünstigsten Fall gegen Null sinken (vgl. Abbildung E-3 zur Restschutzwirkung). Für den Fall der Windstille ist eine vollständige Schutzwirkung für den 25–100-km-Radius zu erwarten, da die Verteilung der Jodtabletten vor Strahlenexposition erfolgen kann. Für den Bereich außerhalb des 5-km-Radius wird bei Windstille ein Zeitgewinn von zwei Stunden angenommen, da die radioaktive Wolke zeitlich verzögert eintrifft.

Annahmen zur Verfügbarkeit der Tabletten bei Vorverteilung
Es ist anzunehmen, dass bei einer Vorverteilung nicht alle Tabletten im Krisenfall sofort in den Haushalten auffindbar sind. Ein Mensch schläft durchschnittlich 8 Stunden zu Hause, ebenso lange geht er einer Profession außerhalb (Beruf, Schule, Ausbildung, etc.) nach, die verbleibenden 8 Stunden werden unterschiedlich genutzt. Daher wird vereinfachend angenommen, dass bei einer Vorverteilung 50 % der Personen einen Zeitverzug von zwei Stunden bei der Tabletteneinnahme aufweisen. Die Kosten für die Verteilung im Krisenfall sind jedoch anzusetzen, da die Infrastruktur aufgrund der Versorgung derer, welche keine Tabletten griffbereit haben, dennoch zur Verfügung stehen muss.

---

[204] Betrachtung des Gesamtzeitraums, da sich eine Person welche unter Nebenwirkungen litt, kein zweites Mal zu einer Fehleinnahme verleiten lässt. Wer von Nebenwirkungen nicht betroffen ist, wirkt sich auch auf die Kostenseite nicht aus.

Wirkungsweise einer Jodblockade
Durch die Sättigung der Schilddrüse mit nicht-radioaktivem Jod (Gabe als Kaliumjodid-Tabletten) wird die Aufnahme von radioaktivem Jod durch Inhalation oder über kontaminierte Nahrung über einen Zeitraum von einigen Wochen stark vermindert. Dadurch können Schilddrüsenkrebsfälle verhindert werden.

Die Wirksamkeit einer Jodblockade ist durch eine Untersuchung in Polen gesichert, hier wurde nach der Tschernobyl-Katastrophe radioaktives Jod über Fallout in das Land transportiert.10,5 Millionen Kinder und 7 Millionen Erwachsene erhielten damals eine Versorgung mit Jodtabletten. Bei den behandelten Personen war kein signifikanter Anstieg der Schilddrüsenkrebshäufigkeit festgestellt worden.

Die Studie aus Polen konnte zudem keine gravierenden Nebenwirkungen bei den mit Jodtabletten versorgten Personen feststellen.[206] Dies ist jedoch aufgrund unseres Standortes (Deutschland ist Jodmangelgebiet, wodurch hier häufiger mit Nebenwirkungen zu rechnen ist) eine irreführende Angabe. Wenn vorab schon eine Schilddrüsenerkrankung bestanden hat, kann bei Aufnahme von Jod in der für eine Blockade notwendigen Dosierung eine dauerhafte Schilddrüsenüberfunktion auftreten. In Deutschland ist dies bei etwa 5 % der Personen zu erwarten – in diesem Fall wird eine Behandlung notwendig. Die sonstigen Nebenwirkungen einer Jodblockade sind meist vorübergehend und nicht weiter behandlungsbedürftig, weswegen sie nicht monetarisiert werden müssen.

Für über 45-Jährige wird eine Jodblockade nicht empfohlen, da bei dieser Gruppe keine Erhöhung der Schilddrüsenkrebserkrankungen nach Strahlenexposition festgestellt wurde und die Nebenwirkungen als gravierender als der erwartete Nutzen betrachtet werden.[207] Die Dosierung für Personen bis 45 Jahre sind der folgenden Abbildung zu entnehmen.

Da die Tabletten nach eventueller Teilung für eine adäquate Dosis (z. B. ¼ Tablette für Neugeborene) nicht mehr weiter verwendbar sind, wird der Bedarf pro Person nur in ganzen Tabletten berücksichtigt. Im Durchschnitt braucht ein Bürger bis 45 Jahre demnach 1,75 Tabletten. Da eine Nachverteilung mit Eintritt in das 13. Lebensjahr nicht erfolgt und die Tabletten im 6er-Blister verteilt werden, ist davon auszugehen, dass in den Haushalten aus pragmatischen Gründen mehr Tabletten als notwendig vorgehalten werden. So ist anzunehmen, dass pro Bürger 2 Tabletten verteilt werden.

---

[205] Vgl. Gesellschaft für Reaktorsicherheit (1980), S. 184.

[206] Vgl. Lengfelder, E. et al. (2000).

[207] Vgl. Strahlenschutzkommission (1997), S. 4 f.

Alter	Dosierung der Tabletten à 65mg Kaliumjodid	Bevölkerungsanteil in %
Bis 1 Monat	¼	0,1
1–36 Monate	½	2,9
3–12 Jahre	1	9
13–18 Jahre	2	6
19–45 Jahre[208]	2	36
> 45	Keine Jodblockade	46

Abb. E-2: Dosierung der Tabletten nach Altersgruppen und Anteil der Bevölkerung[209]

Optimal wirkt das Jod bei Einnahme vor dem Durchzug einer radioaktiven Wolke. Die folgende Abbildung stellt die restliche Schutzwirkung durch die Reduktion der Speicherung radioaktiven Jods dar, welche durch verspätete Anwendung der Jodblockade bleibt: [210]

Zusätzliche Stunden bis Einnahme der Tabletten	0	2	4	6	8	12	24+
Restschutzwirkung der Tabletten	95 %	80 %	60 %	40 %	20 %	0 %	Negative Wirkung[211]

Abb. E-3: Wirksamkeit der Jodblockade abhängig von der Zeit zwischen Exposition und Einnahme der Tabletten

Zusätzliche Erkrankungen an Schilddrüsenkrebs nach Strahlenexposition

Da für die Untersuchung im Wesentlichen auf Daten vorangegangener Störfälle zurückgegriffen wird, sind die angegebenen Zahlen den zu erwartenden Krebsfällen nach Strahlenunfällen entsprechend. Es wird angenommen, dass alle Erkrankten behandelt werden; somit wird auch eine Behandlung berücksichtigt, welche einen späteren Tod nicht verhindern kann. Durch Untersuchungen von Hiroshima und Nagasaki bzw. Tschernobyl können die Strahlenwirkungen auf die Schilddrüse ermessen werden. Entgegen der weit verbreiteten Information, dass bei Erwachsenen eine Versechsfachung der Schilddrüsenkrebsfälle durch Strahlung auftritt, konnte in wissenschaftlich

---

[208] Hinweis: Die Schutzvorschriften sehen explizit die Versorgung schwangerer und stillender Frauen im 25–100 km Radius vor. Diese nehmen die gleiche Dosis wie 13–45-jährige.

[209] Quelle: Eigene Darstellung gemäß Daten der Strahlenschutzkommission, Vgl. Bundesministerium für Umwelt, Naturschutz und Reaktorsicherheit (2004).

[210] Vgl. Bundesministerium für Umwelt, Naturschutz und Reaktorsicherheit (o. Jg.).

[211] Durch längere Verweildauer des radioaktiven Jods im Körper.

gesicherten Studien keine erhöhte Neuerkrankungsrate für Erwachsene festgestellt werden, welche mit radioaktivem Jod in Verbindung gebracht werden
konnte.[212, 213] Somit gibt es keinen Anhaltspunkt für ein vermehrtes Auftreten
von Schilddrüsenkrebsfällen bei Erwachsenen.

Die zusätzlichen Erkrankungen sind jenen Personen zuzuschreiben, welche
zum Zeitpunkt der Tschernobyl-Katastrophe Kinder waren. Diese nehmen das
zusätzliche Erkrankungsrisiko jedoch in höhere Altersgruppen mit.[214] Auf
100.000 Kinder zwischen 0 und 15 Jahren treten in Deutschland normalerweise 0,5 Erkrankungsfälle auf. Nach einer Strahlenexposition erhöht sich die
Fallzahl pro 100.000 Kinder auf 20 Fälle in der Altersgruppe 0–4 Jahre, auf 12
Fälle in der Gruppe 5–9 Jahre und 6 Fälle in der Gruppe 10–18 Jahre.[215] Zum
Verständnis: Normalerweise würden in 18 Jahren 9 Krebsfälle pro 100.000
Kinder auftreten. Da die Neuerkrankungsfälle aber pro Altersgruppe und nicht
pro Jahr angegeben sind, müssen diese mit der Zahl der Jahre, welche ein
Kind in der Altersgruppe verweilt, multipliziert werden.

Vereinfachend soll angenommen werden, dass die Erkrankung für die Bevölkerungsgruppe der Kinder bis 18 Jahre durchschnittlich 7 Jahre nach der
Strahlenexposition auftritt.

Der Anteil der Kinder zwischen 0 und 4 Jahren liegt in Deutschland bei
4 Prozent. 4,5 Prozent gehören der Altersgruppe 5–9 Jahre an und die Altersgruppe zwischen 10 und 18 Jahren stellt 9,5 Prozent der Bevölkerung.

Behandlungskosten für Schilddrüsenkrebs
Die typische Behandlung eines Schilddrüsenkrebspatienten umfasst Diagnostik (ärztliche Konsultation, Laboruntersuchungen, bildgebende Verfahren),
Behandlung (Entfernung der Schilddrüse, Radiojodtherapie) und lebenslange
jährliche Nachsorge (ärztliche Konsultation, tägliche medikamentöse Hormonsubstitution).

---

[212] Es besteht keine Korrelation zwischen Strahlenbelastung und Neuerkrankungsraten in
der genannten Altersgruppe. Vgl. Thiel, Reinhold (2011).

[213] Höhere Erkrankungsraten (4-fach erhöht bei den Liquidatoren von Tschernobyl, jedoch
nicht dosiskorreliert) in dieser Bevölkerungsgruppe sind u. a. intensiven Vorsorge-
maßnahmen wie Flächenscreenings der Schilddrüse geschuldet. Vgl. Prof. Dr. Reiners,
Christoph (2006).

[214] Vgl. Prof. Dr. Reiners, Christoph (2006),S. 98.

[215] Vgl. Prof. Dr. Reiners, Christoph (2006a), S. 97.

Im Folgenden wird ein standardisierter Fall betrachtet:

	Maßnahmen	Fälligkeit	Kosten in €
Diagnostik	Anamnese, Blutbild, Ultraschall	Einmalig	500
	Feinnadelpunktion		70
	Szintigraphie		1.000
Behandlung	Schilddrüsenentfernung	Einmalig	3.000
	2x Radiojodtherapie		4.000
Nachsorge	Jährlicher Arztbesuch und Blutbild, Sonographie, Tumormarker	Jährlich bis ans Lebensende	285
	Hormongabe		50
Gesamtkosten im Diagnosejahr: 8.905 €			

Abb. E-4: Standardisierte Behandlungskosten für Schilddrüsenkrebs[216]

Komplikationen/verbundene Erkrankungen bei Erwachsenen

Bei Erwachsenen sind als Folgeerscheinung vor allem Lymphknotenmetastasen zu erwarten. Diese treten in 20–30 % der Fälle (vereinfacht 25 %) auf und verursachen Kosten in Höhe von 3.000 €.

Behandlungskosten bei Kindern

Durch eine höhere Wahrscheinlichkeit von Komplikationen und einer höheren medizinischen Kontrolldichte sind in Rücksprache mit einem Spezialisten die Gesamtbehandlungskosten bei Kindern mit dem Faktor 1,5 zu multiplizieren. Das bezieht sich ebenfalls auf die nachfolgend vorgestellten Komplikationen. Im Fall von lebenslang anfallenden jährlichen Kosten werden immer die Behandlungskosten für Erwachsene angesetzt, da die Hauptbehandlungsdauer im Erwachsenenalter anfällt. Bei der lebenslangen Vitamin-D-Therapie wird zudem vereinfacht von einer Restlebenszeit von 40 Jahren in allen drei Gruppen ausgegangen, damit der Kostenfaktor unabhängig vom Erwartungswert des Erkrankungsalters angesetzt werden kann.

Komplikationen und verbundene Erkrankungen bei Kindern

Bei 30 % der Patienten, welche im Kindesalter einer schädlichen Strahlendosis ausgesetzt waren, treten durchschnittlich 5 Jahre nach der Behandlung im Diagnosejahr Rezidive auf. Weiterhin sind bei dieser Schilddrüsenkrebsform häufig Lymphknoten befallen (85 % der Fälle); die zusätzlichen Kosten für die zeitnahe Diagnostik und OP belaufen sich im Standardfall auf etwa 3.000 €. 20 % der Kinder erleiden darüber hinaus nach durchschnittlich 5 Jahren eine

---

[216] Quelle: Eigene Abschätzung aufgrund Auskunft der Deutschen Krebshilfe und einem Patientenbeispiel, Vgl. Prof. Dr. med. Müller, Beat (2005),S. 35.

Metastasierung in die Lunge.[217] Hierdurch werden 4–5 Radiojodtherapien und die zugehörige Diagnostik notwendig (gemäß Abbildung E-4 werden 11.000 € veranschlagt). Ein Zweitkarzinom durch die Radiojodtheapie tritt zusätzlich in 2–5 % (vereinfacht 3,5 %) der Fälle nach durchschnittlich 5 Jahren auf, wofür 10.000 € angesetzt werden.[218] Bei 12 % der Kinder werden aufgrund von Komplikationen bei der schwierigeren Operation an der kindlichen Schilddrüse außerdem die Nebenschilddrüsen entfernt. Dies macht eine aufwändige Diagnostik und lebenslange Vitamin D-Therapie mit Kosten von jährlich 500 € notwendig.

Arbeitsausfall während der Behandlung
Für einen Monat Arbeitsausfall wird bei einem Erwachsenen ein Durchschnittseinkommen von 3.237 € veranschlagt.[219] Die Dauer des Arbeitsausfalls im Diagnosejahr beträgt durchschnittlich 20 Kalendertage.[220]

Annahmen zur Sterblichkeit
Bei der betrachteten Krebsform liegt die Mortalität bei Kindern innerhalb von 5 Jahren nach Diagnosestellung bei etwa 1 %; bei Erwachsenen beträgt sie 5 %.[221]

Für ein Menschenleben wird ein monetärer Wert von 1,62 Mio. € angesetzt, welcher unabhängig vom Lebensalter ist.[222] Der genannte Wert schließt immaterielle Komponenten explizit mit ein. Die durchschnittliche Lebenserwartung in Deutschland beträgt 79,5 Jahre (Angaben von 2010).

Kosten für eine Schilddrüsenüberfunktion als Nebenwirkung einer Jodblockade
Die Einnahme von hohen Dosen Kaliumjodid kann zu einer sich rasch manifestierenden Schilddrüsenüberfunktion führen. Zunächst sind Diagnose und engmaschige Kontrollen beim Arzt (im ersten Jahr im Standardfall 7 Konsultationen inkl. Blutbild à 335 €) und eine Hormontherapie notwendig, welche Kosten in Höhe von etwa 70 € im ersten Jahr verursacht. Im Diagnosejahr werden zwei

---

[217] Vgl. Hörmann, Rudolph (2005), S. 151.
[218] Vgl. Prof. Dr. Reiners, Christoph (2006), S. 84 ff.
[219] Vgl. o.V. (2011b).
[220] Vgl. o.V. (2011a).
[221] Datenlage uneinheitlich aufgrund kleiner Fallzahlen, Vgl. H. Bertelsmann, M. Blettner ,S. 7 f.
[222] Der Wert des menschlichen Lebens lässt sich nach unterschiedlichen Ansätzen berechnen. Es wurde der Ansatz von Spengler gewählt. Für eine nähere Auseinandersetzung empfiehlt sich dessen Lektüre. Vgl. Spengler, Hannes (2004).

Sonographien der Schilddrüse durchgeführt, welche je 70 € kosten. Nach dem ersten Jahr sind 50 % der Patienten geheilt und es fallen keine weiteren Kosten an. Für die restlichen Patienten wird eine Schilddrüsenentfernung (3.000 €) und eine lebenslange Hormontherapie à 50 € pro Jahr notwendig, welche von regelmäßigen ärztlichen Kontrollen begleitet wird. Zusammen fallen hierfür jährlich 335 € an. Der Erwartungswert für das Alter bei Diagnosestellung liegt bei 25 Jahren, da sich dieses Risiko auf alle Altersgruppen bis 45 Jahre verteilt, Ältere aber aufgrund des noch stärker ausgeprägten Jodmangels tendenziell häufiger betroffen sind. Die Arbeitsausfallkosten bei einer Schilddrüsenüberfunktion sind geringfügig, im Fall der Schilddrüsenentfernung ist aber mit einem Arbeitsausfall von 7 Tagen für den stationären Aufenthalt aufgrund der OP zu rechnen. Vereinfachend wird bei einer Schilddrüsenüberfunktion in allen Fällen der Arbeitsausfall für Erwachsene angenommen.

Notwendige allgemeine Annahmen und Hilfen zur Bearbeitung
Es wird davon ausgegangen, dass die Verteilungsdauer der durch den Katastrophenschutz vorgeschriebenen entspricht und die Bevölkerung rechtzeitig über notwendige Maßnahmen informiert wird. Da sich die Wahrscheinlichkeit an Schilddrüsenkrebs zu erkranken durch längere Expositionszeit ohne Jodblockade erhöht, kann immer nur die Höchstschutzwirkung der Jodblockade zu einem bestimmten Zeitpunkt untersucht werden. Bei Einnahme des Kaliumjodids vor Kontakt mit radioaktivem Jod sind laut Studien keine erhöhten Erkrankungswerte feststellbar. Gemäß der Informationen der Bundesregierung wird bei voller Schutzwirkung der Jodblockade jedoch von einer Wirksamkeit von 95 % ausgegangen.

Weiterhin wird eine Flucht im Krisenfall nicht berücksichtigt. Wenn die Tabletten vorverteilt und verfügbar sind, ist anzunehmen, dass diese mitgenommen werden. Bei Verteilung im Krisenfall würden diese von den Flüchtigen an anderer Stelle (weiter vom Kernkraftwerk entfernt) nachgefragt, wodurch im Radius bis 25 km keine Effekte angesetzt werden. Dies trifft im Fall einer Flucht auch auf jene Bürger zu, deren vorverteilte Tabletten nicht griffbereit sind.

Es werden keine Szenarien extremer Zerstörung mit Soforttoten, wohl aber eine Kernschmelze mit Überschreiten der Richtwerte für die Jodblockade angenommen. Es besteht zwar die Möglichkeit, dass in Nahgebieten um Kernkraftwerke bzw. auf der Anlage bereits zeitnah letale Dosen freigesetzt werden[223] bzw. ein Tod der betroffenen Personen lange vor einer möglichen

---

[223] Bisher sind durch die akute Strahlenkrankheit keine Sterbefälle nach Kernkraftwerkpannen bei Anwohnern aufgetreten (in Tschernobyl waren es 31 Arbeiter, in Fukushima keine Fälle).

Schilddrüsenkrebserkrankung eintritt (akute Strahlenkrankheit). Dies kann jedoch nicht angesetzt werden, da diese Todesfälle unabhängig von der Jodblockade auftreten. Laut der Deutschen Risikostudie Kernkraftwerke (Phase A) sind zudem in über 99 % der Kernschmelzunfälle keine frühen Todesfälle in der Bevölkerung zu erwarten.[224] Insbesondere in weiter entfernten Lagen ist fast ausschließlich mit Spätschäden zu rechnen, zu denen in erster Linie der untersuchte Schilddrüsenkrebs gehört. Da es sich um stochastische Strahlenschäden handelt, ist aufgrund der Prämisse der Überschreitung der Grenzwerte sekundär, ob die Verbreitung auf schmalem oder breitem Sektor auftritt.[225]

Berücksichtigung der meteorologischen Lage
Weiterhin sollen zwei meteorologisch gegensätzliche Fälle behandelt werden, da dies elementare Konsequenzen für das Erreichen der Grenzwerte für Schutzmaßnahmen aufweist. Im Fall einer Windstille verteilt sich das radioaktive Jod radial im 5–25 km Radius. Bei einem Windzug werden die Substanzen zügig in einem schmalen Sektor, aber auf große Distanz verbreitet. Für diesen Fall wird von einem Zwölftel der Fläche der 25-km-Zone ausgegangen, somit sind 43.420 Menschen betroffen.[226]

Um mit der Komplikation der Unsicherheit, ob Windstille oder Windzug auftritt, umgehen zu können, wird anhand meteorologischer Daten (in Deutschland je nach Standort bis zu 99 % der Fälle einheitliche Windrichtung, meist Westströmung), die Wahrscheinlichkeit von 80 % für Windzug und 20 % für Windstille angenommen. Der vermeintlich hohe Wert für das Auftreten des Windzuges ergibt sich durch Mischwetterlagen und möglichen Änderungen der Windrichtung. Im Nahbereich bis 5 km um das Kernkraftwerk soll jedoch immer eine radiale Verbreitung der radioaktiven Substanzen angenommen werden.

Im 5–25-km-Radius wird die Wetterlage mit den beschriebenen Eintrittshäufigkeiten verrechnet. So müssen beispielsweise Anzahl und Belastung der Personen im Alter von 0 bis 18 Jahren in einem Zwölftel des Gebiets ermittelt werden. Da die Windrichtung von der Vorzugswetterlage abweichen kann, entstehen volle Vorverteilungskosten, der Nutzen fällt aber im betrachteten Fall nur für ein Zwölftel der im Radius lebenden Menschen an.

---

[224] Vgl. Gesellschaft für Reaktorsicherheit (1980), S. 242.

[225] Vgl. Gesellschaft für Reaktorsicherheit (1980), S. 177.

[226] Hinweis: Bei Katastrophenschutzprognosen werden bis zu 36 Windrichtungen unterschieden, hier wird angenommen dass bei einem Windstoß ein Zwölftel der Fläche betroffen ist. Eine schmalere Verbreitung ist durch Diffusionseffekte unwahrscheinlich. Weiterhin: Verbreitung der radioaktiven Substanzen in Fukushima, Vgl. o.V. (2011c).

Faktoren, welche zu einer Verminderung der Wirksamkeit führen können

Gemäß Informationsmaterial des Bundesumweltministeriums werden für die Bevölkerung relevante Störfälle durch automatische Kontrollsysteme in der Regel Stunden oder sogar Tage vor der Notwendigkeit von Schutzmaßnahmen erkannt.[227] Daher wird zum einen der Fall betrachtet, dass die rechtzeitige Verteilung der Tabletten vor Eintreffen der radioaktiven Substanzen erfolgt.

Ein anderes Szenario ist eine für Bevölkerung und Behörden sich sehr rasch entwickelnde Exposition, wie sie beispielsweise im Fall der Tschernobyl-Katastrophe durch die Explosion des Reaktors geschehen ist. Da es keine konkreten Angaben zur Wahrscheinlichkeit dieser Szenarien bzw. der Möglichkeit einer rechtzeitigen Warnung der Bevölkerung gibt und die Unterschiede für den Realfall gravierend sind, werden beide Szenarien betrachtet.

Die Schutzwirkung ist abhängig vom Einnahmezeitpunkt. Es muss angenommen werden, dass nicht alle betroffenen Personen gleichermaßen durch die Jodblockade geschützt sind.

	Bis 5-km-Radius	5–25-km-Radius	
	Wetterlage irrelevant	Windstill	Windstoß
Warnung vorab **Fall A**	Unabhängig von der Verteilungsart wird durch die ausreichende Warnzeit völlige Schutzwirkung unterstellt. Vorverteilte Tabletten, welche nicht auffindbar sind, können nachbeschafft werden.		
Vorverteilt, keine Warnung vorab **Fall B**	+ 2 Std *	+ 2 Std * − 2 Std *** Bei 50 % der Menschen + 2 Std **	+ 2 Std * Bei 50 % der Menschen + 2 Std **
Ohne Vorverteilung keine Warnung vorab **Fall C**	+ 2 Std * + 2 Std für Verteilung	+ 2 Std * − 2 Std *** + 4 Std für Verteilung	+ 2 Std * + 4 Std für Verteilung

Abb. E-5: Konsequenzen der Szenarien für die Expositionsdauer (in Stunden) durch eine Jodblockade entsprechend der Katastrophenschutzvorgaben

*) Für behördliche Wege bis zur Auslösung der Maßnahme werden 2 Stunden benötigt
**) Zusätzliche 2 Stunden werden benötigt, wenn die Tabletten nicht zur Hand sind.
***) Bei Windstille werden radioaktive Substanzen langsamer verbreitet, wodurch ein Zeitgewinn für die Ergreifung von Maßnahmen in Höhe von 2 Stunden angesetzt wird.

---

[227] Vgl. Empfehlung der Strahlenschutzkommission (2008), S. 52.

Die Abbildung klassifiziert nach den unterschiedlichen Radien und Kriterien der rechtzeitigen Information, der Wetterlage und Vorverteilung bzw. Verteilung im Krisenfall und gibt die verstrichene Zeit zwischen Austritt der radioaktiven Substanzen und der Einnahme der Tabletten an. Die Einführung der Fälle A, B und C soll weiterhin zur besseren Orientierung dienen.

Beim Schilddrüsenkrebs handelt es sich um einen sogenannten stochastischen Strahlenschaden. Mit erhöhter Exposition steigt hierbei die Wahrscheinlichkeit zu erkranken, nicht aber die Krankheitsintensität. Als Referenz für die Neuerkrankungsprognose werden die im Datenteil vorgestellten Erfahrungen aus vorangegangenen Strahlenkatastrophen verwendet. Durch die genannten Eigenschaften stochastischer Schäden können Mittelwerte der zu erwartenden Schadensausmaße gebildet werden, wenn z. B. verschiedene Personengruppen, von denen die Verteilung innerhalb der Stichprobe bekannt ist, verschiedene Strahlendosen erlitten haben.

Die folgenden Abbildungen ergeben sich aus den bisher genannten Daten und ermöglichen einen schnellen Zugriff auf die Personenanzahl in den relevanten Radien differenziert nach der Wetterlage.

	bis 5 km	5–25 km
Personen bis 18 Jahre	3.420	93.780
Betroffene bei Windstille	entspricht der Bevölkerung bis 18 Jahre – Wirkungsunterschiede sind durch zeitlichen Verzug berücksichtigt.	
Betroffene bei Windstoß (1/12 der Fläche)	Entsprechend Windstille, da im Nahbereich radioaktive Substanzen durch den Wind nur bedingt hinweggetragen werden.	7.815

Abb. E-6: Anzahl der bis 18-Jährigen in den betrachteten Bereichen

Für die Kosten einer Vorverteilung ist die Altersgruppe 0–45 Jahre relevant:

	bis 5 km	5–25 km
Personen bis 45 Jahre [228]	12.260	239.660
Betroffene bei Windstille	entspricht der Bevölkerung bis 45 Jahre	
Betroffene bei Windstoß	Zahl entsprechend dem Fall von Windstille	19.972

Abb. E-7: Anzahl der bis 45-Jährigen in den betrachteten Bereichen

---

[228] Die bis 45-Jährigen werden über die Dosierungstabelle ermittelt. Bis 45 Jahre ist bei Überschreiten der Grenzwerte die Versorgung mit Jod gesetzlich vorgeschrieben.

Angaben zur Wahrscheinlichkeit eines Austritts von Radiojod über den Grenzwerten sind zunächst nicht zugänglich. Zu finden sind lediglich Daten über Kernschmelzen. Daher wird im Folgenden erläutert, wie die gesuchte Wahrscheinlichkeit ermittelt werden kann:

Wahrscheinlichkeit für den Austritt von radioaktivem Jod über dem Grenzwert

Eine absolute Angabe für die Wahrscheinlichkeit einer Freisetzungsmenge von Jod über den Eingriffswerten ist unmöglich, da die Konzentration von Spaltprodukten wie dem betrachteten Jod zeitlich variabel ist. Sie hängt von Alter und Anzahl der Brennstäbe, der Abklingzeit, dem Zustand der Betriebsanlagen und weiterer Faktoren ab.[229] Laut Experten der GRS (Gesellschaft für Anlagen- und Reaktorsicherheit) kann vereinfachend die Wahrscheinlichkeit der Freisetzung sehr geringer Mengen radioaktiven Jods mit der einer Kernschmelze gleichgesetzt werden, da in diesem Fall immer kleine Lecks zu erwarten sind. Diese Wahrscheinlichkeit muss unter 10^{-7} pro Reaktorbetriebsjahr liegen, da dies übergeordnete Störfälle bereits einschließt. Die angegebene Wahrscheinlichkeit beinhaltet jedoch lediglich technisches Versagen und ist zudem von der Bauart des Kernkraftwerks abhängig. In älteren Studien wird hierfür üblicherweise auf die Ergebnisse der Deutschen Risikostudie Kernkraftwerke (Phase B) zurückgegriffen, jedoch sind die hierin genannten Wahrscheinlichkeiten noch geringeren Sicherheitsstandards geschuldet, z. B. für das Kernkraftwerk Biblis mit $2,6 \times 10^{-5}$. Im Folgenden wird mit der heute für moderne Kernkraftwerke gängigen Risikowahrscheinlichkeitszahl von 10^{-7} gerechnet.

Selbst im Falle einer Kernschmelze kann durch Filtersysteme im Regelfall eine nennenswerte Exposition der Bevölkerung mit radioaktiven Substanzen vermieden werden. In Rücksprache mit einem Experten der GRS kann in etwa jedem zehnten Fall eine Überschreitung der Eingriffswerte im Fall einer Kernschmelze angenommen werden (unter den weiteren Unsicherheitsfaktoren wie Alter der Brennstäbe, Temperatur, Wetterlage, etc.), weshalb sich für technisches Versagen mit Freisetzung von radioaktivem Jod oberhalb der Grenzwerte die Wahrscheinlichkeit 10^{-8} ergibt.

Berücksichtigung menschlichen Versagens für den Austritt radioaktiven Jods

Alternativ kann die empirische Wahrscheinlichkeit eines relevanten Störfalls ermittelt werden, da diese Faktoren wie menschliches Fehlverhalten einbe-

---

[229] Vgl. Gesellschaft für Reaktorsicherheit (1980), S. 66.

zieht. Dies ist durchaus angebracht, da die bisher schweren Unfälle in Kernkraftwerken mit erheblicher Jodexposition außerhalb des Kernkraftwerks (Tschernobyl, Harrisburg und die 3 Reaktoren in Fukushima) nicht ausschließlich auf technisches Versagen zurückzuführen sind. Die relevanten Störfälle werden mit der Gesamtzahl der Reaktorbetriebsjahre verglichen. Nach einer Dissertation von Dr. Eva Glawischnig findet im statistischen Mittel alle 23 Jahre eine Kernschmelze statt.[230] Für einen einzigen Reaktor liegt die empirische Wahrscheinlichkeit demnach bei $9{,}8 \times 10^{-5}$.

Die empirische und die technische Wahrscheinlichkeitsanalyse geben einen Betrachtungsrahmen für diese Kosten-Nutzen-Analyse.[231]

Festlegung des Betrachtungszeitraums
Der Betrachtungszeitraum der Kostenseite wird durch die Lagerfähigkeit der Tabletten limitiert. Diese ist mit einigen Jahrzehnten sehr hoch, der Jodgehalt der Tabletten wird durch Kontrollen über die langen Lagerzyklen sichergestellt. Allerdings bleibt das betrachtete Kernkraftwerk nur noch 8 Jahre am Netz, wodurch erstere Beschränkung hinfällig wird.

Da die Schäden aufgrund eines Störfalls aber erst nach Jahren bzw. Jahrzehnten zu Tragen kommen, wird als Betrachtungszeitraum der gesamten Analyse ein Menschenleben angesetzt. Dies ist auch der Tatsache geschuldet, dass vor allem Kinder Spätschäden durch eine Strahlenexposition erleiden, welche sich oftmals lebenslang auswirken.

Medizinische Konsequenzen
Für die gesundheitliche Betrachtung ergeben sich zunächst drei Kernbereiche:
– Medizinische Kosten: Diagnostik, stationäre, ambulante sowie medikamentöse Behandlung
– Opportunitätskosten: Einkommens- und Produktivitätsverluste durch Arbeitsausfall und Sterbefälle
– Individueller Nutzenverlust: Psychisches und körperliches Leiden
Für die ersten beiden Aspekte soll eine Quantifizierung anhand der vorab gegebenen Daten vorgenommen werden. Der individuelle Nutzenverlust wird als intangibler Effekt zwar nicht näher beziffert, soll aber für die Entscheidungsfindung berücksichtigt werden.

---

[230] Vgl. o.V. (2011d).

[231] Zum Vergleich: Die Risikostudie der Bundesregierung gibt an, dass für das Kernkraftwerk Biblis in einer 30-jährigen Laufzeit das Risiko einer Kernschmelze aufgrund rein technischen Versagens bei 2% liegt. Vgl. o.V. (2011e).

Einteilung der Erkrankten in Gruppen

Da sich die Erhöhung der Erkrankungsraten, die Kosten sowie die Komplikationen je nach Alter deutlich unterscheiden, werden die Kosten pro Person in den jeweiligen Altersgruppen **zum Zeitpunkt der Katastrophe** errechnet. Daher wird für diese gesondert betrachtet, welche Behandlungskosten im Diagnosejahr, welche jährlichen Kosten nach Diagnosestellung und – anhand der Mortalitätsrate – welche Kosten aufgrund eines Sterbefalls entstehen.

	Expositionsalter	Erwartungswert des Alters bei Diagnose	Mittlere Restlebenszeit für Nachbehandlung	Zusätzliche Erkrankungen pro 100.000[232]	Kostengruppe
Gruppe 1	0–4	9	69,5	19,5	Kinder
Gruppe 2	5–9	14	65,5	11,5	50 % Kinder, 50 % Erwachsene
Gruppe 3	10–18	21	57,5	5,5	Erwachsene

Abb. E-8: Einteilung der Schilddrüsenkrebsfälle

Hinweis: Der Erwartungswert des Alters bei Diagnose ergibt sich aus dem mittleren Alter zum Zeitpunkt der Exposition zuzüglich durchschnittlich 7 Jahren zwischen Strahlenexposition und der Diagnosestellung. Im Diagnosejahr treten die typischen Behandlungskosten von Diagnostik, medikamentöser und chirurgischer Intervention auf.

Rentenbarwertfaktoren für lebenslange Therapieanteile

Bis zum Lebensende ist zusätzlich eine stetige Nachsorge notwendig, weshalb die Kosten als jährliche Rente berechnet werden. Die Rentenbarwertfaktoren für die Betrachtung der Nachsorge der einzelnen Gruppen ergeben sich aus der in Kapitel 1.2.2 genannten Formel, die Variable n wird aus der Restlebenszeit nach der Diagnosestellung ermittelt. Für Gruppe 1 beträgt der Rentenbarwertfaktor 29,1852; für Gruppe 2 beläuft sich dieser auf 28,5245 und für Gruppe 3 werden die Kosten mit 27,4191 multipliziert.

Für die Vitamin D Therapie, welche nach Entfernung der Nebenschilddrüsen notwendig wird, wurde eine pauschale Restlebenszeit von 40 Jahren angesetzt. Der Rentenbarwertfaktor für diese Behandlungsmaßnahme beläuft sich auf 23,1148.

---

[232] Normalerweise erkranken in Deutschland jährlich 0,5 pro 100.000 Kinder an Schilddrüsenkrebs. Durch Strahlenexposition erhöhen sich diese in der Altersgruppe 0–4 Jahre auf 20 pro 100.000. Zusätzlich erkranken also 19,5 pro 100.000 Kinder in dieser Altersgruppe.

Der Rentenbarwertfaktor für die lebenslange Therapie als Folge von Nebenwirkungen, sofern nach einem Jahr keine Heilung erreicht werden konnte,
beträgt 26,4771.

Handhabung der Kostengruppen

Für Kinder werden – wie bereits dargestellt – die 1,5-fachen Behandlungskosten angesetzt. Aufgrund der höheren Wahrscheinlichkeit für verbundene Erkrankungen nehmen diese den Faktor auch in die höheren Altersgruppen mit.
Bei lebenslanger jährlicher Therapie (z. B. bei Hormonsubstitution) werden
vereinfacht die Behandlungskosten für Erwachsene angesetzt.

In Gruppe 2 werden 50 % als Fälle bei Kindern, der Rest als Fälle bei Erwachsenen betrachtet. Gruppe 1 wird gesamt als Fälle bei Kindern gehand-
habt, Gruppe 3 als Fälle bei Erwachsenen. Diese Annahmen sind zu treffen, da
keine jahresgenaue Abschätzung der Fälle möglich ist, aber die Behandlungskosten je nach Gruppen abweichen.

Solange skalierbare Zahlen verfügbar sind, werden diese eingesetzt. Daher
soll z. B. für die Kosten einer Erkrankung anhand der aktuellen Bevölke-
rungsverteilung ein Pro-Kopf-Nutzen einer Jodblockade innerhalb der relevanten Zielgruppe für den Fall einer Strahlenexposition ermittelt werden. Hier
wird zunächst von der maximalen Schutzwirkung ausgegangen, die dann je
nach Fall um die in der Abbildung E-5 mit Angaben zum Zeitverzug zur Verfügung gestellten Werte vermindert wird.

Festlegung des Diskontierungssatzes

Es wird der Ansatz der sozialen Opportunitätskostenrate verdrängter Investitionen gewählt, da dieser am ehesten den Gegebenheiten im Fallbeispiel (politischer Entscheidungsträger und gesamtgesellschaftliche Betrachtung) entspricht. Die Diskontierungsrate wird mit 3 % festgelegt[233].

Diskontiert werden die Kosten von Arbeitsausfällen, Behandlungskosten
und Nachbehandlungskosten gemäß dem Erwartungswert der Fälligkeit. Sterbefälle unterliegen aufgrund des gewählten Ansatzes zum Wert des menschlichen Lebens keiner Diskontierung. Für die Kosten der Beschaffung und Verteilung zusätzlicher Tabletten etc. kommt keine Diskontierung in Frage, da
diese Zahlung zeitnah fällig wird. Aus Vereinfachungsgründen wird in dieser
Fallstudie vernachlässigt, in welchem der 8 Jahre Restbetriebsdauer ein möglicher Störfall auftritt.

Da es sich hierbei um eine hoch risikobehaftete Fragestellung handelt,
müssen zunächst die entscheidenden Faktoren für die Vergabe von Jodtablet-

---

[233] Synthese verschiedener Empfehlungen gemäß Prof. Dr. Michaelis, Peter (2002), S. 20.

ten im Ernstfall geklärt werden. Durch die sehr geringe Wahrscheinlichkeit solcher Störfälle ergibt sich schließlich die Notwendigkeit einer Sensitivitätsanalyse.

3. Fragenkatalog zur strukturierten Bearbeitung der Fallstudie
Als Bearbeitungsgrundlage dienen nachfolgende Fragestellungen.

Grundlagen
1. Wer ist der Entscheidungsträger und welches Hauptziel verfolgt dieser?
2. Beschreiben Sie den genauen Untersuchungsgegenstand dieser Analyse und erklären Sie, wie die Begriffe Kosten und Nutzen zu interpretieren sind.

Monetarisierung der Kosten
3. Prüfen Sie, welche Kosten in den untersuchten Fällen (Vorverteilung bzw. Verteilung im Krisenfall) anzusetzen sind.
4. Berechnen Sie die Kosten für die Tabletten und die Bereitstellung dieser. Differenzieren Sie nach der Art der Verteilung und den betrachteten Radien.
5. Ermitteln Sie die Pro-Kopf-Kosten von Nebenwirkungen im Fall von Fehleinnahmen. Berücksichtigen Sie die Wahrscheinlichkeit des Auftretens einer Schilddrüsenüberfunktion und den Anteil von Fehleinnahmen in der relevanten Bevölkerungsgruppe.
6. Die bei der Monetarisierung der Kostenseite festgestellten Nebenwirkungen schmälern im Krisenfall den Nutzen – geben Sie an, inwiefern dies für die vorliegende Analyse relevant ist.
7. Summieren Sie die Kosten, welche durch Vorverteilung in den Radien bis 5 km und 5–25 km um ein Kraftwerk entstehen.

Monetarisierung der Nutzen
8. Prüfen Sie, welche Schäden durch eine Vorverteilung vermieden werden können. Achten Sie auf Unterschiede in den Altersgruppen.
9. Ermitteln Sie die Gesamtkosten von Schilddrüsenkrebserkrankungen und die daraus entstehenden Kosten aufgeschlüsselt nach Altersgruppen. Berücksichtigen Sie die
   - Kosten für die Behandlung von Schilddrüsenkrebs,
   - Behandlungskosten im Fall von Komplikationen,
   - Kosten für Arbeitsausfall,
   - Kosten durch Todesfälle.
10. Ermitteln Sie die zusätzlich auftretenden Schilddrüsenkrebsfälle im Krisenfall für die einzelnen Gruppen und die daraus resultierenden durchschnittlichen Kosten pro Person in der Altersgruppe bis 18 Jahre.

11. Erstellen Sie eine Matrix, welche für die Fälle A, B und C für die jeweiligen Radien die Restschutzwirkung angibt.

12. Ermitteln Sie den durch eine Jodblockade vermiedenen Schaden/Nutzen im Krisenfall für die betrachteten Radien gemäß der Fälle A, B und C.

Bewertung der Ergebnisse

13. Wählen Sie ein geeignetes Entscheidungskriterium.

14. Berechnen Sie für Ihr Entscheidungskriterium die Fälle in beiden Radien. Verwenden Sie für das mögliche Auftreten eines Krisenfalls die technische Ausfallwahrscheinlichkeit und berücksichtigen Sie die Restbetriebsdauer.

15. Bewerten Sie das vorläufige Ergebnis.

16. Validieren Sie Ihre bisherigen Ergebnisse mittels einer Sensitivitätsanalyse. Wählen Sie hierfür eine geeignete Untersuchungsgröße.

17. Beschreiben Sie mögliche intangible Effekte.

18. Geben Sie eine Empfehlung hinsichtlich der Fragestellung ab.

19. Zusatzfrage: Erläutern Sie kurz Möglichkeiten zur Effizienzsteigerung bei Vorverteilung.

4. Musterlösung
Grundlagen

1. Wer ist der Entscheidungsträger und welches Hauptziel verfolgt er?
Der Entscheidungsträger ist der Bundesminister für Umwelt, Naturschutz und Reaktorsicherheit. Eine Jodblockade dient dazu, im Fall einer Freisetzung radioaktiven Jods Schilddrüsenkrebsfälle in der Bevölkerung zu reduzieren. Das Hauptziel des Entscheidungsträgers besteht darin, an die Bundesländer eine Empfehlung bezüglich der Art der Verteilung der Jodtabletten abzugeben, welche den höchsten Nutzen im Verhältnis zu den Kosten erwarten lässt.

2. Beschreiben Sie den genauen Untersuchungsgegenstand dieser Analyse und erklären Sie, wie die Begriffe Kosten und Nutzen zu interpretieren sind.
Da die Vorbereitung einer Jodblockade seitens der Länder gesetzlich vorgeschrieben ist, wird nicht untersucht, ob eine Jodblockade generell Nutzen generiert.[234] Es wird ausschließlich untersucht, ob eine Vorverteilung der Tabletten die zusätzlichen Kosten rechtfertigt bzw. ob etwaige Schäden – etwa durch Fehleinnahmen – die positiven Effekte relativieren.

---

[234] Dies würde z. B. auch radioaktiven Fallout aus anderen Ländern in die Analyse einschließen.

Unter dem Begriff Kosten werden die Mehrkosten verstanden, welche durch eine Vorverteilung entstehen. Der Nutzen beziffert hierbei den Schaden, welcher aufgrund der besseren Schutzwirkung im Fall der Vorverteilung der Jodtabletten vermieden werden kann. Es fällt weiterhin auf, dass Kosten für eine solche Jodblockade unabhängig von einem Katastrophenfall entstehen, die Wahrscheinlichkeit für die Auslösung dieser Maßnahme jedoch sehr gering ist und damit auch auf der Nutzenseite nur mit dieser Wahrscheinlichkeit Elemente in die Berechnung einfließen.

Monetarisierung der Kosten

3. *Prüfen Sie, welche Kosten in den untersuchten Fällen (Vorverteilung bzw. Verteilung im Krisenfall) anzusetzen sind.*

Kosten entstehen aufgrund gesetzlicher Vorgaben für alle Personen bis 45 Jahre. Zu prüfen sind hierbei die Aufwendungen für Tabletten, Verteilung und Lagerung, Entsorgung sowie die medizinische Behandlung von Nebenwirkungen bei Fehleinnahme. Wie bereits erläutert, fallen im konkreten Störfall annähernd die gleichen Kosten für Distribution und sonstigen Aufwand an, wenn vorverteilt oder wenn erst im Krisenfall verteilt wird. Durch das Mit-und-Ohne-Prinzip können diese Kosten also vernachlässigt und nur die zusätzlichen Kosten für die Vorverteilung betrachtet werden. Weiterhin ist dem Datenteil zu entnehmen, dass die Entsorgungskosten vereinfacht auf die Bezugskosten der Jodtabletten aufgeschlagen werden. Alle anderen genannten Kosten werden angesetzt.

4. *Berechnen Sie die Kosten für die Tabletten und die Bereitstellung dieser. Differenzieren Sie nach der Art der Verteilung und den betrachteten Radien.*

Es fallen folgende Kosten für die Versorgung der Personen bis 45 Jahre an:
- Tabletten für den 5-km-Radius: $0,021€ \times 12.260 \times 2 = 514,92$ €
- Tabletten für den 5–25-km-Radius: 10.065,72 €
- Vorverteilung im 5-km-Radius: 5.783,02 Haushalte[235] à 45 Cent = 2.602,36 €
- Vorverteilung im 5–25-km-Radius: 50.871,23 €

Die Kosten sind zu addieren und mit dem Faktor 1,1 zu multiplizieren, um den Schwund zu berücksichtigen.

Für den 5-km-Radius entstehen durch die Vorverteilung zusätzliche Gesamtkosten von 3.429,01 €. Für den 5–25-km-Radius belaufen sich diese auf 67.030,65 €

---

[235] Anzahl der Personen bis 45 Jahre, geteilt durch die durchschnittliche Anzahl der Personen, welche in einem Haushalt leben.

5. Ermitteln Sie die Pro-Kopf-Kosten von Nebenwirkungen im Fall von Fehleinnahmen. Berücksichtigen Sie die Wahrscheinlichkeit des Auftretens einer Schilddrüsenüberfunktion und den Anteil von Fehleinnahmen in der relevanten Bevölkerungsgruppe.

Durch Nebenwirkungen, welche in der Altersgruppe 0–45 Jahre durch Fehleinnahme einer Jodtablette entstehen können, entstehen gemäß dem Datenteil im ersten Jahr 2.555 € an Kosten. Bei der Hälfte der Patienten werden zusätzlich nach einem Jahr Therapie ohne Erfolg 3.000 € für die Schilddrüsenentfernung (zuzüglich 809,25 € für den damit verbundenen Arbeitsausfall) und damit bis ans Lebensende jährlich 335 € für die Hormonersatztherapie und ärztliche Kontrollen benötigt. Es werden also im zweiten Jahr insgesamt 4.144,25 € sowie ab dem dritten Jahr jährlich 335 € für die Therapie notwendig.

Zum Verständnis: Die jährlichen Kosten werden mit dem Rentenbarwertfaktor multipliziert. Dieser ergibt sich gemäß der Formel aus Kapitel 1.2.2 aus der Lebenserwartung abzüglich des durchschnittlichen Erkrankungsalters und der zwei Jahre Therapie, welche bereits über die vorigen Jahre abgedeckt wurden (79,5 – 25 – 2 = 52,5 Jahre). Die für diese Analyse relevanten Rentenbarwertfaktoren sind im Datenteil angegeben. Anschließend muss dieser Wert diskontiert werden, da die Zahlungen erst im dritten Jahr starten. Da berücksichtigt werden muss, dass nach dem ersten Jahr die Hälfte der Patienten geheilt ist, werden die Gesamtkosten (über die getrennt nach Jahren abdiskontierten Barwerte) wie folgt berechnet:

2.480,58 € + 0,5 × (3.906,35 € + 8.117,15 €) = 8.492,33 €.

Die Abbildung E-9 schlüsselt die einzelnen Kosten zur Veranschaulichung detailliert auf.

Jahr	Kosten	Rentenbarwert = Rente * RBWF	Abdiskontierter Wert = Kosten/1,03n	Faktor Heilung	Abdiskontierte Kosten pro Jahr
1	2.555 €	–	2.480,58 €	1	2.480,58 €
2	4.144,25 €	–	3.906,35 €	0,5	1.953,18 €
3+	335 € jährlich	8.869,83 € [236]	8.117,15 €	0,5	4.058,58 €
Gesamtkosten					8.492,33 €

Abb. E-9: Berechnung der Kosten durch Nebenwirkungen pro Patient, aufgeschlüsselt nach Jahren

---

[236] Ausführlich: 335 €×26,4771 = 8.869,83 €. Dies ist der Barwert der Rente im dritten Jahr, welcher auf den heutigen Zeitpunkt nachfolgend abdiskontiert werden muss. Diese Diskontierung über 3 Jahre erfolgt mit 3% nach folgendem Schema: $K/(1+i)^n$ = 8.869,83/$1,03^3$ = 8.117,15 €.

Pro Erkranktem ergeben sich nach Berücksichtigung der Diskontierung der jährlich anfallenden Zahlungsströme und der Wahrscheinlichkeit einer Heilung nach dem ersten Behandlungsjahr Kosten in Höhe von 8.492,33 €.
Da aber nur 5 % der Personen, welche eine Jodblockade durchführen, eine Überfunktion entwickeln, entstehen Kosten in Höhe von 424,62 €. Unter der Annahme, dass innerhalb der 8 Jahre Betrachtungszeit nur bei einem Promille der Personen, welche Jod vorab verteilt bekommen haben (0–45 Jahre), eine Fehleinnahme auftritt, werden 0,4246 € pro mit Jod vorab versorgter Person benötigt.[237]

6. Die bei der Monetarisierung der Kostenseite festgestellten Nebenwirkungen schmälern im Krisenfall den Nutzen – geben Sie an, inwiefern dies für die vorliegende Analyse relevant ist.
Bezieht man die Wahrscheinlichkeit eines Störfalls und die Wahrscheinlichkeit für das Eintreten der Nebenwirkungen in die Kosten durch Fehleinnahmen mit ein, so erhält man 4,2 Millionstel € Kosten pro Kopf. Dieser Wert wird aufgrund Geringfügigkeit im Folgenden vernachlässigt.

7. Summieren Sie die Kosten, welche durch Vorverteilung in den Radien bis 5 km und 5–25 km um ein Kraftwerk entstehen.
Die Gesamtkosten für Tabletten, deren Verteilung und mögliche Fehleinnahmen im Radius bis 5 km belaufen sich auf 8.634,81 €[238]; für den 5–25-km-Radius ergeben sich Kosten in Höhe von 168.790,29 €.

Monetarisierung der Nutzen

8. Prüfen Sie, welche Schäden durch eine Vorverteilung vermieden werden können. Achten Sie auf Unterschiede in den Altersgruppen.
Angesetzt werden die Verhinderung von Schilddrüsenkrebsfällen und damit verbundener Komplikationen, Kosten für lebenslange Medikamentation, Einkommensausfälle für Krankentage und Sterbefälle. Da nur bei den bis 18-Jährigen nach Strahlenexposition eine Erhöhung der Anzahl von Schilddrüsenkrebsfällen auftritt, fällt der Nutzen nur für die Angehörigen dieser Personengruppe an. Für die Behandlung des Schilddrüsenkrebs und der zugehörigen Komplikationen fallen altersbedingt wiederum unterschiedliche Kosten an, für

---

[237] Alternativrechnung bezogen auf den Radius bis 5 km: 12.260×0,05×0,001 = 0,613 behandlungsbedürftige Fälle. Diese müssen mit den Kosten für die Behandlung eines Patienten multipliziert werden, um die Gesamtkosten durch Nebenwirkungen für den 5 km Radius zu erhalten.

[238] Rechnung: 0,4246 € × 12.260 + 3.429,01 = 8.643,81 €.

189

den Arbeitsausfall und bei Sterbefällen ist ebenfalls das Alter in der Berechnung zu berücksichtigen.

Um den Nutzen der vermiedenen Erkrankungsfälle von Schilddrüsenkrebs zu ermitteln, werden nachfolgend die durchschnittlichen Kosten pro Erkranktem ermittelt.

9. *Ermitteln Sie die Gesamtkosten von Schilddrüsenkrebserkrankungen und der daraus jeweils entstehenden Kosten aufgeschlüsselt nach Altersgruppen. Berücksichtigen Sie die*
   - Kosten für die Behandlung von Schilddrüsenkrebs
   - Behandlungskosten im Fall von Komplikationen
   - Kosten für Arbeitsausfall
   - Kosten durch Todesfälle.

Kosten für die Behandlung von Schilddrüsenkrebs pro Erkranktem:
Für Gruppe 1 werden die durchschnittlichen Behandlungskosten im Diagnosejahr von 8.905 € mit dem Faktor 1,5 multipliziert, da sich die Behandlung von Kindern aufwändiger darstellt. Anschließend wird der Barwert der in 7 Jahren zu erwartenden Behandlung ermittelt. Für Erkrankte der Gruppe 1 beläuft sich der durchschnittliche Barwert auf 10.860,87 €. Für die Nachbehandlung werden jährlich 335 € benötigt; der Barwert der Kosten für die restlichen Lebensjahre (Lebenserwartung abzüglich der Dauer bis zum Einsetzen der Therapie) in Gruppe 1 beträgt 7.718,09 € (Berechnung als jährliche Rente, welche nach 8 Jahren einsetzt, da im Diagnosejahr die Nachbehandlungskosten bereits berücksichtigt sind).[239] In Gruppe 1 entstehen demnach Kosten von 18.578,96 € pro Patient.

Die Gesamtbehandlungskosten für Gruppe 2 belaufen sich auf 16.594,09 €; für Gruppe 3 auf durchschnittlich 14.491,62 € pro Person.

Kosten für Komplikationen und verbundene Erkrankungen bei Erwachsenen:
In Gruppe 3 werden bei etwa 25 % der Patienten Lymphknotenmetastasen diagnostiziert, wodurch zusätzliche Behandlungskosten von 3.000 € verursacht werden. Somit fallen nach der Diskontierung pro Erkrankungsfall der Gruppe 3 durchschnittlich 609,82 € durch Komplikationen von Schilddrüsenkrebserkrankungen an.

---

[239] Es sind also zwei getrennte Rechenoperationen notwendig: Die Ermittlung des Rentenbarwerts und dessen anschließende Abdiskontierung auf den Startzeitpunkt der regelmäßigen Zahlungen.

Kosten für Komplikationen und verbundene Erkrankungen bei Kindern:

Bei Kindern sind gemäß dem Datenteil in etwa 85 % der Fälle zusätzlich Lymphknoten befallen (3.000 €, bei Diagnose), 20 % erleiden Lungenmetastasen (11.000 €, bei Diagnose), Rezidive treten bei 30 % der Patienten auf (10.000 €, 5 Jahre nach der Diagnose); sonstige Zweitkarzinome durch die Radiojodbehandlung sind in etwa 3,5 % der Fälle zu erwarten (10.000 €, 20 Jahre nach der Diagnose). Bei 12 % der Kinder werden bei der OP auch die Nebenschilddrüsen entfernt, die lebenslange Therapie ist mit 500 € pro Jahr anzusetzen. Insgesamt ergeben sich zusätzliche Kosten durch Komplikationen pro Patient in Höhe von 6.123,89 € (für die lebenslange Vitamin D Therapie zusätzlich 1.127,67 €, diese wird nicht anhand der Kostengruppe angepasst). Diese sind bereits nach dem üblichen Schema getrennt nach einmaliger und regelmäßiger Fälligkeit und entsprechend abdiskontiert.[240] Diese müssen noch auf die Kostenfaktoren für die Altersgruppen angepasst werden. Es ergeben sich insgesamt 10.313,51 € für Gruppe 1, da alle Faktoren, welche nicht zu einer lebenslangen Therapie gehören, mit dem Faktor 1,5 multipliziert werden müssen. Aus der Synthese der Kosten für Kinder und Erwachsene ergibt sich für Gruppe 2 ein Wert von 5.461,66 €.

Kosten für den Arbeitsausfall:

Während der Behandlung ist ein Arbeitsausfall von 20 Kalendertagen (zwei Drittel des Monats) im Diagnosejahr zu erwarten, anhand des im Datenteil genannten Durchschnittseinkommens werden die entsprechenden Barwerte ermittelt. Für Gruppe 1 ergibt sich aufgrund des Alters kein Arbeitsausfall, in Gruppe 3 wird ein Arbeitsausfall von 1.754,65 € pro Person verursacht. Für Gruppe 2 werden nach Berücksichtigung der Kostengruppen 877,33 € ermittelt.

Kosten durch Todesfälle:

Bei einer 5-Jahres-Mortalität[241] von 1 % verstirbt jeder hundertste Patient durchschnittlich 2,5 Jahre nach der Diagnose. Der Wert eines Menschenlebens wird daher mit der Wahrscheinlichkeit des Versterbens multipliziert. Für Personen der Gruppe 3 wird eine Sterblichkeit von 5 % angenommen. In Gruppe 2 wird je zur Hälfte mit 5 % bzw. 1 % Sterblichkeit gerechnet, um dem Übertritt in die Erwachsenengruppe gerecht zu werden.

---

[240] 0,85×3.000 € + 0,2×11.000 € = 4.750 € bei Diagnose, abdiskontiert sind das 3.862,18 €
0,3×10.000 € = 3.000 € nach insgesamt 12 Jahren, abdiskontiert 2.104,14 €
0,035×10.000 € = 350 € fällig nach 27 Jahren, abdiskontiert 157,57 €
0,12×500 € = 60 € jährlich, Restlebenszeit durchschnittlich 40 Jahre, abdiskontiert 1.127,67 €.

[241] Wahrscheinlichkeit für das Versterben innerhalb von 5 Jahren.

Es entstehen also folgende (bereits diskontierte) Kosten in den drei Gruppen:

Kosten pro Erkranktem	Gruppe 1	Gruppe 2	Gruppe 3
Erstbehandlungskosten	10.860,87	9.050,73	7.240,58
Nachbehandlungskosten gesamt (bis Lebensende)	7.718,09	7.543,36	7.251,04
Arbeitsausfall	–	877,33	1.754,65
Kosten für Komplikationen	10.131,51	5.461,66	609,82
Kosten durch Sterbefälle	16.200	48.600	81.000
Gesamtkosten	44.910,47	71.533,08	97.856,09

Abb. E-10: Gesamtkosten in Euro pro Erkranktem, aufgeschlüsselt nach Gruppen

10. Ermitteln Sie die zusätzlich auftretenden Schilddrüsenkrebsfälle im Krisenfall für die einzelnen Gruppen und die daraus resultierenden durchschnittlichen Kosten pro Person in der Altersgruppe bis 18 Jahre.

Die Grunderkrankungsrate für Schilddrüsenkrebs in Deutschland liegt bei jährlich 0,5 von 100.000 Kindern unter 18 Jahren. Bei älteren Personen konnte keine Erhöhung der Erkrankungsraten festgestellt werden. Anhand der Bevölkerungsdaten wird ermittelt, welcher durchschnittliche Nutzen sich durch eine Jodblockade in der Altersgruppe zwischen 0 und 18 Jahren durch die Vermeidung zusätzlicher Schilddrüsenkrebserkrankungen ergibt. Dazu werden die durch Strahlung induzierten zusätzlichen Fälle pro 100.000 Personen in den Altersgruppen[242] anhand derer Verteilung in der Bevölkerung bis 18 Jahre normiert und mit den jeweiligen Kosten multipliziert.

Für die Berechnung werden die Anteile der Gruppen an die relevante Bevölkerungsgruppe angepasst. 22,22 Prozent der Kinder bis 18 Jahre sind 0 bis 4 Jahre alt, 25 Prozent liegen in der Altersspanne 5–9 Jahre und 52,78 Prozent der bis 18-jährigen sind zwischen 10 und 18 Jahre alt.

Zum Verständnis: Über die zusätzlichen Erkrankungsfälle werden die Erkrankten pro 100.000 Kinder in den jeweiligen Gruppen ermittelt. Der erhaltene Wert bezieht sich auf ein Jahr – daher muss der Wert anschließend mit der Anzahl der Jahre, welche man in der Altersgruppe verbleibt, multipliziert werden. Da die Altersgruppen nur einen Teil der Kinder bis 18 Jahre ausmachen, muss der Prozentsatz der Kinder in der Altersgruppe berücksichtigt werden. Um die Kosten für die jeweilige Altersgruppe zu erhalten, muss der Wert mit den Gesamtkosten pro Erkranktem (gemäß der Altersgruppe) multipliziert werden. Dieser ergibt sich aus der vorangegangenen Abbildung.

---

[242] Die Werte sind der Tabelle 8 zu entnehmen.

Die zusätzlichen Erkrankten in der Gruppe 1 belaufen sich auf 19,5 × 5 = 97,5 Fälle pro 100.000 Kinder bis 4 Jahre, da man 5 Lebensjahre in der Altersgruppe 0–4 verbleibt. Der ermittelte Wert wird anschließend mit den jeweiligen Kosten pro Erkranktem multipliziert. Es ergeben sich 97,5 × 44.910,47 € = 4.378.770,83 € pro 100.000 Kinder bis 4 Jahre. Um später die Kosten addieren zu können, welche innerhalb der Altersgruppen verursacht werden, muss der Wert über den Anteil an den bis 18-jährigen gewichtet werden. Durch die zusätzlich aufgetretenen Schilddrüsenkrebsfälle in Gruppe 1 werden also 4.378.770,83 € × 0,2222 = 972.962,9 € Kosten pro 100.000 Kinder verursacht.

Es werden die Kosten der anderen Altersgruppen ermittelt und die Werte summiert. Es ergibt sich der Gesamtnutzen pro Person in der Altersgruppe bis 18 Jahre durch Teilung durch den Faktor 100.000. Für den Anteil der Gruppe 2 ergeben sich analog Kosten von insgesamt 1.028.288,05 €, für Gruppe 3 sind dies 1.420.332,2 € pro 100.000 Personen.

Durch Summierung der bereits normierten Werte entstehen also in der Altersgruppe bis 18 Jahre zusätzliche Kosten durch Schilddrüsenkrebs von 3.421.583,15 € pro 100.000 Personen der Altersgruppe 0–18 Jahre. Es ergibt sich also ein durchschnittlicher Nutzen von 34,2158 € pro Person.

Ein alternativer Rechenweg ist folgender:

	Gruppe 1, anteilig	Gruppe 2, anteilig	Gruppe 3, anteilig	Gesamtkosten bis 18 Jahre
Bis 5 km	33.275,33 €	35.167,45 €	48.575,36 €	117.018,14 €
5–25 km	912.444,61 €	964.328,53 €	1.331.987,54 €	3.208.760,68 €

Abb. E-11: Alternativer Rechenweg zu den Gesamtkosten pro Radius

Hier werden die Kosten für die jeweilige Gruppe pro Person multipliziert mit der Anzahl der bis 18-jährigen in den Radien. Die in der Abbildung angegeben Werte beziehen sich also nicht mehr auf 100.000 Personen, sondern auf die tatsächlichen Personenzahlen bis 18 Jahre. Aus der Summe der Gesamtkosten welche für die bis 18-jährigen anfallen, wird durch Division mit der Anzahl der bis 18-jährigen wieder der genannte Wert von 34,2158 € vermiedenem Schaden pro Person in der relevanten Altersgruppe erreicht.

11. Erstellen Sie eine Matrix, welche für die Fälle A, B und C für die jeweiligen Radien die Restschutzwirkung angibt.
Die Werte für die Matrix ergeben sich aus den Abbildungen E-3 und E-5 des Datenteils.

Ermittlung der Restschutzwirkung nach zeitlichem Verzug:

	Bis 5 km Radius	5–25 km Radius	
Wetterlage und Betroffene im Radius	Wetterlage irrelevant, alle Personen	Windstill, alle Personen + Zeitgewinn 2 Stunden	Windstoß, 1/12 der Personen
Warnung vorab, **Fall A1** vorverteilt **Fall A2** nicht vorverteilt	95 %		
Vorverteilt, keine Warnung vorab **Fall B**	80 %	Für 50 % der Personen 95 %, für den Rest 80 %	Für 50 % der Personen 80 %, für den Rest 60 %
Nicht vorverteilt, keine Warnung vorab **Fall C**	60 %	60 %	40 %

Abb. E-12: Restschutzwirkung gemäß den vorab ermittelten Zeiträumen

Durch eine Jodblockade werden bei rechtzeitiger Einnahme bis zu 95 % der Schilddrüsenkrebsfälle durch Radiojod vermieden. Da es sich beim Schilddrüsenkrebs um einen stochastischen Strahlenschaden (Erhöhung der Wahrscheinlichkeit einer Erkrankung, keine Aussage über Intensität etc.) handelt, können im Fall von Ungleichverteilungen Durchschnittswerte gebildet werden. So verbleibt z. B. im Fall B mit Windstoß im 25-kmRadius eine durchschnittliche Restschutzwirkung von 70 %.

12. Ermitteln Sie den durch eine Jodblockade vermiedenen Schaden/Nutzen im Krisenfall für die betrachteten Radien gemäß der Fälle A, B und C.

Vermiedener Schaden bzw. Nutzen im Störfall für den 5-km-Radius:
Der maximale Nutzen einer Jodblockade ergibt sich aus dem Nutzen pro Person in der relevanten Zielgruppe[243] und der Personenzahl im betrachteten Radius.

$$N_{max} = 34,2158 € \times n_{Kinder} = 34,2158 € \times 0,18 \times 19.000 = 117.018,04 €$$

---

[243] Betrachtet werden Personen bis 18 Jahre.

Danach wird dieser mit der Wirksamkeit der Blockade in den einzelnen Fällen multipliziert.

$N_{A5km} = N_{max} \times 0,95 = 111.167,14 €$

$N_{B5km} = N_{max} \times 0,80 = 93.614,43 €$

$N_{C5km} = N_{max} \times 0,60 = 70.210,82 €$

Vermiedener Schaden bzw. Nutzen im Störfall für den 5–25-km-Radius:
Durch die meteorologische Fallbetrachtung wird der Nutzen$_{Windstill}$ mit 0,2 multipliziert und mit $0,8 \times$ Nutzen$_{Windstoß}$ addiert, um den Wahrscheinlichkeiten für unterschiedliche Wetterlagen gemäß den genannten Szenarien gerecht zu werden. Da im Fall eines Windstoßes nur ein Zwölftel der Bevölkerung betroffen ist, wird der Faktor 0,8 durch 12 geteilt (diese Operation kann natürlich auch an anderer Stelle erfolgen).

$$N_{max} = 34,2158 € \times n_{Kinder} = 34,2158 € \times 0,18 \times 521.000 = 3.208.757,72 €$$

$$N_{5-25km} = N_{max} \times \left(\text{Restschutzwirkung}_1 \times 0,2 + \text{Restschutzwirkung}_2 \times \frac{0,8}{12} \right)$$

$$N_{A5-25km} = N_{max} \times \left(0,95 \times 0,2 + 0,95 \times \frac{0,8}{12} \right)$$

$$N_{B5-25km} = N_{max} \times \left(\frac{0,95+0,8}{2} \times 0,2 + \frac{0,8+0,6}{2} \times \frac{0,8}{12} \right) = N_{max} \times 0,221\overline{6} = 711.274,63 €$$

$$N_{C5-25km} = N_{max} \times \left(0,6 \times 0,2 + 0,4 \times \frac{0,8}{12} \right) = N_{max} \times 0,14\overline{6} = 470.617,80 €$$

Bewertung der Ergebnisse

13. Wählen Sie ein geeignetes Entscheidungskriterium.
Eine denkbare Betrachtungsgrundlage ist der Nettogegenwartswert, wonach die Option gewählt wird, welche zum heutigen Zeitpunkt den höchsten Wert aufweist. Es ist möglich, sämtliche Nettogegenwartswerte auszurechnen und zu vergleichen.

Um aber die aufwändige Berechnung der jeweiligen Fälle zu vermeiden, wird in diesem Lösungsansatz direkt der zusätzliche Nutzen betrachtet, welcher durch eine Vorverteilung generiert werden kann. Dazu wird die Nutzendifferenz zwischen den Fällen B und C ermittelt. Der Fall A (Warnung vorab) kann hierbei vernachlässigt werden, da zwischen A1 und A2 kein Nutzenunterschied bezüglich der Vorverteilung besteht – durch die ausreichende Vorwarnzeit besteht ohnehin in beiden Fällen maximale Schutzwirkung.

Das Entscheidungskriterium E lässt sich folgendermaßen formalisieren:

*Entscheidungskriterium = Wahrscheinlichkeit * Nutzendifferenz − Kosten > 0*

Es wird also die Nutzendifferenz zwischen einer Vorverteilung und einer Verteilung erst im Krisenfall mit der Wahrscheinlichkeit für das Eintreten eines Störfalls multipliziert und dieser anschließend mit den Kosten für die Verteilungsart saldiert. Wenn man einen positiven Wert erhält, ist die Vorverteilung vorteilhaft.

14. Berechnen Sie für Ihr Entscheidungskriterium die Fälle in beiden Radien. Verwenden Sie für das mögliche Auftreten eines Krisenfalls die technische Ausfallwahrscheinlichkeit und berücksichtigen Sie die Restbetriebsdauer.
Die Wahrscheinlichkeit, dass innerhalb der nächsten 8 Jahre ein Störfall auftritt, welcher eine Jodblockade erfordert, beträgt 8×10^{-8}.
Fall A kann bei diesem Lösungsweg vernachlässigt werden. Um den Nutzen einer Vorverteilung zu erhalten, werden zunächst die Gesamtnutzen der Fälle B und C gemäß den Radien gegenübergestellt:

$$\text{Nutzendifferenz}_{5km} = N_{B\ 5km} - N_{C\ 5km} = 23.403,61 \, €$$

$$\text{Nutzendifferenz}_{5\text{-}25km} = N_{B\ 5k\text{-}25m} - N_{C\ 5\text{-}25km} = 240.656,83 \, €$$

Die Nutzendifferenzen werden mit der Wahrscheinlichkeit eines Störfalls verrechnet und mit den Kosten saldiert. Dadurch ergibt sich das Entscheidungskriterium.

$$E_{5km} = 8 \cdot 10^{-8} \cdot 23.403,61 \, € - \quad 8.634,81 \, € = - \quad 8.634,81 \, €$$

$$E_{5\text{-}25km} = 8 \cdot 10^{-8} \cdot 240.656,83 \, € - 168.790,29 \, € = -168.790,27 \, €$$

15. Bewerten Sie das vorläufige Ergebnis.
Auf der Nutzenseite zeigen sich zunächst deutliche Unterschiede bei Eintreten eines Störfalles. Im Radius von 0 bis 25 km können dann Spätschäden in Höhe von 264.060,44 € durch die Vorverteilung vermieden werden (Summe der Nutzendifferenzen). Durch das sehr geringe Risiko einer Freisetzung radioaktiven Jods über den Grenzwerten relativieren sich die Nutzeneffekte jedoch fast vollständig. Sowohl für 5 km als auch für den 5–25-km-Radius sind die Vorverteilungskosten deutlich höher als der Nutzen unter Berücksichtigung der Störfallwahrscheinlichkeit. Daher wird für den Radius bis 5 km das weiter oben definierte Entscheidungskriterium mit − 8.634,81 € bzw. für den 5–25-

km-Radius – 168.790,27 € negativ. Analog der Interpretation des Nettoge-
genwartswertes müsste aufgrund der bisherigen Ergebnisse von einer Vorverteilung der Jodtabletten abgesehen werden.

*16. Validieren Sie Ihre bisherigen Ergebnisse mittels einer Sensitivitätsanaly-
se. Wählen Sie hierfür eine geeignete Untersuchungsgröße.*
Durch Trennung der Fälle Vorabinformation bzw. sofortiger Exposition und
der Berücksichtigung meteorologischer Daten ist das bisher ermittelte Ergebnis recht trennscharf.[244]

Die höchste Sensitivität ergibt sich aus der Wahrscheinlichkeit für den be-
trachteten Störfall an sich. Im Folgenden soll die Analyse mit der empirischen
Wahrscheinlichkeit eines solchen Störfalles durchgeführt werden, welche den
Faktor menschliches Versagen mit einschließt. Diese übersteigt die technische
Störfallwahrscheinlichkeit um den Faktor 1.000. Zunächst wird die Sensitivitätsanalyse anhand des für die Bevölkerung ungünstigsten Szenarios unter
Voraussetzung einer Vorverteilung durchgeführt, da in diesem Fall verglichen
zur Verteilung im Krisenfall der höchste Nutzen generiert werden kann. Dieses ergibt sich anhand der in 3.3 d) ermittelten Matrix für den Fall B (Vorverteilung, keine Vorwarnung) bei Windstille.[245] Die Restschutzwirkung beträgt
gemäß Abbildung E-12 im 5-km-Radius 80 % und im 5–25-km-Radius durchschnittlich 87,5 %.

$$E_{5km} = 7,84 \cdot 10^{-4} \cdot 23.403,61 \, € - 8.634,81 \, € = - 8.619,02 \, €$$

$$E_{5\text{-}25km} = 7,84 \cdot 10^{-4} \cdot 2.807.663,01€ - 168.790,29 \, € = -166.589,08 \, €$$

Es zeigt sich, dass auch in diesem Fall das Entscheidungskriterium nicht positiv wird. Daher erübrigt sich die Untersuchung weiterer Fälle.

17. Beschreiben Sie mögliche intangible Effekte.
Durch bessere Vorbereitung bzw. das Empfinden der Bevölkerung, Unterstützung im Krisenfall zu erhalten, ist anzunehmen, dass weniger Panik und

---

[244] Darüber hinaus ist die Erhebung weitgehend unabhängig von der Zahl der betroffenen
Personen im betrachteten Radius, da die Größen fast voll skalierbar sind. Im Fall neuer
Erkenntnisse über Neuerkrankungsraten oder geringere Behandlungskosten etwa durch
medizintechnische Innovationen könnte diesbezüglich eine Sensitivitätsanalyse durchgeführt werden. Hierfür besteht nach derzeitiger Datenlage jedoch kein Bedarf.

[245] Da das Ziel der Untersuchung darin besteht, den Nettogegenwartswert einer Vorverteilung zu ermitteln, muss diese Voraussetzung auch in der Sensitivitätsanalyse gegeben
sein. Es wird also der Fall untersucht, in dem die höchsten Kosten und der höchste
potentielle Schaden ohne Vorverteilung zu erwarten ist. Dies ist bei Windstille der
Fall, da hier die meisten Menschen betroffen sind.

Chaos im Störfall entsteht. Eine monetäre Erfassung könnte theoretisch über Erfahrungen aus anderen Krisen (z. B. erhöhte Anzahl von Straftaten während Katastrophen oder Unruhen) abgeschätzt werden.

Aufgrund der möglichen Fehlannahme, durch eine Jodblockade würde ein genereller Schutz gegen Strahlenschäden gewährleistet, könnten die Menschen Krisensituationen unterschätzen und sich tendenziell länger in kontaminierten Gebieten aufhalten. Bei der Verteilung der Tabletten (unabhängig ob Vorverteilung oder Verteilung im Krisenfall) sollten daher sehr klare Angaben zur Wirkungsweise gemacht werden.

Bei einer Vorverteilung und damit verbundenen Information der Bevölkerung wird das Bewusstsein gegenüber der Problematik einer möglichen Strahlenkatastrophe erhöht. Zum einen hat dies den Effekt, über diese und andere Strahlenschutzmaßnahmen eine bessere Aufklärung zu erwirken, welche im Krisenfall vorteilhaft ist. Dem ist zu entgegnen, dass durch die direkte Konfrontation mit diesem Themengebiet innerhalb der Bevölkerung das Gefühl einer Bedrohung durch radioaktive Stoffe gefördert wird.

Nach einem Strahlenunfall ist mit erhöhten allgemeinen Kosten im Gesundheitswesen zu rechnen, da ehemals Strahlenexponierte öfter Kontrollbesuche beim Arzt wahrnehmen. Weiterhin treten psychisches bzw. generelles Leiden verbunden mit einer Erkrankung an Schilddrüsenkrebs (Depression, Heiserkeit nach Operationen etc.) sehr viel stärker auf.[246]

Durch eine Jodblockade können aber nicht nur die mit dem Schilddrüsenkrebs verbundenen Erkrankungen reduziert werden, sondern auch das empfundene Leid und die Sorge um die persönliche Zukunft in der Bevölkerung abgeschwächt werden.

18. Geben Sie eine Empfehlung ab.
Es konnte keine monetäre Rentabilität der Maßnahme ermittelt werden. Das Ergebnis wird auch durch die Sensitivitätsanalyse, welche das Auftreten menschlichen Versagens in die Risikobetrachtung einschließt, nicht geändert. Diese Ergebnisse gelten gleichermaßen für den Bereich bis 5 km um ein Kernkraftwerk als auch für den 5–25-km-Radius.

Demnach ist den Bundesländern von einer Vorverteilung der Jodtabletten abzuraten und nur im Fall berechtigter Bedenken bzw. unter besonderen Unsicherheitsfaktoren der Einzelentscheidung Vorrang zu gewähren.

---

[246] Diese Kosten könnten z. B. über die Kosten einer psychologischen, logopädischen oder sonstigen Behandlung ermessen werden.

19. Zusatzfrage: Erläutern Sie kurz Möglichkeiten zur Effizienzsteigerung bei Vorverteilung.

Eine Effizienzsteigerung bei Vorverteilung wäre möglich, indem nur jene Altersgruppen vorab mit Jod versorgt werden, bei welchen nachweislich eine Erhöhung der Schilddrüsenkrebsfälle nach Radiojod-Exposition vorliegt. Konkret wäre dies zu realisieren, indem Jodtabletten nur in der Altersgruppe bis 18 Jahre vorverteilt würden oder unabhängig von einer Vorverteilung z. B. durch eine Lagerung von Jodtabletten in Kindergärten und Schulen eine optimale Verfügbarkeit gewährleistet würde.[247]

Da im Krisenfall weiterhin alle Personen bis 45 Jahre mit Jod versorgt werden, ist diese Option mit den bestehenden gesetzlichen Vorgaben vereinbar.

---

[247] Es müsste geprüft werden, welche Regelungen zur Gabe der Tabletten durch nicht Sorgeberechtigte (z. B. schriftlicher Einwilligung der Eltern) hierzu notwendig wären.

Fallstudie (F)
Nutzwertanalyse – Die Bestimmung des bestmöglichen Standortes einer Müllverbrennungsanlage
Malte Kähler und Dewi Reimers

1. Situationsbeschreibung – „Story"

Allgemeine Informationen

In der vorliegenden Fallstudie soll mit dem Entscheidungsträger, der Stadt Burgstedt, im Rahmen einer Nutzwertanalyse der bestmögliche Standort für eine Müllverbrennungsanlage ermittelt werden.

In einer Müllverbrennungsanlage werden Abfälle mit Hilfe von thermischen Verfahren entsorgt.[248] Das Bundesimmissionsschutzgesetz beschreibt detailliert die Anforderungen, denen eine Müllverbrennungsanlage entsprechen muss,[249] unter anderem, dass die bei der thermischen Abfallbehandlung entstehenden schadstoffhaltigen Rauchgase bestimmte Grenzwerte nicht überschreiten dürfen.[250] „Die Ziele einer gemäß dem Bundesimmissionsschutzgesetz betriebenen Müllverbrennungsanlage liegen neben der Abfallbeseitigung vor allem in einer Nutzung der in den Abfällen enthaltenen Restenergien und der Minimierung der schadstoffhaltigen Rückstände."[251] Dabei weist die überwiegende Zahl der in Deutschland betriebenen Müllverbrennungsanlagen eine ähnliche Funktionsweise auf.[252] Zunächst wird bei jeder Müllanlieferung das einzulagernde Abfallgewicht mit Hilfe einer Wiegestation ermittelt. Anschließend wird der Müll über Müllrutschen in einen Müllbunker befördert und dort zwischengelagert. Schließlich bewegt ein Greifarm den Abfall über den Aufgabetrichter der Feuerungsanlage. Prinzipiell besteht die Funktion der Feuerungsanlage darin, den Abfall zu verbrennen, die durch die Verbrennung entstehende Schlacke abzutransportieren und die bei der Feuerung entstehenden Rauchgase einer Turbine zuzuführen, die einen Generator zur Stromerzeugung antreibt. Darüber hinaus kann der durch den Verbrennungsvorgang entstehende Dampf auch in ein Fernheizsystem eingespeist werden. Damit möglichst wenige gasförmige Schadstoffmengen in die Atmosphäre gelangen können, wird eine Rauchgasreinigungsanlage eingesetzt. Mit Hilfe des in die-

---

[248] Vgl. Fehrenbach/Giegrich/Mahmood (2007), S. 1.
[249] Vgl. Siebzehnte Verordnung zur Durchführung des Bundes-Immissionsschutzgesetzes.
[250] Vgl. Siebzehnte Verordnung zur Durchführung des Bundes-Immissionsschutzgesetzes.
[251] Energie-Lexikon (2011).
[252] Diese und folgende Informationen zur Funktionsweise von Müllverbrennungsanlagen vgl. Energie-Lexikon (2011).

ser Anlage enthaltenen Elektro- bzw. Gewebefilters werden die gereinigten Rauchgase über einen Schornstein an die Außenluft abgegeben.

Die Stadt Burgstedt, welche es in der Nutzwertanalyse zu betrachten gilt, liegt ungefähr 60 Kilometer von der Landeshauptstadt entfernt und ist mit ungefähr 125.000 Einwohnern die fünft größte Stadt in diesem Bundesland. Im gesamten Landkreis Burgstedt leben derzeit ungefähr 285.000 Menschen. Da in den letzten Jahren das Müllaufkommen sowohl innerhalb der Stadt als auch im Landkreis Burgstedt signifikant angestiegen ist, haben sich die städtischen Entscheidungsträger entschieden, innerhalb der Stadt Burgstedt eine Müllverbrennungsanlage zu errichten. Nach einer von Sachverständigen des städtischen Bauamtes durchgeführten Vorstudie stehen grundsätzlich mehrere Standorte zur Diskussion. Folglich sehen sich die Entscheidungsträger mit einem Entscheidungsproblem konfrontiert, an welchem Standort die Müllverbrennungsanlage zu errichten ist.

Aus diesem Grund geben die Verantwortlichen der Stadt Burgstedt bei einem Beratungsunternehmen eine Nutzwertanalyse zur Bestimmung des bestmöglichen Standortes der zu errichtenden Müllverbrennungsanlage in Auftrag. Wie beschrieben, ist eine Nutzwertanalyse als ein Analyseverfahren zu verstehen, das unter anderem verschiedene Handlungsalternativen nach dem Kriterium der Effektivität unterscheidet.[253] Das Verfahren ist vor allem durch eine reine Nutzen-Betrachtung gekennzeichnet, mithin finden die eingesetzten Kosten hier keine explizite Beachtung. Allerdings kann innerhalb der Nutzwertanalyse das simultane Erreichen mehrerer unterschiedlicher Ziele überprüft werden, so dass im Ergebnis selbstverständlich auch die Kosten implizit Berücksichtigung finden können. Dazu ist es jedoch unabdingbar, dass die Ziele sowie Teilziele auch entsprechend formuliert werden. Somit sind zunächst, analog zur Kosten-Nutzen-Analyse, von den Entscheidungsträgern der Stadt Burgstedt die Ziele bzw. das **Zielsystem** anzugeben, welche mit den im weiteren Verlauf der Nutzwertanalyse noch konkret zu definierenden Handlungsalternativen erreicht werden sollen.[254]

Grundsätzlich gibt es hierzu zwei verschiedene Verfahren, und zwar das intuitive und das deduktive Verfahren, mit deren Hilfe die jeweiligen Ziele gesammelt sowie die Zielkriterien katalogisiert werden können.[255] In der vorliegenden Fallstudie haben sich die Entscheidungsträger der Stadt Burgstedt auf die deduktive Vorgehensweise verständigt. So haben diese zunächst die Bestimmung des bestmöglichen Standortes für die zu errichtende Müllver-

---

253 Vgl. Abschnitt 1.3.
254 Vgl. Ebd.
255 Vgl. Rinza/Schmitz (1992), S. 41.

brennungsanlage als Gesamtziel definiert. Anschließend wurde das definierte Gesamtziel noch in weitere Teilziele respektive die nachfolgenden Zielkriterien differenziert: Entfernung vom zentralen Schwerpunkt des Müllaufkommens, Erschließungskosten, Stadtbild und zu erwartende Widerstände der Bevölkerung.[256] Dabei sind diese Zielkriterien als die eigentlichen Bewertungskriterien zu verstehen, denn nur diese werden im späteren Verlauf der Nutzwertanalyse zur Bewertung der Handlungsalternativen, also zur Bestimmung des optimalen Standortes herangezogen.[257] Zum besseren Verständnis sollen die formulierten Zielkriterien im Nachfolgenden kurz verbalisiert und abgegrenzt werden.

Zielkriterien

Die **Entfernung** zum zentralen Punkt des Abfallaufkommens des Landkreises, dem Stadtgebiet von Burgstedt, bildet die Basis für das erste Zielkriterium. Die Kosten des Baus der geplanten Müllverbrennungsanlage sind, abgesehen von den noch aufgeführten Erschließungskosten der Grundstücke, an allen Standorten als prinzipiell gleich zu veranschlagen. Aus diesem Grund ist die Betrachtung der Entfernung zwischen Standort und Stadtgebiet als Indikator der Kosten, die im laufenden Betrieb anfallen werden, relevant. Die für den Abtransport zur Müllverbrennungsanlage anfallenden Kosten sind umso höher, je weiter der Standort vom zentralen Abfallaufkommen entfernt liegt. Summiert man diese Transportkostenunterschiede über einen längeren Zeitraum, so ergibt sich aus wirtschaftlichen Überlegungen heraus das erste Zielkriterium: Eine möglichst geringe Entfernung zwischen dem Schwerpunkt des Abfallaufkommens und des zu bevorzugenden Standortes.

Die **Erschließungskosten** stellen den Umfang der Kosten dar, die erforderlich sind, um den jeweiligen Standort infrastrukturell zu erschließen. So sind unter diesem Begriff die Kosten zum Bau von etwaigen Straßen, Brücken oder zur Installierung eines Ver- und Entsorgungsnetzes, beispielsweise die Errichtung eines industriellen Abwasserkanals und Stromleitungen zu subsumieren. Es lässt sich als Zielkriterium die Forderung nach möglichst geringen Erschließungskosten formulieren.

Das Kriterium **Stadtbild** zielt vornehmlich auf städtebauliche Gesichtspunkte ab. Spezifiziert soll nach diesem Kriterium beurteilt werden, ob die zu errichtende Müllverbrennungsanlage ohne weiteres an dem jeweiligen Standort in die Umgebung integriert werden kann. Als Zielkriterium lässt sich die Forderung nach Beachtung städtebaulicher Integration ableiten.

---

[256] Vgl. Ebd.

[257] Vgl. Rinza/Schmitz (1992), S. 43.

Unter dem Zielkriterium zu erwartende **Widerstände** der Bevölkerung soll der Umfang der zu erwartenden Widerstände von Bürgern bei der Wahl des Standortes der Müllverbrennungsanlage Einbezug finden. Als Zielkriterium wird an dieser Stelle die Forderung nach möglichst geringen Einwänden der Bevölkerung verstanden.

Nebenbedingungen

Zudem sind von den Entscheidungsträgern der Stadt Burgstedt bestimmte Nebenbedingungen anzugeben, die von den Handlungsalternativen, also von den zu beurteilenden Standorten, nicht verletzt werden dürfen.[258] Die Nebenbedingungen können, wie in der Einleitung beschrieben, u. a. ökonomischer, juristischer oder politischer Art sein und dienen gewissermaßen als „K.O.-Kriterien"[259], d. h. sofern ein zu beurteilender Standort auch nur eine Nebenbedingung verletzt, ist dieser grundsätzlich von dem anschließenden Analyseverfahren auszuschließen. Im Rahmen der vorliegenden Fallstudie wurden von den Entscheidungsträgern der Stadt Burgstedt zwei Nebenbedingungen spezifiziert, die zwingend erfüllt sein müssen, damit ein Standort in Betracht gezogen werden kann.

Zum einen muss die **Verfügbarkeit geeigneter Flächen** gegeben sein. Das bedeutet, dass nicht nur eine ausreichend große, zusammenhängende Fläche vorhanden sein muss, sondern zusätzlich, um etwaige langwierige Verhandlungen oder gar rechtliche Verfahren auszuschließen, dass sich die gesamte Nutzfläche bereits im Eigentum der Stadt Burgstedt befinden soll. Prinzipiell wird ein Grundstücksbedarf von 10.000 m^2 (1 ha) unterstellt.

Zum anderen haben sich die Vertreter der Stadt darauf verständigt, dass aus Gründen der Wirtschaftlichkeit nur eine **Entfernung von weniger als 15 Kilometern** zwischen dem jeweiligen Standort und dem Schwerpunkt des Abfallaufkommens vertretbar ist. Bei einer größeren Entfernung ist von einem signifikanten Anstieg der Transportkosten auszugehen, so dass grundsätzlich von der Wahl eines solchen Standortes abzusehen ist.

Besonderheiten dieser Fallstudie

Zusätzlich sind im Rahmen dieser Fallstudie einige Besonderheiten zu berücksichtigen: Im Gegensatz zur herkömmlichen Zielformulierung einer Nutzwertanalyse, in der es zumindest zwei unterschiedliche Basisalternativen gibt, fehlt in der vorliegenden Fallstudie die „Null-Alternative".[260] Die Errichtung einer

---

[258] Vgl. Abschnitt 1.3 a.

[259] Vgl. Ebd.

[260] Vgl. Abschnitt 1.3 c.

Müllverbrennungsanlage ist auf Grund des immens gestiegenen Müllaufkommens sowohl in der Stadt als auch im Landkreis Burgstedt unumgänglich, so dass sich nicht die Frage stellt *ob*, sondern lediglich *wo*, d. h. an welchem Standort, diese errichtet werden soll. Weiterhin entfällt die Suche nach Handlungsalternativen, da von Sachverständigen des städtischen Bauamtes in einer Vorstudie fünf mögliche Standorte ermittelt worden sind: Gewerbegebiet Süd, Gewerbegebiet in den Wiesen, Sonnenfeld, Mühlenkamm und Alte Papierfabrik.

Beschreibung der Handlungsalternativen
Im Nachfolgenden werden die eben erwähnten fünf Standorte beschrieben, um eine spätere Bewertung bzw. eine Empfehlung zur Bestimmung des optimalen Standortes zur Errichtung einer Müllverbrennungsanlage zu ermöglichen. Dazu werden die Standorte hinsichtlich ihrer Lage und der Charakteristik der jeweiligen Umgebung sowie den infrastrukturellen Gegebenheiten beschrieben.

Zur besseren Orientierung wird den Bearbeitern dieser Fallstudie in Abbildung F-1 ein Lageplan der möglichen Standorte zur Errichtung einer Müllverbrennungsanlage in der Stadt Burgstedt bereitgestellt:

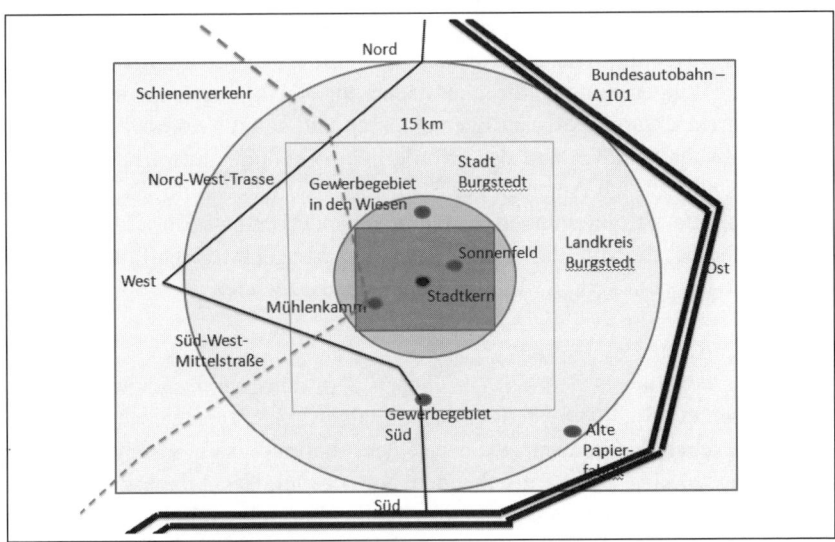

Abb. F-1: Lageplan der möglichen Standorte zur Errichtung einer Müllverbrennungsanlage in der Stadt Burgstedt [261]

---

[261] Quelle: Eigene Darstellung.

Gewerbegebiet Süd

Der Standort Gewerbegebiet Süd liegt in dem ausgewiesenen südlichen Gewerbegebiet der Stadt Burgstedt und ist 14,6 Kilometer vom Stadtkern entfernt. Dabei grenzt das Gewerbegebiet direkt an den südlichen Stadtteil Goldene Aue. Der Stadtteil Goldene Aue ist ein bevölkerungsreiches Wohngebiet, indem sich ein evangelischer Kindergarten sowie eine Gesamtschule befinden. Darüber hinaus wird der Bau des Seniorenstifts „Theresienhof" innerhalb der nächsten zwei Monate fertiggestellt und bezugsbereit sein.

Der Standort eignet sich aufgrund seiner verkehrsmäßigen Anbindung für den Antransport des Abfalls sowohl aus der Stadt als auch aus dem Landkreis Burgstedt. So kann der Müll aus den nördlichen und östlichen gelegenen Stadtteilen sowie Orten und Gemeinden über die Bundesautobahn A 101 – Abfahrt Burgstedt Süd – transportiert werden. Aus dem westlichen Stadtgebiet sowie umliegenden Landkreis kann der Müll über die Süd-West-Mittelstraße transportiert werden, die allerdings unmittelbar durch den südlichen Stadtteil Goldene Aue verläuft.

Die in dem Gewerbegebiet Süd gelegenen Flächen befinden sich ausschließlich im Eigentum der Stadt Burgstedt. Der Grundstücksbedarf von 1 ha kann problemlos gedeckt werden. Das Gewerbegebiet ist von anderen Industrie- und Gewerbetreibenden stark besiedelt und umfasst eine Gesamtfläche von 85 ha. Insgesamt stehen in diesem Gewerbegebiet für Industrie- und Gewerbeansiedlungen noch 25 ha Nutzfläche zur Verfügung, von denen 20 ha bereits infrastrukturell vollständig erschlossen und somit sofort bebaubar sind. So sind etwaige Straßen und das erforderliche Ver- und Entsorgungsnetz bereits vorhanden. Nach Angaben der Stadtwerke Burgstedt sind der Abwasserkanal und die Stromleitungen mit den entsprechenden Einrichtungen der Säbener Straße, die unmittelbar durch das Gewerbegebiet verläuft, bereits verbunden, so dass mit keinen weiteren Baukosten zu rechnen ist.

Gewerbegebiet in den Wiesen

Das Gewerbegebiet in den Wiesen liegt in dem nördlich ausgewiesenen Gewerbegebiet der Stadt Burgstedt und ist ungefähr 7,2 Kilometer vom Stadtkern entfernt. Neben zahlreichen Erdbeerfeldern befindet sich in unmittelbarer Umgebung zu den noch freistehenden Nutzflächen das Franziskanerkloster „Tannenberg". Das Kloster ist bereits über 1500 Jahre alt und steht unter Denkmalschutz. Die Bevölkerung fühlt sich auf Grund historischer Ereignisse in der Geschichte von Burgstedt sehr eng mit dem Kloster verbunden. Das Kloster gilt als Wahrzeichen der Stadt und wird jedes Jahr von zahlreichen Touristen besucht.

Der Standort eignet sich hinsichtlich seiner verkehrsmäßigen Anbindung nur bedingt für den Antransport des Abfalls. Vor allem aus dem westlichen Stadtgebiet sowie der westlich gelegenen Orte und Gemeinden des Landkreises Burgstedt ist die Anbindung problematisch, da sich die Fertigstellung der geplanten Nord-West-Trasse wegen ungeklärter Grundstücksansprüche noch über Jahre hinauszögern kann. Somit kann der Abfall aus dem westlichen Stadtteil sowie den westlich gelegenen Orten und Gemeinden zunächst nur über die Süd-West-Mittelstraße und anschließend über die Bundesautobahn A 101 – Abfahrt Burgstedt Nord – befördert werden.

Eigentümer der in diesem Gebiet ausgewiesenen Freiflächen ist die Stadt Burgstedt. Das Gebiet umfasst eine Gesamtfläche von 150 ha, von denen noch 30 ha zur Bebauung bereit stehen. Somit kann der Grundstücksbedarf von 1 ha problemlos gedeckt werden. Das Gebiet wird hauptsächlich von Dienstleistungsunternehmen genutzt. Allerdings haben sich dort in den letzten Jahren auch vermehrt Industrie- und Gewerbetreibende angesiedelt. Die noch freistehenden Flächen sind allerdings infrastrukturell noch nicht vollständig erschlossen. So sind zwar notwendige Straßen vorhanden, jedoch ist nach Angaben der Stadt Burgstedt das erforderliche Ver- und Entsorgungsnetz noch zu installieren. Hier besteht prinzipiell die Möglichkeit den noch zu errichtenden Abwasserkanal sowie die Stromleitungen mit den bereits vorhandenen Einrichtungen der Wartburgstraße zu verbinden, die unmittelbar durch das Gewerbegebiet in den Wiesen verläuft. Die von Sachverständigen geschätzten Baukosten belaufen sich auf ungefähr 2,5 Mio. Euro.

Mühlenkamm

Der Standort Mühlenkamm liegt in dem südwestlichen gelegenen Teil der Stadt Burgstedt und ist ungefähr 2,1 Kilometer vom Stadtkern entfernt. Trotz der geringen Entfernung zum Stadtzentrum ist das Gebiet bevölkerungsarm. Dabei grenzen die Nutzflächen des Standortes Mühlenkamm unmittelbar an die umliegenden Wiesen und Felder, sowie an einen Wald, den Burgstedter Spessart. Dieser umfasst eines der größten zusammenhängenden Mischlaubwaldgebiete in Deutschland und wird durch Täler, sanfte Hänge und Höhen geprägt. Darüber hinaus verläuft das Flussbett der „Kleinen Ake" in etwa mittig durch das gesamte Areal.

Der Standort eignet sich für den Antransport des Mülls aus der Stadt sowie dem Landkreis Burgstedt. Der Abfall kann aus sämtlichen Stadtteilen sowie den umliegenden Orten und Gemeinden des Landkreises über die Bundesautobahn A 101 – Abfahrt Burgstedt Süd – sowie die Süd-West-Mittelstraße antransportiert werden. Darüber hinaus bietet der Standort Mühlenkamm insbesondere den Orten und Gemeinden des Landkreises Burgstedt die Möglichkeit, den Abfall mit Hilfe des vorhandenen Güterbahnhofes und des überregionalen Schienennetzes zu transportieren und somit den lokalen Stadtverkehr zu entlasten.

Grundsätzlich ist die Stadt Burgstedt der Eigentümer der in diesem Gebiet ausgewiesenen Nutzflächen. Dabei umfasst das Areal eine Gesamtfläche von 20 ha. Prinzipiell stehen derzeit noch ungefähr 15 ha Nutzfläche zur Verfügung, die aber infrastrukturell noch nicht erschlossen sind. Somit kann der Grundstücksbedarf von 1 ha problemlos gedeckt werden. Allerdings sind die erforderlichen Straßen zu bauen und das Ver- und Entsorgungsnetz noch zu installieren. Darüber hinaus verläuft das Flussbett der „Kleinen Ake" unmittelbar vor den noch freistehenden nutzbaren Flächen. Daher ist es unabdingbar eine Brücke zu errichten, um die vorhandenen Flächen für Gewerbe- und Industrietreibende zugänglich bzw. nutzbar zu machen. Insgesamt werden die notwendigen Baukosten zur Erschließung dieses Standortes von Sachverständigen auf 5 Mio. Euro geschätzt.

Sonnenfeld

Der Standort Sonnenfeld liegt nordöstlich in ungefähr 3,4 Kilometern Entfernung zum Stadtkern. Das freistehende Gelände befindet sich auf dem ehemaligen Luftwaffenstützpunkt Burgstedt. In der unmittelbaren Umgebung zu diesem Gebiet befinden sich vor allem Wiesen, Felder sowie Ackerflächen, die überwiegend von verschiedenen Landwirtschaftsbetrieben genutzt werden. Insgesamt ist das Gebiet als bevölkerungsarm zu klassifizieren. Jedoch wurden in den letzten Jahren aufgrund des Erholungsgebietscharakters der Gegend verschiedene Trimm-Dich-Pfade errichtet.

Prinzipiell scheint der Standort hinsichtlich seiner verkehrsmäßigen Lage für den Antransport des Abfalls geeignet zu sein. So kann der Abfall aus den westlichen und südlichen Stadtgebieten, Orten und Gemeinden der Stadt Burgstedt zunächst über die Süd-West-Mittelstraße und anschließend über die Bundesautobahn A 101 – Abfahrt Burgstedt Ost – befördert werden. Aus dem nördlichen Stadtgebiet kann der Abfall über die Bundesautobahn A 101 – Abfahrt Burgstedt Ost – transportiert werden.

Seit 1955 befinden sich die in diesem Gebiet gelegenen Nutzflächen im Privateigentum der Familie Robben. Das Grundstück der dem deutschen Hochadel entstammenden Familie umfasst dabei eine Gesamtfläche von 10 ha, die vollständig zur Bebauung/Nutzung zur Verfügung stehen. Somit kann der Grundstücksbedarf von 1 ha problemlos gedeckt werden. Das Areal ist zwar infrastrukturell vollständig erschlossen, allerdings ist an dieser Stelle darauf hinzuweisen, dass die vorhandenen Straßen teilweise marode sind und das vorhandene Ver- und Entsorgungsnetz sehr veraltet ist. Es ist also zwingend mit vorzunehmenden Reparatur- bzw. Modernisierungsarbeiten zu rechnen. Die hierzu von Sachverständigen geschätzten Kosten belaufen sich auf ungefähr 1 Mio. Euro.

Alte Papierfabrik
Der Standort Alte Papierfabrik liegt ungefähr 17,6 Kilometer südöstlich vom Stadtzentrum entfernt. Die zur Bebauung geeigneten Nutzflächen befinden sich in einem alten Industriegebiet, in dem sich bis Ende der 90er Jahre die Druckerei der lokalen Tageszeitung „Burgstedter Spiegel" befand. Das Gebiet wird auch heute noch von einigen Industrieunternehmen genutzt. In unmittelbarer Umgebung zu diesem Gebiet befinden sich ein kleines Dörfchen, in dem sich überwiegend landwirtschaftliche Betriebe angesiedelt haben, sowie zahlreiche Maisfelder.

Das Industriegebiet Alte Papierfabrik eignet sich bezüglich seiner verkehrsmäßigen Anbindungen für den Antransport des Abfalls. So kann der Müll aus den nördlichen und östlichen Stadtteilen sowie Orten und Gemeinden der Stadt Burgstedt über die Bundesautobahn A 101 – Abfahrt Burgstedt Alte Papierfabrik – befördert werden. Aus den westlichen und südlichen Stadtgebieten kann der Abfall über die Süd-West-Mittelstraße sowie die Bundesautobahn A 101 – Abfahrt Alte Papierfabrik – transportiert werden.

Die zur industriellen bzw. gewerblichen Nutzung freistehenden Nutzflächen befinden sich im Eigentum der Stadt Burgstedt. Dabei umfasst das gesamte Gebiet eine Fläche von 45 ha, von denen noch 12 ha zur unmittelbaren Bebauung zur Verfügung stehen. Somit kann der Grundstücksbedarf von 1 ha problemlos gedeckt werden. Die Flächen sind infrastrukturell bereits vollständig erschlossen. So sind die benötigten Straßen sowie das erforderliche Ver- und Entsorgungsnetz bereits vorhanden. Diese sind nach Angaben der Stadtwerke Burgstedt mit den entsprechenden Einrichtungen der Bruchstraße verbunden, die inmitten des alten Industriegebietes verläuft. Somit ist nach Auffassung von Sachverständigen des städtischen Bauamtes an diesem Standort mit keinen weiteren Baukosten zu rechnen.

2. Datenbasis
Die Ermittlung der Skalen
Da innerhalb der Nutzwertanalyse grundsätzlich die Suche und Kategorisierung von Effekten entfällt, ist für jedes formulierte Ziel respektive Teilziele ein adäquater Indikator oder Wirkungsmaß anzugeben. Mit diesem kann der Zielerfüllungsgrad der jeweiligen Handlungsalternative zur Zielerreichung,

also zur Bestimmung des optimalen Standortes, möglichst aussagekräftig gemessen werden.[262]

Ein solcher Indikator bzw. Wirkungsmaß wird als Skala bezeichnet. „Skalen stellen Regeln dar, wie die aus den Datenquellen gewonnenen Sachinformationen zu Wertinformationen transformiert werden."[263] Grundsätzlich kann jedes Kriterium eine andere Maßeinheit aufweisen. Folglich können sich die zugrundegelegten Skalen zwischen verschiedenen Zielkriterien unterscheiden, allerdings sollte innerhalb eines Zielkriteriums die entsprechende Skalierung einheitlich sein. Im Ergebnis lässt sich somit die jeweilige Ausprägung des Zielkriteriums sowohl durch qualitative als auch durch quantitative Daten mit unterschiedlichen Maßeinheiten darstellen, u. a. in numerischer Form oder in Form von Symbolen, beispielsweise der Anzahl von Sternen oder Sonnen.[264]

Skalenwahl im Rahmen dieser Fallstudie

Nach einer sehr kontrovers geführten Diskussion, in der die jeweiligen Vor- und Nachteile der verschiedenen möglichen einzusetzenden Skalen abgewogen worden sind, haben sich die Entscheidungsträger der Stadt Burgstedt für die folgenden Skalen entschieden.

Bei dem Zielkriterium Erschließungskosten haben sich die städtischen Entscheidungsträger für eine numerische Skala entschieden. So sollen die Erschließungskosten in Euro gemessen werden. Prinzipiell werden von Sachverständigen des städtischen Bauamtes die maximalen Erschließungskosten mit 5 Mio. Euro quantifiziert. Selbstverständlich sind unter den maximal veranschlagten 5 Mio. Euro liegende Ausgaben als besser zu bewerten. Es ergibt sich eine Skala von 0 Mio. Euro als „dem besten" bis zu 5 Mio. Euro als „dem schlechtesten" Wert.

Für das Zielkriterium Entfernung vom zentralen Abfallaufkommen wurde ebenfalls eine numerische Skala festgelegt. So soll die Entfernung zum jeweiligen Standort in Kilometern gemessen werden. Da als eine der Nebenbedingungen bereits eine maximale Entfernung von 15 km festgelegt worden ist ergibt sich eine Skala von 0 km als „dem besten" bis 15 km als „dem schlechtesten" Wert.

Das Zielkriterium Stadtbild soll durch Symbole, konkret durch die Vergabe von Sonnen, gemessen/bewertet werden. Dabei reicht die Skala von fünf Sonnen, „dem besten", bis zu einer Sonne, „dem schlechtesten" Wert.

---

[262] Vgl. Abschnitt 13 d.

[263] Lifka (2008), S. 53.

[264] Vgl. Lifka (2008), S. 53.

Auch das Zielkriterium zu erwartende Widerstände der Bevölkerung soll durch Symbole in Form von Sonnen gemessen/bewertet werden. Analog zu dem Zielkriterium Stadtbild reicht die Skala von fünf Sonnen „dem besten" bis zu einer Sonne „dem schlechtesten" Wert.

Um schließlich den Zielerfüllungsgrad der jeweiligen Handlungsalternativen ermitteln zu können, hat sich das Beratungsunternehmen nach Abwägen aller Vor- und Nachteile entschieden, für die jeweiligen Zielkriterien grundsätzlich Wertetabellen zu verwenden. Mit Hilfe der Wertetabellen werden schließlich die unterschiedlichen Maßeinheiten der zur bewertenden Eigenschaften der jeweiligen Zielkriterien in eine einheitliche Maßeinheit, konkret in den entsprechenden Zielerfüllungsgrad, überführt.[265] Dabei ist es sinnvoll, die Skalenrichtung so zu wählen, dass eine steigende Zielerfüllung auch durch einen steigenden Ziffernwert ausgedrückt wird. Bezüglich der Skalenlänge ist die Wahl der maximalen Punkte grundsätzlich beliebig. Das Beratungsunternehmen setzt in solchen Fällen zumeist eine Skalenlänge zwischen 5 und 10 Punkten ein.[266] In der vorliegenden Fallstudie haben die städtischen Entscheidungsträger in Zusammenarbeit mit dem Beratungsunternehmen die Skala der Zielerfüllungsgrade mit fünf Punkten skaliert, um die jeweiligen unterschiedlichen Maßeinheiten zu konvertieren. Dabei soll der Wert fünf „den besten" und der Wert eins „den schlechtesten" Zielerfüllungsgrad darstellen. Eine entsprechende Aufschlüsselung findet sich in der Abbildung F-2. Leider hat die Sekretärin versäumt die fast leeren Farbpatronen des Druckers auszutauschen, so dass die Wertetabelle zur Darstellung der Zielerfüllungsgrade unvollständig ausgedruckt worden ist.

Zielerfüllungsgrad	1	2	3	4	5
Entfernung	< 15 km	< 12 km	< 9 km	< 6 km	< 3 km

Abb. F-2: Wertetabelle zur Darstellung der Zielerfüllungsgrade[267]

Die Ermittlung der vorläufigen Zielgewichtung

Grundsätzlich sehen sich die Entscheidungsträger der Stadt Burgstedt in dem vorliegenden Fallbeispiel mit einem Entscheidungsproblem konfrontiert – der Bestimmung des bestmöglichen Standortes für die Müllverbrennungsanlage – bei dem gleichzeitig mehrere verschiedene Ziele- bzw. Teilziele erreicht werden sollen.[268] Aus diesem Grund erfolgt, nachdem die Ziele bzw. Teilziele in

---

[265] Vgl. Rinza/Schmitz (1992), S. 65.

[266] Vgl. Rinza/Schmitz (1992), S. 71.

[267] Quelle: In Anlehnung Abschnitt 1.3 e.

[268] Vgl. Abschnitt 1.3 b.

Abschnitt 1 von den Entscheidungsträgern determiniert wurden, die Ermittlung und Darstellung der Gewichtung der einzelnen angegebenen Ziele.[269] Zur Bestimmung der jeweiligen Gewichtung der Ziele bzw. Teilziele werden vornehmlich Verfahren der präskriptiven Entscheidungslehre empfohlen.[270] Grundsätzlich gibt es mehrere vorstellbare präskriptive Verfahren, die in indirekte und direkte Verfahren zu unterscheiden sind.[271] Die indirekten Verfahren werden eingesetzt, wenn es den Entscheidungsträgern nicht möglich ist, die Gewichte für Kriterien direkt anzugeben.[272] Bei direkten Verfahren wird versucht, „von den Entscheidungsträgern unmittelbare Einschätzungen zu erfragen, aus welchen man schließlich die Gewichtungen sofort entweder in absoluten Größen oder im Verhältnis der Ziele untereinander ablesen kann."[273]

An dieser Stelle bleibt zunächst zu konstatieren, dass die Entscheidungsträger der Stadt Burgstedt auf Grund kontroverser Meinungen/Auffassungen hinsichtlich der festzulegenden Präferenzen der jeweiligen Zielkriterien bisher weder ein indirektes noch ein direktes präskriptives Verfahren zur Bestimmung der Zielgewichtung angewandt haben. Allerdings haben diese innerhalb eines Workshops die Gewichtung der Ziele grob bestimmt und auf einer Metaplantafel, siehe Abbildung F-3, festgehalten. Unter Anwendung der Kartenabfragemethode bekam jeder der 5 Entscheidungsträger der Stadt Burgstedt die Möglichkeit, beliebig sechs Punkte entsprechend der jeweiligen Präferenz hinsichtlich der formulierten Zielkriterien zu vergeben.

Zielkriterien	Punkte
Erschließungskosten	•••••••••
Entfernung	••••••••••
Stadtbild	•••••
Widerstände	••••••

Abb. F-3: Metaplantafel zur Darstellung der vorläufigen Zielgewichtung[274]

Schließlich lässt sich durch abzählen der vergebenen Punkte eine Rangfolge der Zielkriterien ermitteln/ablesen. Nach Auffassung der Entscheidungsträger der Stadt Burgstedt wird das Zielkriterium Entfernung zum zentralen Punkt

---

[269] Vgl. Ebd.

[270] Vgl. Lifka (2008), S. 63.

[271] Vgl. Abschnitt 1.3 b.

[272] Vgl. Ebd.

[273] Abschnitt 1.3 b.

[274] Quelle: Eigene Darstellung.

des Abfallaufkommens auf Rang eins platziert, d. h. für die Bestimmung des optimalen Standortes als relevantestes Kriterium angesehen. Auf dem zweiten Platz ist das Kriterium Erschließungskosten, gefolgt von dem drittplatziertem Kriterium zu erwartende Widerstände der Bevölkerung. Das letztplatzierte und somit von geringster Relevanz für die Bestimmung des bestmöglichen Standortes einer Müllverbrennungsanlage ist nach Meinung der Entscheidungsträger der Stadt Burgstedt das Kriterium Stadtbild.

3. Fragenkatalog zur strukturierten Bearbeitung der Fallstudie

Für den Bearbeiter der Fallstudie gilt es nun den folgenden Fragestellungen nachzugehen:

1. Welche Zielstellung wird mit der Nutzwertanalyse verfolgt?
2. Wer ist der relevante Entscheidungsträger der vorzunehmenden Nutzwertanalyse?
3. Welche Handlungsalternativen sollen mit Hilfe der Nutzwertanalyse überprüft werden?
4. Nennen Sie die formulierten Ziele bzw. Zielkriterien!
5. Nennen Sie die formulierten Nebenbedingungen!
6. Wie sollen die jeweiligen gemessenen Zielerträge in die sogenannten Zielerfüllungsgrade überführt werden? Vervollständigen Sie die in Abschnitt 2 abgebildete Wertetabelle zur Darstellung der Zielerfüllungsgrade auf Grundlage der in Abschnitt 1 gegebenen Informationen!
7. Wie ist die Zielgewichtung darzustellen/durchzuführen? Verwenden Sie zur Darstellung der Zielgewichtung das „Direct-Rating-Verfahren"! Nach Lifka trägt der Entscheidungsträger über die Pfeilzuordnung die Relevanz der Teilziele auf einer Skala ein.[275] Hier gilt es zu beachten, dass die Entscheidungsträger auch zwei oder mehreren Zielen die gleiche Relevanz, d. h. den gleichen Wert auf der Skala zuordnen können. Über die Pfeilzuordnung können somit die sogenannten Rohgewichte r unmittelbar abgelesen werden. Die auf diese Weise ermittelten Rohgewichte r können durch die im theoretischen Teil beschriebene Formel[276] in normierte Gewichte w konvertiert werden, um die jeweilige Gewichtung und die damit unterstellte Relevanz der jeweiligen Zielkriterien zu relativieren. So werden die jeweiligen Rohgewichte r durch die Summe aller Rohgewichte dividiert, wobei die Summe immer eins beträgt. Diese normierten Gewichte w können dann für die Nutzwertanalyse verwendet werden.[277]

---

[275] Vgl. Lifka (2008), S. 65.

[276] Vgl. Lifka (2008), S. 65 und Abschnitt 1.3 b.

[277] Vgl. Abschnitt 1.3 b.

8a. Wie sind die definierten Handlungsalternativen im Bezug auf die in Abschnitt 1 vorgestellten Nebenbedingungen zu beurteilen? Hierzu ist eine Voruntersuchung durchzuführen. Tragen Sie Ihre Ergebnisse in einer Tabelle ein, wobei die Standorte in die Spalten eingetragen und die Nebenbedingungen in die Zeilen eingetragen werden!

8b. Welche Standorte sind von der nachfolgenden Analyse auszuschließen bzw. sind einer weiteren dezidierten Analyse zu unterziehen? Begründen Sie Ihre Entscheidung!

8c. Wie sind die jeweiligen (verbleibenden) Handlungsalternativen hinsichtlich der in Abschnitt 1 formulierten Zielkriterien zu bewerten? Hierzu sind die vorliegenden Informationen auszuwerten und in die jeweiligen physischen Projektwirkungen bzw. Zielerträge zu überführen!

8d. Wie werden die jeweiligen gemessenen Zielerträge in Zielerfüllungsgrade transformiert? Ermitteln Sie die jeweiligen Zielerfüllungsgrade. Nutzen Sie hierzu die in Aufgabe 6 vervollständigte Wertetabelle zur Darstellung der Zielerfüllungsgrade!

8e. Ermitteln Sie die einzelnen Teilnutzwerte der jeweiligen Handlungsalternativen. Verwenden Sie als Grundlage die Ergebnisse der in Aufgabe 7 ermittelten Zielgewichtungen!

8f. Berechnen Sie auf Grundlage der zuvor ermittelten Teilnutzwerte den Gesamtnutzwert der jeweiligen Handlungsalternative!

8g. Sprechen Sie auf Grund der ermittelten Gesamtnutzwerte eine Empfehlung zur Bestimmung des bestmöglichen Standortes einer Müllverbrennungsanlage aus. Begründen Sie Ihre Empfehlung!

9a. Wofür braucht man eine Sensitivitätsanalyse?

9b. Inwieweit verändert sich Ihre Empfehlung durch Variation der subjektiven Annahmen im Bezug auf die Zielgewichtung? Zu diesem Zweck wird folgende Information einbezogen: In einem halben Jahr stehen Kommunalwahlen an, weswegen die Entscheidungsträger der Stadt Burgstedt gerne wissen würden, *ob* die ausgesprochene Empfehlung unter einer stärkeren Gewichtung des Teilzieles Einwände der Bevölkerung bestehen bleiben würde. Unter den bisherigen Gewichtungen nehmen rein wirtschaftliche Überlegungen mit den Gewichtungen 0,32 für die Entfernung zum zentralen Abfallaufkommen und 0,29 für die Erschließungskosten einen Schwerpunkt innerhalb der Analyse ein. Dagegen fallen die gesellschaftlichen Überlegungen mit Gewichtungen von 0,18 des Stadtbildes und 0,21 der Einwände der Bevölkerung weniger schwer ins Gewicht. Nach einer erneuten Abwägung wird von dem Entscheidungsträger dem Teilziel Einwände der Bevölkerung auf der Basis des gewünschten Erhalts von Wählerstimmen ein Gewicht von 0,31 (+0,1) zugesprochen. Wegen der derzeit guten finanziellen Lage des Landkreises wird zusätzlich festgelegt, dass die Erschließungskosten, da es sich um eine einmalige Investition handelt, innerhalb dieses Szenarios als weniger wichtig zu bewerten sind. Die Erschließungskosten erhalten also eine neue Gewichtung von 0,19 (–0,1). Selbstverständlich bleibt die Summe der Zielgewichtungen auf 1,0 normiert. Berechnen Sie mit diesen neuen Gewichtungen nun erneut den Gesamtnutzwert aller Handlungsalternativen!

4. Musterlösung zu den Fragestellungen

1. Welche Zielstellung wird mit der Nutzwertanalyse verfolgt?
Die Zielstellung einer Nutzwertanalyse ist es unter anderem, verschiedene Handlungsalternativen nach dem Kriterium der Effektivität zu unterscheiden. Hier ist dies die Bestimmung des bestmöglichen Standortes einer Müllverbrennungsanlage.

2. Wer ist der relevante Entscheidungsträger der vorzunehmenden Nutzwertanalyse?
In der vorliegenden Fallstudie ist der relevante Entscheidungsträger die Stadt Burgstedt.

3. Welche Handlungsalternativen sollen mittels der Nutzwertanalyse überprüft werden?
Im Gegensatz zur herkömmlichen Zielformulierung einer Nutzwertanalyse, in der es zumindest zwei unterschiedliche Basisalternativen gibt, fehlt in der vorliegenden Fallstudie die „Null-Alternative".[278] Die Errichtung einer Müllverbrennungsanlage ist auf Grund des immens gestiegenen Müllaufkommens sowohl in der Stadt als auch im Landkreis Burgstedt unumgänglich, so dass sich nicht die Frage stellt *ob*, sondern lediglich *wo*, d. h. an welchem Standort, diese errichtet werden soll. Weiterhin entfällt die Suche nach Handlungsalternativen, da von Sachverständigen des städtischen Bauamtes in einer Vorstudie fünf mögliche Standorte ermittelt worden sind: Gewerbegebiet Süd, Gewerbegebiet in den Wiesen, Sonnenfeld, Mühlenkamm und Alte Papierfabrik.

---

[278] Vgl. Abschnitt 1.3 c.

4. Nennen Sie die formulierten Ziele bzw. Zielkriterien!

1. Die Bestimmung des optimalen Standortes einer Müllverbrennungsanlage
1.1 Die **Entfernung** zum zentralen Punkt des Abfallaufkommens
1.2 Die **Erschließungskosten**
1.3 Das **Stadtbild**
1.4 Die zu erwartenden **Widerstände** der Bevölkerung

5. Nennen Sie die formulierten Nebenbedingungen!

1. Die **Verfügbarkeit geeigneter Flächen.**
2. Eine **Entfernung von weniger als 15 Kilometern** zwischen dem jeweiligen Standort und dem Schwerpunkt des Abfallaufkommens.

6. Wie sollen die jeweiligen gemessenen Zielerträge in die sogenannten Zielerfüllungsgrade überführt werden? Vervollständigen Sie die in Abschnitt 2 abgebildete Wertetabelle zur Darstellung der Zielerfüllungsgrade auf Grundlage der in Abschnitt 1 gegebenen Informationen!

Zielerfüllungsgrad	1	2	3	4	5
Entfernung	< 15 km	< 12 km	< 9 km	< 6 km	< 3 km
Erschließungskosten	≤ 5 Mio. €	< 4 Mio. €	< 3 Mio. €	< 2 Mio. €	0 Mio. €
Stadtbild	☆	☆☆	☆☆☆	☆☆☆☆	☆☆☆☆☆
Widerstände	☆	☆☆	☆☆☆	☆☆☆☆	☆☆☆☆☆

Abb. F-4: Wertetabelle zur Darstellung der Zielerfüllungsgrade[279]

7. Wie ist die Zielgewichtung darzustellen/durchzuführen? Verwenden Sie zur Darstellung der Zielgewichtung das „Direct-Rating-Verfahren"! Nach Lifka trägt der Entscheidungsträger über die Pfeilzuordnung die Relevanz der Teilziele auf einer Skala ein.[280] Hier gilt es zu beachten, dass die Entscheidungsträger auch zwei oder mehreren Zielen die gleiche Relevanz, d. h. den gleichen Wert auf der Skala zuordnen können. Über die Pfeilzuordnung können somit die sogenannten Rohgewichte r unmittelbar abgelesen werden. Die auf diese Weise ermittelten Rohgewichte r können durch die im theoretischen Teil beschriebene Formel[281], in normierte Gewichte w konvertiert werden, um die jeweilige Gewichtung und die damit unterstellte Relevanz der jeweiligen Zielkriterien zu relativieren. So werden die jeweiligen Rohgewichte r durch die Summe aller Rohgewichte dividiert, wo-

---

[279] Quelle: Eigene Darstellung in Anlehnung Abschnitt 1.3 e.
[280] Vgl. Lifka (2008), S. 65.
[281] Vgl. Lifka (2008), S. 65 und Abschnitt 1.3 b.

bei die Summe immer eins beträgt. Diese normierten Gewichte w können dann für die Nutzwertanalyse verwendet werden.[282]
In der vorliegenden Fallstudie soll im Nachfolgenden einem direkten Verfahren zur Bestimmung der Zielgewichtung nachgegangen werden, konkret dem „Direct-Rating-Verfahren".[283] Dabei haben sich die Entscheidungsträger der Stadt Burgstedt nach sorgfältigem Abwägen der jeweiligen Vor- und Nachteile darauf verständigt, die formulierten Ziele, die Zielkriterien, auf einer Ratingskala hinsichtlich der jeweiligen zu unterstellenden Relevanz zu platzieren. Die Ratingskala ist mit zehn Punkten skaliert, wobei dem Wert zehn „maximale Relevanz" und dem Wert Null „keinerlei Relevanz" beigemessen wird. Eine nach diesem Verfahren mögliche durchgeführte Zielgewichtung wird in der Abbildung F-5 illustriert:

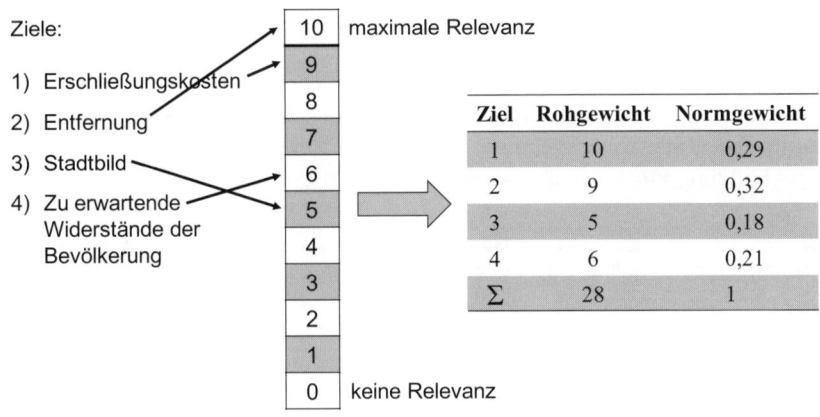

Abb. F-5: Direct-Rating-Verfahren[284]

8a. Wie sind die definierten Handlungsalternativen im Bezug auf die in Abschnitt 1 vorgestellten Nebenbedingungen zu beurteilen? Hierzu ist eine Voruntersuchung durchzuführen. Tragen Sie Ihre Ergebnisse in einer Tabelle ein, wobei die Standorte in die Spalten eingetragen und die Nebenbedingungen in die Zeilen eingetragen werden!
Bevor schließlich eine detaillierte Analyse der Standorte unter Beachtung der formulierten Ziele- bzw. Teilziele, mithin der Zielkriterien durchgeführt werden kann, ist es unabdingbar zunächst zu überprüfen, ob die von den Sachver-

---

[282] Vgl. Abschnitt 1.3 b.
[283] Vgl. Lifka (2008), S. 65.
[284] Quelle: In Anlehnung an Lifka (2008), S.65 f.

ständigen ausgewählten Handlungsalternativen die definierten Nebenbedingungen erfüllen. Dies geschieht in Form einer Voruntersuchung der Standorte.[285]

In der vorliegenden Fallstudie wurden von den Entscheidungsträgern lediglich zwei Nebenbedingungen formuliert. Zum einen die Verfügbarkeit geeigneter Flächen – also das Vorhandensein einer ausreichend großen, zusammenhängenden Fläche, die sich bereits im Eigentum der Stadt Burgstedt befindet. Zum anderen soll der auszuwählende Standort aus wirtschaftlichen Überlegungen heraus nicht weiter als 15 km vom Schwerpunkt des Abfallaufkommens, dem Stadtgebiet Burgstedt, entfernt liegen.

Die Nebenbedingungen dienen als Grundlage einer Negativplanung, d. h. sämtliche Standorte, bei denen nachweislich eine Verletzung der aufgestellten Nebenbedingungen festgestellt werden kann, sind von der nachfolgenden detaillierten Analyse auszuschließen. Indes sollen die Standorte, die gegen keine der formulierten Nebenbedingungen verstoßen, einer weiteren, dezidierten Analyse unterzogen werden.[286] Basierend auf den Informationen aus der Beschreibung der Handlungsalternativen sind hinsichtlich der Nebenbedingungen für jeden Standort Ergebnisse ermittelt worden, welche in der nachfolgenden Abbildung F-6 zusammengefasst sind:

Neben-bedingungen	Gewerbe-gebiet Süd	Gewerbe-gebiet in den Wiesen	Mühlen-kamm	Sonnen-feld	Alte Papier-fabrik
Vorhandensein geeigneter Flächen	√	√	√	× (Privat-eigentum Familie Robben)	√
Entfernung vom Schwerpunkt des Müllaufkommens	14,6	7,2	2,1	3,4	17,6 (Mehr als 15 Kilometer)

Abb. F-6: Ergebnisse der Voruntersuchung[287]

8b. Welche Standorte sind von der nachfolgenden Analyse auszuschließen bzw. sind einer weiteren dezidierten Analyse zu unterziehen? Begründen Sie Ihre Entscheidung!

---

[285] Vgl. Rinza/Schmitz (1992), S. 91.

[286] Vgl. Abschnitt 1.3 a.

[287] Quelle: Eigene Darstellung.

An dieser Stelle ist zu konstatieren, dass bei den Standorten Gewerbegebiet Süd, Gewerbegebiet in den Wiesen und Mühlenkamm keine Verletzung der formulierten Nebenbedingungen gegeben ist, so dass diese konsequenterweise einer weiteren Analyse unterzogen werden können. Hingegen muss bei den Standorten Sonnenfeld und Alte Papierfabrik festgestellt werden, dass diese zumindest eine der angeführten Nebenbedingungen verletzten. Daher sind diese von der nachfolgenden Analyse auszuschließen. Bei dem Standort Sonnenfeld stellt sich das beschriebene Eigentumsverhältnis (Privateigentum) als problematisch dar. Die Verfügbarkeit dieses Geländes ist als stark eingeschränkt zu klassifizieren, da die Stadt Burgstedt derzeit kein Eigentümer der Fläche ist. Die durchschnittliche Entfernung vom Schwerpunkt des Müllaufkommens von 17,6 Kilometer ist bei dem Standort Alte Papierfabrik das Problem. Eine Entfernung von mehr als 15 Kilometern geht unweigerlich mit einem erheblichen Mehraufwand, d. h. einer signifikanten Zunahme der Transportkosten, einher und widerspricht somit dem Grundsatz der Wirtschaftlichkeit.

8c. Wie sind die jeweiligen (verbliebenen) Handlungsalternativen hinsichtlich der in Abschnitt 1 formulierten Zielkriterien zu bewerten? Hierzu sind die vorliegenden Informationen auszuwerten und in die jeweiligen physischen Projektwirkungen bzw. Zielerträge zu überführen!

Nachdem die Voruntersuchung durchgeführt worden ist, verbleiben die drei Standorte Gewerbegebiet Süd, Gewerbegebiet in den Wiesen und Mühlenkamm. Nun geht es darum, aus den drei Varianten den bestmöglichen Standort für die zu errichtende Müllverbrennungsanlage zu bestimmen. Da innerhalb der Nutzwertanalyse lediglich die Wirkungen hinsichtlich auf die zuvor definierten Zielkriterien zu bewerten sind, entfällt die Suche und Kategorisierung von Effekten.[288] Jedoch ist für jedes formulierte Ziel- bzw. Teilziel ein adäquater Indikator bzw. Wirkungsmaß anzugeben, mit dem der jeweilige Beitrag der einzelnen Handlungsalternative zur Zielerreichung, also zur Bestimmung des bestmöglichen Standortes, möglichst aussagekräftig gemessen werden kann.[289] Dabei wurden die entsprechenden zugrundezulegenden Wirkungsmaße bzw. Indikatoren bereits in Abschnitt 2 festgelegt. So sollen im Nachfolgenden die jeweiligen Wirkungen zunächst dargestellt und gemessen werden, um schließlich die jeweiligen Zielerträge, d. h. die sogenannten physischen Projektwirkungen, ermitteln zu können. Die Ergebnisse werden abschließend in einer Tabelle zusammengefasst.

---

[288] Vgl. Abschnitt 1.3 d.

[289] Vgl. Ebd.

Entfernung vom Schwerpunkt des Abfallaufkommens

Die Entfernung vom Schwerpunkt des Abfallaufkommens stellt wie beschrieben einen bedeutenden Kostenfaktor dar. Da in der vorliegenden Fallstudie unterstellt wird, dass das städtische Müllaufkommen sowie der entsprechende Entsorgungsaufwand unabhängig von dem jeweiligen Standort ist, sollen die verschiedenen Handlungsalternativen bezüglich laufender Kosten vor allem im Hinblick auf die jeweilige Entfernung evaluiert werden.

Der Standort Gewerbegebiet Süd liegt 14,6 Kilometer außerhalb des Stadtkerns und weist damit die deutlich größte Entfernung auf.

Der Standort Gewerbegebiet in den Wiesen liegt 7,2 Kilometer von dem Stadtzentrum entfernt.

Der Standort Mühlenkamm ist ungefähr 2,1 Kilometer vom Stadtinneren entfernt und ist damit der unter den drei untersuchten Standorten der am günstigsten gelegene.

Erschließungskosten

An dieser Stelle sollen die Standorte im Hinblick auf die zu erwartenden Erschließungskosten bewertet werden. Wie beschrieben stellen die Erschließungskosten den Umfang der Kosten dar, die erforderlich sind, um die zur Errichtung einer Müllverbrennungsanlage erforderliche Nutzfläche infrastrukturell zu erschließen. Die maximalen Erschießungskosten können nach Ansicht von Sachverständigen höchstens 5 Mio. Euro betragen.

An dem Standort Gewerbegebiet Süd sind die nutzbaren und zur Errichtung einer Müllverbrennungsanlage geeigneten Flächen bereits vollständig infrastrukturell erschlossen. So sind die benötigten Straßen, das erforderliche Ver- und Entsorgungsnetz und entsprechenden Ver- und Entsorgungseinrichtungen bereits vorhanden.

Das Gewerbegebiet in den Wiesen ist infrastrukturell noch nicht vollständig erschlossen. So sind zwar erforderliche Straßen vorhanden, jedoch ist das erforderliche Ver- und Entsorgungsnetz, d. h. der Abwasserkanal und Stromleitungen, noch zu installieren. Die von Sachverständigen geschätzten Baukosten belaufen sich auf ungefähr 2,5 Mio. Euro.

Der Standort Mühlenkamm ist infrastrukturell überhaupt nicht erschlossen. So sind sowohl Straßen als auch das Ver- und Entsorgungsnetz zu errichten. Weiterhin ist als sonstige Baulast eine Brücke zu errichten, um die erforderliche Nutzfläche zugänglich und nutzbar zu machen. Insgesamt werden die notwendigen Baukosten zur Erschließung dieses Standortes von Sachverständigen auf 5 Mio. Euro geschätzt.

Stadtbild

Bei der Bewertung der einzelnen Standorte soll nach dem Zielkriterium der Integration in das Stadtbild beurteilt werden, ob eine Müllverbrennungsanlage aus städtebaulichen Aspekten an dem jeweiligen Standort in die Umgebung integriert werden kann, ohne eine störende Veränderung des Stadtbildes hervorzurufen.

Weder bei dem Gewerbegebiet Süd noch bei dem Gewerbegebiet in den Wiesen lässt sich eine negative bzw. störende Einwirkung auf das vorhandene Stadtbild ausmachen, da beide Standorte typischen Gewerbegebietscharakter aufweisen.

An dem Standort Mühlenkamm ist jedoch von einer störenden Veränderung des Stadtbildes auszugehen. Wie beschrieben befindet sich in unmittelbarer Umgebung dieses Standortes ein Wald. Zudem ist das Gebiet eher dünn von anderen Industrie- und Gewerbetreibenden besiedelt, d. h. es besitzt keinen typischen Gewerbegebietscharakter. Folglich kann ein großer baulicher Komplex wie eine zu errichtende Müllverbrennungsanlage nicht ohne weiteres in die Umgebung integriert werden, ohne dass dieser als störend für das Stadtbild empfunden werden könnte.

Zu erwartende Widerstände der Bevölkerung

Obwohl die Errichtung einer Müllverbrennungsanalage unter der Berücksichtigung von ökologischen sowie ökonomischen Aspekten erfolgt, entstehen häufig vehemente Einwände aus der Bevölkerung, die bereits bei der Planung berücksichtigt werden sollen.

Im Gewerbegebiet Süd ist mit erheblichen Widerständen der Bevölkerung zu rechnen, da zum Antransport des Abfalls die Süd-West-Mittelstraße benutzt werden soll. Diese verläuft allerdings inmitten des südlichen Stadtteils Goldene Aue. Dieser ist ein bevölkerungsreiches Wohngebiet, in dem sich ein evangelischer Kindergarten, eine Gesamtschule sowie der Seniorenstift „Theresienhof" befinden. Die Bevölkerung sieht vor allem durch die zusätzlichen LKW, die für den Abtransport des Abfalls benötigt werden, eine nicht zu duldende Erhöhung des Stadtverkehrs und somit eine starke Einschränkung der Verkehrssicherheit in diesem Stadtteil, insbesondere für Kinder und ältere Menschen.

Zwar ließe sich die Müllverbrennungsanlage auf Grund des typischen Gewerbegebietscharakters ohne weiteres in die Umgebung integrieren. Allerdings befindet sich in unmittelbarer Umgebung zu dem Gewerbegebiet in den Wiesen sich das Franziskanerkloster „Tannenberg". Das Kloster gilt als Wahrzeichen der Stadt. Die Bevölkerung vertritt allgemein die Auffassung, dass das Mauerwerk bzw. die Fassade des alten Klosters nicht durch zusätzliche, wenn auch nur geringe Luftverunreinigungen einer Müllverbrennungsanlage beschädigt werden sollte. Das könnte dazu führen, dass weniger Touristen das Kloster „Tannenberg" besuchen, infolgedessen die Stadt Burgstedt insgesamt auch weniger Einnahmen aus dem Tourismus zur Verfügung ständen. Dies könnte sich ebenfalls auf die Gastronomie auswirken. Somit sind gewisse Widerstände der Bevölkerung zu erwarten.

Bei dem Standort Mühlenkamm ist hingegen mit weitaus weniger Widerständen der Bevölkerung zu rechnen, da sich in der unmittelbaren Umgebung weder ein Wohngebiet noch ein historisches Gebäude befindet. Allerdings weisen einige Bürger daraufhin, dass dieser Standort unmittelbar an einen Wald angrenzt. Selbstverständlich werden zwar sämtliche umwelt- und naturschutzrechtliche Auflagen bereits bei der Errichtung einer Müllverbrennungsanlage berücksichtigt, jedoch stelle sich hier die Frage, ob in einem Gebiet in dem bereits einige Industrie- und Gewerbetreibende Luftverunreinigen verursachen eine zusätzliche umweltschädliche Belastung hinnehmbar wäre.

Auf der Basis der vorliegenden Daten werden die ermittelten Zielerträge respektive die ermittelten physischen Projektwirkungen in einer Tabelle zusammengefasst:

Teilziele	Kennzahl/ Wirkungsmaß	Zielerträge		
		Gewerbegebiet Süd	Gewerbegebiet in den Wiesen	Mühlenkamm
Entfernung	Entfernung zum zentralen Abfallaufkommen gemessen in Kilometern (km)	14,6	7,2	2,1
Erschließungskosten	Erschließungskosten gemessen in Mio. Euro	0	2,5	5
Stadtbild	Integration ins Stadtbild gemessen in Sonnen	☼☼☼☼☼	☼☼☼☼☼	☼☼
Widerstände	Widerstände der Bevölkerung gemessen in Sonnen	☼☼	☼☼☼☼	☼☼☼☼☼

Abb. F-7: Die Ermittlung der Zielerträge[290]

---

[290] Quelle: Eigene Darstellung in Anlehnung Abschnitt 1.3 d.

8d. Wie werden die jeweiligen gemessenen Zielerträge in Zielerfüllungsgrade transformiert? Ermitteln Sie die jeweiligen Zielerfüllungsgrade. Nutzen Sie hierzu die in Aufgabe 6 vervollständigte Wertetabelle zur Darstellung der Zielerfüllungsgrade!

Anhand der in der Abbildung F-7 dargestellten einzelnen gemessenen physischen Projektwirkungen kann an dieser Stelle jedoch noch keine pauschale Aussage darüber getroffen werden, welche Handlungsalternative den bestmöglichen Standort darstellt. So weist der Standort Mühlenkamm eine deutlich geringere Entfernung auf als das Gewerbegebiet Süd. Jedoch ist bei ersterem auch mit weitaus höheren Erschließungskosten als bei dem Standort Gewerbegebiet Süd zu rechnen.

Problematisch ist unter Berücksichtigung aller formulierten Ziele respektive Teilziele, dass die physischen Projektwirkungen in unterschiedlichen Skalen gemessen werden. Folglich können die jeweiligen einzelnen gemessenen Werte nicht ohne weiteres zusammengezählt werden. So besteht der nächste Teilschritt darin, die unterschiedlich gemessenen physischen Projektwirkungen in eine einheitliche Bewertungsskala zu konvertieren. In Aufgabe 6 wurde bereits die entsprechende Wertetabelle zur Transformation der jeweiligen physischen Projektwirkungen in entsprechende Zielerfüllungsgrade erarbeitet.

Die Skala der Zielerfüllungsgrade wurde in der vorliegenden Fallstudie durch die städtischen Entscheidungsträger mit fünf Punkten skaliert, um die jeweiligen unterschiedlichen Maßeinheiten zu konvertieren. Dabei soll der Wert fünf „den besten" und der Wert eins „den schlechtesten" Zielerfüllungsgrad darstellen:

Zielerfüllungsgrad	1	2	3	4	5
Entfernung	< 15 km	< 12 km	< 9 km	< 6 km	< 3 km
Erschließungskosten	≤ 5 Mio.€	< 4 Mio. €	< 3 Mio. €	< 2 Mio. €	0 Mio. €
Stadtbild	☆	☆☆	☆☆☆	☆☆☆☆	☆☆☆☆☆
Widerstände	☆	☆☆	☆☆☆	☆☆☆☆	☆☆☆☆☆

Abb. F-8: Wertetabelle zur Darstellung der Zielerfüllungsgrade[291]

Schließlich wird für jedes formulierte Ziel bzw. Teilziel die Transformation durchgeführt, so dass sämtliche physische Projektwirkungen bzw. Zielerträge in die entsprechenden Zielerfüllungsgrade konvertiert werden:

---

[291] Quelle: Eigene Darstellung in Anlehnung Abschnitt 1.3 e.

Teilziele	Messgröße/Zielertrag			Zielerfüllungsgrad		
	Gg. Süd	Gg. in den Wiesen	Mühlen-kamm	Gg. Süd	Gg. in den Wiesen	Mühlen-kamm
Entfernung	14,6	7,2	2,1	1	3	5
Erschließungskosten	0	2,5	5	5	3	1
Stadtbild	☆☆☆☆☆	☆☆☆☆☆	☆☆	4	4	2
Widerstände	☆☆	☆☆☆	☆☆☆☆☆ ☆	2	3	4

Abb. F-9: Darstellung der Zielerfüllungsgrade[292]

8e. Ermitteln Sie die einzelnen Teilnutzwerte der Handlungsalternativen. Nutzen Sie als Grundlage die Ergebnisse der in Aufgabe 7 ermittelten Zielgewichtungen!
Anschließend ist das Produkt von den ermittelten Zielerfüllungsgraden mit den zuvor ermittelten Zielgewichtungen der jeweiligen Ziele- bzw. Teilziele zu bilden. Die Ergebnisse werden nachfolgend in einer Tabelle zusammengefasst. Diese weist die jeweils ermittelten Teilnutzwerte für sämtliche Ziele bzw. Teilziele separat aus:

Teilziele	Gewicht	Zielerfüllungsgerade			Teilnutzwerte		
		Gg. Süd	Gg. in den Wiesen	Mühlen-kamm	Gg. Süd	Gg. in den Wiesen	Mühlen-kamm
Entfernung	0,32	1	3	5	0,32	0,96	1,6
Erschließungs-kosten	0,29	5	3	1	1,45	0,87	0,29
Stadtbild	0,18	4	4	2	0,72	0,72	0,36
Widerstände	0,21	2	3	4	0,42	0,63	0,84
Summen:	1,0	12	12	12	2,91	3,18	3,09

Abb. F-10: Darstellung der Teilnutzwerte bzw. Gesamtnutzwerte[293]

8f. Berechnen Sie auf Grundlage der zuvor ermittelten Teilnutzwerte den Gesamtnutzwert der jeweiligen Handlungsalternative!
Schließlich sind die jeweiligen Teilnutzwerte aufzusummieren, um zu dem Gesamtnutzwert einer jeden Handlungsalternative zu gelangen. Aus der Abbildung F-10 lassen sich die Gesamtnutzwerte wie folgt ablesen: Gewerbegebiet Süd 2,91; Gewerbegebiet in den Wiesen 3,18; Mühlenkamm 3,09.

---

[292]   Quelle: Eigene Darstellung in Anlehnung Abschnitt 1.3 e.
[293]   Quelle: In Anlehnung Abschnitt 1.3 f.

8g. Sprechen Sie auf Grund der ermittelten Gesamtnutzwerte eine Empfehlung zur Bestimmung des optimalen Standortes einer Müllverbrennungsanlage aus. Begründen Sie Ihre Empfehlung!

An dieser Stelle ist zunächst zu konstatieren, dass das Gewerbegebiet in den Wiesen mit 3,18 den höchsten Gesamtwert aufweist. Demnach ist dieser als bestmöglicher Standort zu empfehlen.

9a. Wofür braucht man eine Sensitivitätsanalyse?

Bereits bei der Ermittlung der Gesamtnutzwerte der einzelnen Standorte wird deutlich, dass neben der subjektiven Basis der Bewertung der Zielerfüllungsgrade ein weiterer Faktor maßgeblich die Entscheidung beeinflusst: Die Zielgewichtungen. Unter den Zielerfüllungsgraden schneiden sowohl das Gewerbegebiet Süd als auch der Standort Mühlenkamm mit einer Punktzahl von 12 gleich gut ab, unter Einbezug der Gewichtung der Teilziele ergibt sich jedoch mit 3,09 ein besserer Gesamtnutzwert für den Standort Mühlenkamm als der Gesamtnutzwert von 2,91 für das Gewerbegebiet Süd. Dies verdeutlicht im Rückschluss erneut, dass die Basis der Entscheidung mittels einer Nutzwertwertanalyse sehr subjektiv geprägt ist. Ungeachtet dessen gilt die Empfehlung des Gewerbegebiets in den Wiesen als vorläufiges Ergebnis der Suche nach dem bestmöglichen Standort einer Müllverbrennungsanlage in der Stadt Burgstedt.

Mittels einer Sensitivitätsanalyse kann im Anschluss an die vorläufig ausgesprochene Empfehlung überprüft werden, wie beständig diese gegenüber Veränderungen z. B. von den Zielgewichtungen ist. Dies dient dazu, festzustellen, wie das Ergebnis der Nutzwertanalyse, in diesem Fall also die Empfehlung zur Bestimmung des bestmöglichen Standortes einer Müllverbrennungsanlage, sich bei Variation der Zielgewichtungen und/oder Zielerfüllungsgrade verändert. Relevant ist eine solche Überprüfung besonders dann, wenn sich der Entscheidungsträger bezüglich der Zielgewichtungen und/oder Zielerfüllungsgrade bei der Festlegung schwergetan hat. Den Entscheidungsträgen wird unter Anwendung einer Sensitivitätsanalyse also ermöglicht, die Sensibilität der vorläufigen Empfehlung des Standortes Gewerbegebiet in den Wiesen abzuschätzen.

9b. Inwieweit verändert sich Ihre Empfehlung durch Variation der subjektiven Annahmen im Bezug auf die Zielgewichtung. Verändern Sie die vorzunehmende Zielgewichtung bei dem Kriterium zu erwartende Widerstände der Bevölkerung auf 0,31 (+ 0,1) und bei dem Kriterium Erschließungskosten auf 0,19 (- 0,1), so dass die Summe der Zielgewichtungen selbstverständlich auf 1,0 normiert bleibt. Begründen Sie Ihre Empfehlung!

Teilziele	Gewicht	Zielerfüllungsgerade			Teilnutzwerte		
		Gg. Süd	Gg. in den Wiesen	Mühlen-kamm	Gg. Süd	Gg. in den Wiesen	Mühlen-kamm
Entfernung	0,32	1	3	5	0,32	0,96	1,6
Erschließungs-kosten	0,19	5	3	1	0,95	0,57	0,19
Stadtbild	0,18	4	4	2	0,72	0,72	0,36
Widerstände	0,31	2	3	4	0,62	0,93	1,24
Summen:	1,0	12	13	12	2,61	3,18	3,39

Abb. F-11: Darstellung der Teilnutzwerte bzw. Gesamtnutzwerte[294]

Anhand der ermittelten Gesamtnutzwerte der jeweiligen Handlungsalternativen würde nun der Standort Mühlenkamm empfohlen werden müssen, da dieser mit 3,39 den höchsten Gesamtnutzwert aufweist. Prinzipiell könnte daher den Entscheidungsträgern der Stadt Burgstedt empfohlen werden, die jeweiligen Gewichtungen nochmals zu überdenken und gegebenenfalls zu überarbeiten.

---

[294] Quelle: Eigene Darstellung in Anlehnung Abschnitt 1.3 f.

Literaturverzeichnis

ÂGREN, C.: Cost-benefit analysis of using 0.5 % marine heavy fuel oil in European sea areas, 2005, online unter: http://www.airclim.org/reports/cba_briefing_jan05.pdf (Zugriff am 01.07.2011)

AISCH, G.: Wie viele Menschen leben im direkten Umkreis von Atomkraftwerken?, 2011, online unter: http://opendata.zeit.de/atomreaktoren/#/de/ (Zugriff am 01.08.2011)

AUERBACH, K.; OTTE, D.; JÄNSCH, M.; LEFERING, R.: Medizinische Folgen von Straßenverkehrsunfällen: Drei Datenquellen, drei Methoden, drei unterschiedliche Ergebnisse, (Hrsg.) Bundesanstalt für Straßenwesen, Bergisch Gladbach, 2009.

BAUM, H.; HÖHENSCHEID, K.-J.: Volkswirtschaftliche Kosten der Personenschäden im Straßenverkehr, in: BASt (Hrsg.): Berichte der Bundesanstalt für Straßenwesen, Mensch und Sicherheit, Heft M 102, Bergisch Gladbach, 1999.

BAUM, H.; KRANZ, T.; WESTERKAMP, U.: Volkswirtschaftliche Kosten durch Straßenverkehrsunfälle in Deutschland, in: BASt (Hrsg.): Berichte der Bundesanstalt für Straßenwesen, Mensch und Sicherheit, Heft M 208, Bergisch Gladbach, 2010.

BERTELSMANN, H. / BLETTNER, M.: Epidemiologie und Risikofaktoren für Schilddrüsenkrebs. AG Epidemiologie und Medizinische Statistik Universität Bielefeld, o. J., online unter: http://www.bmu.de/files/strahlenschutz/schriftenreihe_reaktorsicherheit_strahlenschutz/application/pdf/schriftenreihe_rs676_anhang1.pdf (Zugriff am 15.08.2011)

BOADWAY, R.W. / WILDASIN, D. E.: Public Sector Economics, 2. Auflage, Boston/Toronto, 1984

BOTTOMLEY, P.A. / DOYLE J. R.: A Comparison of Three Weight Elicitation Methods: Good, Better and Best, Omega 29, Heft 6, S. 553–560, 2001

BRENT, R. J.: Applied Cost-Benefit Analysis, 2. Auflage, Northampton, 2006

BRÜMMERHOFF, D.: Finanzwissenschaft, München, 2007

BUNDESAMT FÜR STRAHLENSCHUTZ: Stellungnahme zur Jodblockade, o. J.1, online unter: http://www.bfs.de/de/kerntechnik/papiere/japan/jodblockade.html (Zugriff am 29.07.2011)

BUNDESAMT FÜR STRAHLENSCHUTZ: Notfallschutz – welche Konsequenzen in Deutschland gezogen werden, o. J.2 , online unter: http://www.bfs.de/de/kerntechnik/tschernobyl/notfallschutz.html, (Zugriff am 01.08.2011)

BUNDESMINISTERIUM DER JUSTIZ: Siebzehnte Verordnung zur Durchführung des Bundes-Immissionsschutzgesetzes , Verordnung über die Verbrennung und die Mitverbrennung von Abfällen – 17. BImSchV, online unter: http://www.gesetze-im-internet.de/bimschv_17, (Zugriff am 14.08.2011).

BUNDESMINISTERIUM FÜR BILDUNG UND FORSCHUNG: OECD-Veröffentlichung „Bildung auf einen Blick" – Wesentliche Aussagen in der Ausgabe 2010, 2010a, online unter: http://www.bmbf.de/pubRD/bildung_auf_einen_blick_10_wesentliche_aussagen.pdf (Zugriff am 27.07.2011)

BUNDESMINISTERIUM FÜR BILDUNG UND FORSCHUNG: Studiensituation und studentische Orientierungen, 11. Studierendensurvey an Universitäten und Fachhochschulen, 2010b, online unter: http://www.bmbf.de/pub/studiensituation_studentetische_orientierung_elf.pdf (Zugriff am 13.09.2011)

BUNDESMINISTERIUM FÜR UMWELT, NATURSCHUTZ UND REAKTOR-
SICHERHEIT: Einnahme von Jodtabletten als Schutzmaßnahme bei einem schweren
Unfall in einem Kernkraftwerk – Kurzinformation, 2004, online unter: http://
www.ssk.de/jodblockade/flyer_jodtabletten.pdf (Zugriff am 15.08.2011)

BUNDESMINISTERIUM FÜR UMWELT, NATURSCHUTZ UND REAKTOR-
SICHERHEIT: Der richtige Zeitpunkt der Einnahme, o. J., online unter:
http://www.jodblockade.de/index.php?id=36 (Zugriff am 02.08.2011)

DEHNHARDT, A. / HIRSCHFELD, J. / DRÜNKLER, D. / PESCHOW, U. / ENGEL, H. /
HAMMER, M.: Kosten-Nutzen-Analyse von Hochwasserschutzmaßnahmen, For-
schungsbericht Umwelt Bundesamt, Dessau-Roßlau, 2008

DEUTSCHE BUNDESBANK: Zur Entwicklung des Produktionspotentials in Deutschland,
Monatsbericht März 2003, Frankfurt 2003

ECKENRODE, R. T.: Weighting Multiple Criteria. In: Management Science 12, Heft 3,
S. 180–192, 1965

EWERS, H./ SCHULZ, W.: Der monetäre Nutzen gewässergüteverbessernder Maßnahmen,
Berlin, 1982.

FEHRENBACH, H. / GIEGRICH, J. / MAHMOOD, S.: Beispielhafte Darstellung einer
vollständigen, hochwertigen Verwertung in einer MVA unter besonderer Berücksichtigung der Klimarelevanz, ifeu Institut für Energie- und Umweltforschung, 2007, online
unter: http://www.umweltbundesamt.de, Umweltbundesamt, Dessau-Roßlau, 2007
(Zugriff 14.08.2011).

FELDSTEIN, M. S.: Opportunity Cost Calculations in Cost-Benefit Analysis, Public
Finance, Vol. 19, S. 117–139, 1964

FORSCHUNGSINSTITUT FÜR BILDUNGS- UND SOZIALÖKONOMIE: Private und
soziale Erträge von Bildungsinvestitionen. Studie zur Technologischen Leistungsfähigkeit Deutschlands Nr. 1-2004 im Auftrag des Bundesministeriums für Bildung und Forschung, 2004, online unter: http://www.fibs-koeln.de/de/sites/_wgData/Forum_021.pdf
(Zugriff am 13.09.2011)

GARROD, G. / WILLIS, K.: Economic valuation of the environment, Cheltenham, UK,
Northampton Ma, Edward Elgar, 1999

GASCH, R. (2009): Windkraftanlagen: Grundlagen, Entwurf, Planung und Betrieb, 6. Auflage, Wiesbaden, 2010

GESELLSCHAFT FÜR REAKTORSICHERHEIT: Deutsche Risikostudie Kernkraftwerke
– Eine Untersuchung zu dem durch Störfälle in Kernkraftwerken verursachten Risiko.
2. Unveränderte Auflage. Bonn, 1980

GESELLSCHAFT FÜR REAKTORSICHERHEIT: Deutsche Risikostudie Kernkraftwerke
Phase B – Eine Untersuchung im Auftrag des Bundesministers für Forschung und
Technologie. Bonn, 1990

GREENLEY, D. A., WALSH, R. G. und YOUNG, R. A: Option Value: Empirical Evi-
dence from a Case Study of Recreation and Water Quality, in: The Quaterly Journal of
Economics, New York, 1981

HAMPICKE, U.: Was darf und was kann monetarisiert werden? In: Heckenbach / Hampicke / Schulz (1989), Möglichkeiten und Grenzen der Monetarisierung von Natur und Umwelt, S. 35 ff., Berlin, 1989.

HANUSCH, H.: Nutzen-Kosten-Analyse, 3. Auflage, München, 2011

HECKENBACH, F. / HAMPICKE, U. /SCHULZ, W.: Möglichkeiten und Grenzen der Monetarisierung von Natur und Umwelt, S. 35 ff., Berlin, 1989.

HEIER, S.: Windkraftanlagen: Systemauslegung, Netzintegration und Regelung, 4. Auflage, 2005

HICKS, J. R.: The Foundations of Welfare Economics, Economic Journal, 1939

HICKS, J. R.: The Generalized Theory of Consumer's Surplus. Review of Economic Studies, Vol. 13, Nr. 2, S. 68–74, 1945

HOFFMANN, S.: Aktuelle Richtlinien der EU zum Thema CO2 und deren strategische Auswirkung auf das Supply Chain Management von Unternehmen in Deutschland, Hamburg, 2010

HÖRMANN, R.: Schilddrüsenkrankheiten: Leitfaden für Praxis und Klinik, Berlin, 2005

HOTZ-HART, B. / SCHMUKI, D.l / DÜMMLER, P.: Volkswirtschaft der Schweiz, 4. Auflage, Zürich, (2006)

HÖVEL, J.: Trotz neuer Richtlinien: Schiffsabgase belasten die Umwelt stark, 2011, online unter: http://www.heise.de/tp/artikel/34/34966/1.html (Zugriff am 01.07.2011)

JUNG, H.: Allgemeine Betriebswirtschaftslehre, 12. Auflage, München, 2010.

KAHLE, E.: Betriebliche Entscheidung, 5. Auflage, München, 1998.

KALDOR, N.: Welfare propositions of economics and interpersonal comparisons of utility. Economic Journal 49, S. 549 ff., 1939

KULIK, G.: CO2-Emissionen der Schifffahrt bisher stark unterschätzt, 2008, online unter: http://www.greenpeace.de/themen/klima/nachrichten/artikel/co2_emissionen_der_schifffahrt_bisher_stark_unterschaetzt/ (Zugriff am 04.08.2011)

LAND SACHSEN-ANHALT: Haushaltsplan für die Haushaltsjahre 2010 und 2011. Einzelplan 06 Kultusministerium – Wissenschaft und Forschung , 2010, online unter: http://www.sachsen-anhalt.de/fileadmin/Elementbibliothek/ Bibliothek_Politik_und_Verwaltung/Bibliothek_Ministerium_der_Finanzen/ Dokumente/HHPL_2010_2011/Einzelplan_06.pdf (Zugriff am XX.08.11)

LAUX, H.: Entscheidungstheorie, 6. Auflage, Berlin, 2005

LEITER, A./ THÖNI, M./ WINNER, H.: Der „Wert" des Menschen, 2011, online unter: http://www.uni-salzburg.at/pls/portal/docs/1/1237292.PDF (Zugriff am 14.07.2011)

LEMPER, B.: Die weitere Reduzierung des Schwefelgehalts in Schiffsbrennstoffen auf 0,1 % in Nord- und Ostsee im Jahr 2015: Folgen für die Schifffahrt in diesem Fahrtgebiet, 2010, online unter: http://www.reederverband.de/files/images/SECA-Studie%20 Endbericht.pdf (Zugriff am 04.06.2011)

LENGFELDER, E. / DEMIDTSCHIK, E./ DEMIDTSCHIK, J. / RABES, H. / SIDOROW, J. / KNESEWITSCH, P. / FRENZEL, Ch.: 14 Jahre nach Tschernobyl: Schilddrüsenkrebs nimmt zu, Münchner Medizinische Wochenzeitschrift, 2000, online unter: http://www.castor.de/presse/sonst/2000/mmw16.html (Zugriff am 02.08.2011)

LIFKA, S.: Entscheidungsanalysen in der Immobilienwirtschaft, München, 2008.

MANKIW, N. G.: Volkswirtschaftslehre, 3. Auflage, Stuttgart, 2004

MARGLIN S.: Public Investment Criteria, London, 1967

MICHAELIS, P.: Kritische Würdigung der Diskontierung in der Umwelt- und Ressourcenökonomie, 2002, online unter: http://www.ecosilva.de/HOMEPAGE/Hausarbeit%20 Diskontierung.pdf (Zugriff am 06.08.2011)

MISHAN, E. J. / QUAH, E.: Cost-Benefit Analysis, 4. Auflage, London, 2007

MÜHLENKAMP , H.: Kosten-Nutzen-Analyse, München, 1994

MÜHLENKAMP, H.: Öffentliche Unternehmen, München, 1994.

MÜHLENKAMP, H.: Eine ökonomische Analyse ausgewählter institutioneller Arrangements zur Erfüllung öffentlicher Aufgaben, Baden-Baden, 1999.

MÜLLER, B.: Struma maligna: Braucht es den Endokrinologen noch bei der Abklärung einer Struma?, 2005, online unter: http://www.zurchersymposium.ch/images/downloads/02_izs/2.1_mueller.pdf (Zugriff am 02.08.2011)

MUSGRAVE, R. A. / MUSGRAVE P. G. / KULLMER L.: Die öffentlichen Finanzen in Theorie und Praxis, Band 1, 4. Auflage, Tübingen, 1987

NERSESIAN, R.: Bunkerprobleme, 2007, online unter: http://www.nautischerverein.de/ Seiten/Bunkerprobleme_nv.pdf (Zugriff am 14.07.2011)

O. V.: Fragen & Antworten – Jodversorgung bei nuklearer Freisetzung, o. J., online unter: http://umweltinstitut.org/fragen--antworten/radioaktivitat/jodversorgung-bei-nuklearerfreisetzung-39.html (Zugriff am 02.08.2011)

O. V.: Deutsche Energieversorger kaufen 137 Millionen Jod-Pillen für Anwohner von Kernkraftwerken, 2004, online unter: http://www.spiegel.de/spiegel/vorab/ 0,1518,281336,00.html (Zugriff am 15.08.2011)

O. V.: Empfehlung der Strahlenschutzkommission. Radiologische Grundlagen für Entscheidungen über Maßnahmen zum Schutz der Bevölkerung bei unfallbedingten Freisetzungen von Radionukliden, 2008a, online unter http://www.bmu.de/files/pdfs/ allgemein/application/pdf/radiologische_grundlagen.pdf (Zugriff am 15.08.2011)

O. V.: Energie-Lexikon, 20008b, online unter: http://www.energievergleich.de/energielexikon/muell-verbrennungsanlage.htm (Zugriff am 14.08.2011)

O. V.: Arbeitsunfähigkeit, AOK-Pflichtmitglieder ab 2002, 2011a, online unter: http://www.gbe-bund.de/oowa921-install/servlet/oowa/aw92/dboowasys921.xwdevkit/ xwd_init?gbe.isgbetol/xs_start_neu/&p_aid=i&p_aid=5247849&nummer=683&p_spra che=D&p_indsp=-&p_aid=18121928 (Zugriff am 15.08.2011)

O. V.: Durchschnittseinkommen 2011: Aussichten für Deutschland, 2011b, online unter: http://www.forwarddarlehen-vergleich.de/blog/durchschnittseinkommen-2011-deutschland/ (Zugriff am 15.08.2011)

O. V.: Environmental effect caused by the nuclear power accident at Fukushima Daiichi nuclear power station: as of August 4, 2011c, online unter: http://fukushima.grs.de/ sites/default/files/Environmental_effect_20110804.pdf (Zugriff am 02.08.2011)

O. V.: Alle 23 Jahre ein Super-Gau, 2011d, online unter: http://www.mued.de/mued-material/lager/ABdM/ab-11-04.pdf (Zugriff am 02.08.2011)

O. V.: Sofort volle Haftpflichtversicherung für die deutschen Atomkraftwerke, 2011e, online unter: http://www.atomhaftpflicht.de/hintergruende.php3 (Zugriff am 01.08.2011)

OTRUBA, H.: Kosten-Nutzen-Rechnung von Universitäten: eine Fallstudie am Beispiel der Wirtschaftsuniversität Wien, Berlin, 1991

OTT, K. und DÖRING, R.: Theorie und Praxis starker Nachhaltigkeit, Band 1, 2. Auflage, Marburg, 2008

PERRIDON, L. / STEINER, M. / RATHGEBER, A.: Finanzwirtschaft der Unternehmung, 15. Auflage, München, 2009

PORTNEY, P. R.: The contingent valuation debate: why economists should care, The Journal of Economic Perspectives. 8: 3–17, 1994.

PRUCKNER, G. J.: Die ökonomische Quantifizierung natürlicher Ressourcen, Frankfurt am Main u. a., 1994.

REINERS, C.: Iodblockade der Schilddrüse bei kerntechnischen Unfällen – Prinzip, Effektivität, aktuelle Empfehlungen. Nuklearmedizin, Heft 3 2006

REINERS, C.: 20 Jahre nach Tschernobyl. Berichte der Strahlenschutzkommission, Heft 50 2006

REEH, T. / STÖHLEIN G. / BADER A.: Kulturlandschaft verstehen in ZELTForum – Göttinger Schriften zu Landschaftsinterpretation und Tourismus – Band 5, Göttingen, 2010

REHKUGLER, H.: Grundzüge der Finanzwirtschaft, München, 2007

REICHARD, C.: Betriebswirtschaftslehre der öffentlichen Verwaltung, 2. Auflage, Berlin, 1987

RINZA, P. / SCHMITZ, H.: Nutzwert-Kosten-Analyse, VDI Verlag GmbH, Düsseldorf, 1992.

SAATY, T. L.: The Analytical Hierarchy Process, New York, 1980

SAMUELSON, P. A.: Consumption Theory in Terms of Revealed Preference. In: Economica. Nr. 15, S. 243–253, 1948

SCHMIDT, J.: Wirtschaftlichkeit in der öffentlichen Verwaltung, 5. Aufl., Berlin, 1996.

SEN, A. K.: Collective Choice and Social Welfare, London, 1970

SPENGLER, H.: Kompensatorische Lohndifferenziale und der Wert eines statistischen Lebens in Deutschland, 2004, online unter: http://doku.iab.de/zaf/2004/2004_3_zaf_spengler.pdf (Zugriff am 15.08.2011)

SONNENKALB, M.: Leiter der Abteilung Barrierenwirksamkeit der Gesellschaft für Anlagen- und Reaktorsicherheit. Telefonische Auskunft.

STATISTISCHES BUNDESAMT: Hochschulen auf einen Blick, 2011, online unter: http://www.destatis.de/jetspeed/portal/cms/Sites/destatis/Internet/DE/Content/Publikationen/Fachveroeffentlichungen/BildungForschungKultur/Hochschulen/Broschuere HochschulenBlick0110010117004,property=file.pdf (Zugriff am XX.08.2011)

STATISTISCHES BUNDESAMT: Unfallentwicklung auf deutschen Straßen 2010, (Hrsg.): Statistisches Bundesamt, Wiesbaden Gruppe B3, Presse- und Öffentlichkeitsarbeit, in Zusammenarbeit mit Gruppe E3 „Dienstleistungen, Verkehr, Tourismus", Wiesbaden, 2011b.

STATISTISCHES BUNDESAMT: Verkehrsunfälle, 2011c, online unter: http://www.destatis.de/jetspeed/portal/cms/Sites/destatis/Internet/DE/Navigation/Statistiken/Verkehr/Verkehrsunfaelle/Verkehrsunfaelle.psml

STATISTISCHES LANDESAMT SACHSEN ANHALT: Bauland kostet in Sachsen-Anhalt durchschnittlich 17,73 EUR je Quadratmeter, Pressemittleilung vom 08.10.2009, online unter: http://www.stala.sachsen-anhalt.de/Internet/Home/Veroeffentlichungen/ Pressemitteilungen/ 2009/10/122.html (Zugriff am 01.08.2011)

STIFTERVERBAND FÜR DIE DEUTSCHE WISSENSCHAFT E. V.: Bildungsinvestitionen der Wirtschaft. Ausgaben der Unternehmen für Studierende und Hochschulen, 2011, online unter: http://www.stifterverband.org/publikationen_und_podcasts/ positionen_dokumentationen/bildungsinvestitionen_der_wirtschaft/bildungsinvestitionen_der_wirtschaft.pdf (Zugriff am 13.09.2011)

STRAHLENSCHUTZKOMMISSION: Jodblockade bei kerntechnischen Unfällen – Empfehlung der Strahlenschutzkommission, 1997, online unter: http://www.ssk.de/de/werke/1996/volltext/ssk9604.pdf (Zugriff am 01.08.2011)

THIEL, R: IPPNW – Empfehlungen für Jodtabletten beim atomaren Unfall (Jodblockade), 2011, online unter : http://www.ippnw.de/commonFiles/pdfs/Atomenergie/IPPNW_ Jodblockade.pdf, (Zugriff am 28.07.2011)

UMWELTBUNDESAMT: Externe Kosten kennen – Umwelt besser schützen, 2007, online unter: http://www.umweltdaten.de/publikationen/fpdf-l/3533.pdf (Zugriff am 14.07.2011)

UNIVERSITÄT KASSEL: Baustrukturkonzept der Universität Kassel, 2007, online unter: http://www.uni-kassel.de/intranet/fileadmin/groups/w_230000/Baustruktur Reader_za_ 070824_web.pdf (Zugriff am 27.07.2011)

WEBER, K.: Mehrkriterielle Entscheidungen. München, 1993

WESTERMANN, G.: Efficiency and Benchmarking in the Public and Nonprofit Sector, in: D. Surowki-Marszalek, W. Adamusa and W Krawczyka, Panstwo i spoleczenstwo w XXI wieku, Acta Academiae Modrevianae, pp. 113–124, Krakau, 2004

WESTERMANN, G.: Effizienz und Effizienzmessung im E-Government, in: BIELER, F. und SCHWARTING, G. (Hrsg.): E-Government – Fakten, Visionen, Probleme und Lösungswege, S. 341–375, Berlin, 2007

ZANGEMEISTER, C.: Erweiterte Wirtschaftlichkeitsanalyse (EWA). Bremerhaven, 2000

ZANGEMEISTER, C. Nutzwertanalyse in der Systemtechnik – Eine Methodik zur multidimensionalen Bewertung und Auswahl von Projektalternativen. Dissertation. Techn. Univ. Berlin 1970, 4. Aufl., München, 1976

Stichwortverzeichnis